二级注册建造师继续教育教材

机电工程

主　编　丁文华　王　勇

武汉理工大学出版社
·武　汉·

内 容 简 介

本教材共分为 4 章，包括机电工程常用新法规、机电安装工程主要新技术与典型新设备、机电工程项目施工管理、机电工程项目管理实务等。其中，本教材选取了 BIM 技术在机电施工项目中的应用、某大厦机电工程施工组织管理实务、某综合写字楼机电安装工程实务、建筑供热与空调系统及设备运行管理、城市综合管廊等作为机电工程项目管理实务的典型案例，来分析机电工程项目的管理。

本教材是机电工程专业二级注册建造师参加继续教育学习的参考资料，同时，也可供机电工程技术人员、管理人员参考学习。

图书在版编目(CIP)数据

机电工程/丁文华，王勇主编. —武汉：武汉理工大学出版社，2019.5
ISBN 978-7-5629-5889-5

Ⅰ.①机… Ⅱ.①丁… ②王… Ⅲ.①机电工程-资格考试-自学参考资料 Ⅳ.①TH

中国版本图书馆 CIP 数据核字(2019)第 072979 号

项目负责人：杨万庆　汪浪涛
责 任 编 辑：张莉娟
责 任 校 对：刘　凯
封 面 设 计：博壹臻远
出 版 发 行：武汉理工大学出版社
地　　址：武汉市洪山区珞狮路 122 号
邮　　编：430070
网　　址：http://www.wutp.com.cn
经　　销：各地新华书店
印　　刷：湖北恒泰印务有限公司
开　　本：787×1092　1/16
印　　张：14.5
字　　数：353 千字
版　　次：2019 年 5 月第 1 版
印　　次：2019 年 5 月第 1 次印刷
定　　价：56.00 元

凡购本书，如有缺页、倒页、脱页等印装质量问题，请向出版社发行部调换。
本社购书热线：027－87785758　87664138　87165708(传真)

前　言

注册建造师按规定参加继续教育，是申请初始注册、延续注册、增项注册和重新注册的必要条件。

本教材是机电工程专业二级注册建造师参加继续教育学习的参考资料，同时，也可供机电工程技术人员、管理人员参考学习。

随着经济和技术的不断发展，机电工程专业的技术标准及施工工艺都在发生变化，不断有新的技术规范出台。为了进一步提高机电工程专业建造师的职业素质、提升机电工程项目管理水平、保证工程质量和施工安全，根据《注册建造师管理规定》《注册建造师继续教育管理暂行办法》，结合机电工程特点，充分利用区域优势，特组织科研机构、施工企业和高校人员编写了本教材。

本教材力求内容丰富、语言简洁、通俗易懂、重点突出、图文并茂，它基本涵盖了机电工程的主要知识，特别是新知识、新技术、新标准和新规范，包括了机电工程常用新法规、机电安装工程主要新技术与典型新设备、机电工程项目施工管理、机电工程项目管理实务。其中，在机电工程项目管理实务中，选取了 BIM 技术在机电施工项目中的应用、某大厦机电工程施工组织管理实务、某综合写字楼机电安装工程实务、建筑供热与空调系统及设备运行管理、城市综合管廊等典型案例。本教材在部分章节之后安排了一定数量的习题，有助于读者自行检查相关内容的掌握与应用情况。通过有针对性的选择题、简答题，帮助读者加强对主要知识的掌握；通过典型的案例分析题，增强读者的实际应用能力。

本教材由丁文华、王勇担任主编，并负责全书的统稿工作。参加本书编写的有丁文华、王勇、陶俊珍、邵卫、冯荣、徐群丽、王威利、李源、段丽娜；武汉必慕智联科技工程有限公司华国；武汉市政工程设计研究院有限责任公司杨卫星；盛隆电气集团有限公司朱少华、叶春；湖北长江电气有限公司郑涛、胡世祥。

本教材的编写者均是工作在教、科、研第一线的人员，是有着丰富的教学经验、工程实践经验的优秀教师和工程技术人员。

本教材在编写过程中，得到了学校领导和同仁的大力支持，也得到了企业界同仁的大力帮助，并参考了行业内专家撰写的部分文献资料，在此一并表示感谢。

由于作者水平有限，时间仓促，书中难免有不妥和错误之处，恳请专家及读者批评指正。

编　者

2019 年 3 月

目　录

第1章 机电工程常用新法规

❖ 学习目标

机电工程项目管理和控制，对社会发展具有重要意义。通过对目前国家相关机构颁布的现行相关法律、法规和部门规章进行要点解读，掌握与机电工程密切相关的《消防法》《特种设备安全法》《建设工程消防监督管理规定》《生产安全事故报告和调查处理条例》等法律和条例有关条文的要求；掌握现行的《建筑电气工程施工质量验收规范》(GB 50303—2015)、《通风与空调工程施工质量验收规范》(GB 50243—2016)等机电工程相关质量评定标准和技术规范。

及时跟踪、了解现行的《炼钢机械设备工程安装验收规范》(GB 50403—2017)、《石油化工大型设备吊装工程规范》(GB 50798—2012)、《特种设备安全监察条例》、《工程建设施工企业质量管理规范》(GB/T 50430—2017)、《建筑工程施工质量验收统一标准》(GB 50300—2013)、《光伏发电站施工规范》(GB 50794—2012)、《工业安装工程施工质量验收统一标准》(GB/T 50252—2018)、《机械设备安装工程施工及验收通用规范》(GB 50231—2009)有关内容。

结合工程实例进行强制性条文、容易混淆的条文、质量通病的理解与剖析，具备应用相关法律、条例、规范和规程等开展工作的能力；具备及时跟踪相关法律、规范、技术规程等的制(修)订情况的能力；具备自行对比新旧版本内容、自我学习与提升的能力。

❖ 学习要求

本章中的知识要点、相关知识、能力目标。

能力目标	知识要点	相关知识	权重	自测分数
掌握《中华人民共和国消防法》	《中华人民共和国消防法》相关内容	跟踪其最新版本，对比学习变化内容	0.2	
掌握《中华人民共和国特种设备安全法》	《中华人民共和国特种设备安全法》相关内容	跟踪其最新版本，对比学习变化内容	0.1	
掌握《建设工程消防监督管理规定》	《建设工程消防监督管理规定》相关内容	跟踪其最新版本，对比学习变化内容	0.1	
熟悉《建筑电气工程施工质量验收规范》(GB 50303—2015)	《建筑电气工程施工质量验收规范》相关内容	跟踪其最新版本，对比学习变化内容	0.2	

续表

能力目标	知识要点	相关知识	权重	自测分数
掌握《生产安全事故报告和调查处理条例》	《生产安全事故报告和调查处理条例》相关内容	跟踪其最新版本，对比学习变化内容	0.2	
了解《炼钢机械设备工程安装验收规范》(GB 50403—2017)	《炼钢机械设备工程安装验收规范》相关内容	跟踪其最新版本，对比学习变化内容	0.025	
了解《石油化工大型设备吊装工程规范》(GB 50798—2012)	《石油化工大型设备吊装工程规范》相关内容	跟踪其最新版本，对比学习变化内容	0.025	
掌握《特种设备安全监察条例》	《特种设备安全监察条例》相关内容	跟踪其最新版本，对比学习变化内容	0.025	
掌握《工程建设施工企业质量管理规范》(GB/T 50430—2017)	《工程建设施工企业质量管理规范》相关内容	跟踪其最新版本，对比学习变化内容	0.025	
掌握《建筑工程施工质量验收统一标准》(GB 50300—2013)	《建筑工程施工质量验收统一标准》相关内容	跟踪其最新版本，对比学习变化内容	0.025	
了解《光伏发电站施工规范》(GB 50794—2012)	《光伏发电站施工规范》相关内容	跟踪其最新版本，对比学习变化内容	0.025	
了解《工业安装工程施工质量验收统一标准》(GB/T 50252—2018)	《工业安装工程施工质量验收统一标准》相关内容	跟踪其最新版本，对比学习变化内容	0.025	
了解《机械设备安装工程施工及验收通用规范》(GB 50231—2009)	《机械设备安装工程施工及验收通用规范》相关内容	跟踪其最新版本，对比学习变化内容	0.025	

1.1 《中华人民共和国消防法》要点解读

《中华人民共和国消防法》(主席令第 6 号)，由中华人民共和国第十一届全国人民代表大会常务委员会第五次会议于 2008 年 10 月 28 日修订通过，修订后的《中华人民共和国消防法》自 2009 年 5 月 1 日起施行。

1.1.1 立法宗旨

为了预防火灾和减少火灾危害，加强应急救援工作，保护人身、财产安全，维护公共安全，特制定本法。

1.1.2　适用范围

本法适用于中华人民共和国境内的各级机关、企业、事业单位消防工作监督、管理，以及建设工程的消防设计、施工、验收和消防产品的生产、销售、使用等。各级机关、团体、企业、事业单位等应该履行消防安全职责。

本法不适用于森林、草原的消防工作。

1.1.3　一般规定

1）职责与义务

（1）国务院领导全国的消防工作。地方各级人民政府负责本行政区域内的消防工作。

（2）国务院公安部门对全国的消防工作实施监督管理。县级以上地方人民政府公安机关对本行政区域内的消防工作实施监督管理，并由本级人民政府公安机关消防机构负责实施。军事设施的消防工作，由其主管单位监督管理，由公安机关消防机构协助；矿井地下部分、核电厂、海上石油天然气设施的消防工作，由其主管单位监督管理。

（3）任何单位和个人都有维护消防安全、保护消防设施、预防火灾、报告火警的义务。任何单位和成年人都有参加有组织的灭火工作的义务。

（4）公安机关及其消防机构应当加强消防法律、法规的宣传，并督促、指导、协助有关单位做好消防宣传教育工作。

（5）国家鼓励、支持消防科学研究和技术创新，推广使用先进的消防和应急救援技术、设备；鼓励、支持社会力量开展消防公益活动。

对在消防工作中有突出贡献的单位和个人，应当按照国家有关规定给予表彰和奖励。

2）以预防为主的方针

（1）地方各级人民政府应当将包括消防安全布局、消防站、消防供水、消防通信、消防车通道、消防装备等内容的消防规划纳入城乡规划，并负责组织实施。

城乡消防安全布局不符合消防安全要求的，应当调整、完善；公共消防设施、消防装备不足或者不满足实际需要的，应当增建、改建、配置或者进行技术改造。

（2）建设工程的消防设计、施工必须符合国家工程建设消防技术标准。建设、设计、施工、工程监理等单位依法对建设工程的消防设计、施工质量负责。

（3）按照国家工程建设消防技术标准需要进行消防设计的建设工程，除本法第十一条另有规定外，建设单位应当自依法取得施工许可之日起七个工作日内，将消防设计文件报公安机关消防机构备案，公安机关消防机构应当进行抽查。

（4）按国务院公安部门规定修建大型的人员密集场所和其他特殊建设工程时，建设单位应当将消防设计文件报送公安机关消防机构审核。公安机关消防机构依法对审核的结果负责。

（5）应当经公安机关消防机构进行消防设计审核的建设工程，未经依法审核或者审核不合格的，负责审批该工程施工许可的部门不得给予施工许可，建设单位、施工单位不得施工；其他建设工程取得施工许可后经依法抽查不合格的，应当停止施工。

(6) 按照国家工程建设消防技术标准需要进行消防设计的建设工程竣工，必须依法进行消防验收、备案。

(7) 生产、储存、经营易燃易爆危险品的场所不得与居住场所设置在同一建筑物内，并应当与居住场所保持安全距离。生产、储存、经营其他物品的场所与居住场所设置在同一建筑物内的，应当符合国家工程建设消防技术标准。

(8) 建筑构件、建筑材料和室内装修、装饰材料的防火性能必须符合国家标准；没有国家标准的，必须符合行业标准。人员密集场所的室内装修、装饰，应当按照消防技术标准的要求使用不燃、难燃材料。

(9) 电气产品、燃气用具的产品标准，应当符合消防安全的要求。电气产品、燃气用具的安装、使用及其线路、管路的设计、敷设、维护与保养、检测，必须符合消防技术标准和管理规定。

(10) 消防产品质量认证、消防设施检测、消防安全监测等消防技术服务机构和执业人员，应当依法获得相应的资质、资格，并依照法律、行政法规、国家标准、行业标准和执业准则，接受委托并提供消防技术服务，对服务质量负责。

3) 消防组织

(1) 地方各级人民政府应当加强消防组织建设，根据经济社会发展的需要，建立多种形式的消防组织，加强消防技术人才培养，增强火灾预防、扑救和应急救援的能力。

(2) 县级以上地方人民政府应当按照国家规定建立公安消防队、专职消防队，并按照国家标准配备消防装备，承担火灾扑救工作。

乡镇人民政府应当根据当地经济发展和消防工作的需要，建立专职消防队、志愿消防队，承担火灾扑救工作。

(3) 公安消防队、专职消防队按照国家规定承担重大灾害事故和其他以抢救人员生命为主的应急救援工作。

(4) 公安消防队、专职消防队应当充分发挥火灾扑救和应急救援专业力量的骨干作用；按照国家规定，组织实施专业技能训练，配备并维护、保养装备器材，提高火灾扑救和应急救援的能力。

(5) 大型核设施单位、大型发电厂、民用机场、主要港口，生产、储存易燃易爆危险品的大型企业，储备可燃的重要物资的大型仓库、基地，全国重点文物保护单位的古建筑群的管理单位，以及距离公安机关消防机构较远的其他大型企业单位应当建立单位专职消防队，承担本单位的火灾扑救工作。

(6) 专职消防队的建立，应当符合国家有关规定，并报当地公安机关消防机构验收。

(7) 各级机关、团体、企业、事业等单位以及村民委员会、居民委员会根据需要，建立志愿消防队等多种形式的消防组织，开展群众性自防自救工作。

(8) 公安机关消防机构应当对专职消防队、志愿消防队等消防组织进行业务指导；根据扑救火灾的需要，可以调动并指挥专职消防队参加火灾扑救工作。

4) 灭火救援

(1) 县级以上地方人民政府应当组织有关部门针对本行政区域内的火灾特点制定应急预案，建立应急反应和处置机制，为火灾扑救和应急救援工作提供人员、装备等保障。

(2) 公安机关消防机构统一组织和指挥火灾现场扑救，应当优先保障遇险人员的生命安全。火灾现场总指挥根据扑救火灾的需要，有权进行各个方面的调度和安排。

(3) 公安消防队、专职消防队参加火灾救援时，消防车、消防艇前往执行火灾扑救任务或者应急救援任务，在确保安全的前提下，不受行驶速度、行驶路线、行驶方向和指挥信号的限制，不得收取道路、桥梁通行费。

(4) 对因参加火灾扑救或者应急救援受伤、致残或者死亡的人员，按照国家有关规定给予医疗费、抚恤费。

(5) 公安机关消防机构有权根据需要封闭火灾现场，负责调查火灾原因，统计火灾损失。

公安机关消防机构根据火灾现场勘验、调查情况和有关的检验、鉴定意见，应及时制作火灾事故认定书，作为处理火灾事故的证据。

5) 监督检查

(1) 规定了地方各级人民政府应当落实消防工作责任制，对本级人民政府有关部门履行消防安全职责的情况进行监督检查。且公安机关消防机构应当对各级机关、团体、企业、事业等单位遵守消防法律、法规的情况依法进行监督检查。公安机关消防机构在消防监督检查中发现火灾隐患的，应当通知有关单位或者个人立即采取措施消除隐患；不及时消除隐患可能严重威胁公共安全的，公安机关消防机构应当依照规定对危险部位或者场所采取临时查封措施。

(2) 公安机关消防机构及其工作人员进行消防设计审核、消防验收和消防安全检查等，不得收取费用，不得利用消防设计审核、消防验收和消防安全检查谋取利益。公安机关消防机构及其工作人员不得利用职务为用户、建设单位指定或者变相指定消防产品的品牌、销售单位或者消防技术服务机构、消防设施施工单位，并自觉接受社会和公民的监督。

6) 法律责任

(1) 建设工程，未经依法审核或者审核不合格，擅自施工的；消防设计经公安机关消防机构依法抽查不合格，不停止施工的；未经消防验收或者消防验收不合格，擅自投入使用的；建设工程投入使用后经公安机关消防机构依法抽查不合格，不停止使用的；公众聚集场所未经消防安全检查或者经检查不符合消防安全要求，擅自投入使用、营业的，一经发现、举报，立刻责令停止施工、停止使用或者停产停业，并处三万元以上三十万元以下罚款。

建设单位未依照本法规定将消防设计文件报公安机关消防机构备案，或者在竣工后未依照本法规定报公安机关消防机构备案的，责令限期改正，并处五千元以下罚款。

(2) 建设单位要求建筑设计单位或者建筑施工企业降低消防技术标准设计、施工的；建筑设计单位不按照消防技术标准强制性要求进行消防设计的；建筑施工企业不按照消防设计文件和消防技术标准施工，降低消防施工质量的；工程监理单位与建设单位或者建筑施工企业串通，弄虚作假，降低消防施工质量的，违反本法规定，责令改正或者停止施工，并处一万元以上十万元以下罚款。

(3) 单位违反以下行为之一的，除责令改正外，处一万元以上五万元以下罚款：消防设施、器材或者消防安全标志的配置、设置不符合国家标准、行业标准，或者未保持完好有效的;损坏、挪用或者擅自拆除、停用消防设施、器材的;占用、堵塞、封闭疏散通道、安全出口或者有其他妨碍安全疏散行为的;埋压、圈占、遮挡消火栓或者占用防火间距的;占用、堵塞、封闭消防车通道,妨碍消防车通行的;在人员密集场所的门窗上设置影响逃生和灭火救援的障碍物的;对火灾隐患经公安机关消防机构通知后不及时采取措施消除的。

个人违反相关规定之一的,处警告或五百元以下罚款;对有关行为经责令改正拒不改正者,除强制执行外,所需费用由违法行为人个人承担。

(4) 生产、储存、经营易燃易爆危险品的场所与居住场所设置在同一建筑物内,或者未与居住场所保持安全距离的,责令停产停业,并处五千元以上五万元以下罚款。

(5) 对于违反国家治安管理规定的行为,依照《中华人民共和国治安管理处罚法》的规定处罚。

(6) 对于违反消防安全规定进入生产、储存易燃易爆危险品场所的,违反规定使用明火作业或者在具有火灾、爆炸危险的场所吸烟、使用明火的,处警告或者五百元以下罚款;情节严重的,处五日以下拘留。对于违反本法规定,尚不构成犯罪的,处十日以上十五日以下拘留,可以并处五百元以下罚款;情节较轻的,处警告或者五百元以下罚款。

(7) 对于生产、销售不合格的消防产品或者国家明令淘汰的消防产品的,依照《中华人民共和国产品质量法》的规定从重处罚。在人员密集场所使用不合格的消防产品或者国家明令淘汰的消防产品的,责令限期改正;逾期不改正的,处五千元以上五万元以下罚款,并对其直接负责的主管人员和其他直接责任人员处五百元以上两千元以下罚款;情节严重的,责令停产停业。对于电气产品、燃气用具的安装、使用及其线路、管路的设计、敷设、维护与保养、检测不符合消防技术标准和管理规定的,责令限期改正;逾期不改正的,责令停止使用,可以并处一千元以上五千元以下罚款。

(8) 各级机关、团体、企业、事业等单位违反有关条规的,责令限期改正;逾期不改正的,对其直接负责的主管人员和其他直接责任人员依法给予处分或者给予警告处罚。

(9) 人员密集场所发生火灾,该场所的现场工作人员不履行组织、引导在场人员疏散的义务,情节严重但尚不构成犯罪的,处五日以上十日以下拘留。

(10) 特别说明:公安机关消防机构的工作人员在消防工作中滥用职权、玩忽职守、徇私舞弊,尚不构成犯罪的,要依法给予处分。违反本法规定,构成犯罪的,依法追究刑事责任。

1.2 《中华人民共和国特种设备安全法》要点解读

1.2.1 编制宗旨

对于特种设备,世界各国政府十分重视其安全,不断探索、寻找解决办法,对这类设备、设施均实行特殊监管,以保障安全。为了加强特种设备安全工作,预防特种设备事故,保障居民人身和财产安全,促进经济社会发展,特制定本法。

《中华人民共和国特种设备安全法》已由中华人民共和国第十二届全国人民代表大会常务委员会第三次会议于2013年6月29日通过,并予以公布,自2014年1月1日起施行。

早在20世纪50年代，我国劳动部门就开始对锅炉、压力容器实行特殊监管。1982年国务院颁布《锅炉压力容器暂行条例》，2003年国务院颁布《特种设备安全监察条例》（以下简称《条例》），2009年又对其进行了修改。从总体上看，《条例》确立的制度可行，特种设备的监管也有效果。但是，随着近年来特种设备数量的激增，特种设备的安全形势日益严峻，因此，制定出一部符合我国国情和国际通行做法的《特种设备安全法》成为迫切需要。《中华人民共和国特种设备安全法》（2013）是我国历史上第一部对各类特种设备安全管理作出统一、全面规范的法律。

1.2.2 适用范围

本法适用于特种设备的生产（包括设计、制造、安装、改造、修理）、经营、使用、检验、检测和特种设备安全的监督管理。

本法所称的特种设备，是指对人身和财产安全有较大危险性的锅炉、压力容器（含气瓶）、压力管道、电梯、起重机械、客运索道、大型游乐设施、场（厂）内专用机动车辆，以及法律、行政法规规定适用于本法的其他特种设备。

国家对特种设备实行目录管理。特种设备目录由国务院负责特种设备安全监督管理的部门制定，报国务院批准后执行。

1.2.3 一般规定

1）特种设备生产、经营、使用单位及其主要负责人对其生产、经营、使用的特种设备安全负责。

特种设备生产、经营、使用单位应当按照国家有关规定配备特种设备安全管理人员、检测人员和作业人员，并对其进行必要的安全教育和技能培训。

2）特种设备安全管理人员、检测人员和作业人员应当按照国家有关规定取得相应资格，方可从事相关工作。特种设备安全管理人员、检测人员和作业人员应当严格执行安全技术规范和管理制度，保证特种设备安全。

3）特种设备生产、经营、使用单位对其生产、经营、使用的特种设备应当进行自行检测和维护保养，对国家规定实行检验的特种设备应当及时申报并接受检验。

4）特种设备采用新材料、新技术、新工艺，与安全技术规范的要求不一致，或者安全技术规范未作要求、可能对安全性能有重大影响的，应当向国务院负责特种设备安全监督管理的部门申报，由国务院负责特种设备安全监督管理的部门及时委托安全技术咨询机构或者相关专业机构进行技术评审，评审结果经国务院负责特种设备安全监督管理的部门批准，方可投入生产、使用。

国务院负责特种设备安全监督管理的部门应当将允许使用的新材料、新技术、新工艺的有关技术要求，及时纳入安全技术规范。

5）国家鼓励投保特种设备安全责任保险。

1.3 《公安部关于修改〈建设工程消防监督管理规定〉的决定》(公安部令第 119 号)要点解读

1.3.1 编制宗旨

为了加强建设工程消防监督管理,落实建设工程消防设计、施工质量和安全责任,规范消防监督管理行为,特依据《中华人民共和国消防法》《建设工程质量管理条例》制定本规定。

《建设工程消防监督管理规定》于 2009 年 4 月 30 日发布,根据 2012 年 7 月 17 日中华人民共和国公安部令第 119 号进行修订,同时 1996 年 10 月 16 日发布的《建筑工程消防监督审核管理规定》(公安部令第 30 号)予以废止。

《建设工程消防监督管理规定》共分为总则,消防设计、施工的质量责任,消防设计审核和消防验收,消防设计和竣工验收的备案抽查,执法监督,法律责任,附则等 7 章 49 条,自 2012 年 11 月 1 日起施行。

1.3.2 适用范围

本规定适用于新建、扩建、改建(含室内外装修、建筑保温、用途变更)等建设工程的消防监督管理。

本规定不适用于住宅室内装修、村民自建住宅、救灾和其他非人员密集场所的临时性建筑的建设活动。

1.3.3 一般规定

建设、设计、施工、工程监理等单位应当遵守消防法规、建设工程质量管理法规和国家消防技术标准,对建设工程消防设计、施工质量和安全负责。

公安机关消防机构依法实施建设工程消防设计审核、消防验收和备案、抽查,对建设工程进行消防监督。

除省、自治区人民政府公安机关消防机构外,县级以上地方人民政府公安机关消防机构承担辖区建设工程的消防设计审核、消防验收和备案抽查工作。具体分工由省级公安机关消防机构确定,并报公安部消防局备案。

跨行政区域的建设工程消防设计审核、消防验收和备案抽查工作,由其共同的上一级公安机关消防机构指定管辖。

1.3.4 修订的主要内容

为进一步加强对建设工程的消防监督管理,公安部决定对《建设工程消防监督管理规定》作如下修改:

1) 将第二条第一款中的“含室内装修、用途变更”修改为“含室内外装修、建筑保温、用途变更”。

将第二款中的“其他临时性建筑”修改为“其他非人员密集场所的临时性建筑”。

2）将第三条修改为："建设、设计、施工、工程监理等单位应当遵守消防法规、建设工程质量管理法规和国家消防技术标准，对建设工程消防设计、施工质量和安全负责。

公安机关消防机构依法实施建设工程消防设计审核、消防验收和备案、抽查，对建设工程进行消防监督。"

3）将第七条中的"二名"修改为"两名"。

4）将第八条中的"竣工验收备案"修改为"竣工验收消防备案"。

5）将第十二条修改为："社会消防技术服务机构应当依法设立，社会消防技术服务工作应当依法开展。为建设工程消防设计、竣工验收提供图纸审查、安全评估、检测等消防技术服务的机构和人员，应当依法取得相应的资质、资格，按照法律、行政法规、国家标准、行业标准和执业准则提供消防技术服务，并对出具的审查、评估、检验、检测意见负责。"

6）将第十四条第三项修改为："本条第一项、第二项规定以外的单体建筑面积大于四万平方米或者建筑高度超过五十米的公共建筑"。

增加一项，作为第四项："国家标准规定的一类高层住宅建筑"。

7）删去第十五条第三项，并增加一项作为第五项："法律、行政法规规定的其他材料。"

增加一款作为第二款："依法需要办理建设工程规划许可的，应当提供建设工程规划许可证明文件；依法需要城乡规划主管部门批准的临时性建筑，属于人员密集场所的，应当提供城乡规划主管部门批准的证明文件。"

8）将第十六条中的"特殊消防设计的技术方案及说明"修改为"特殊消防设计文件"。

9）将第十八条修改为："公安机关消防机构应当依照消防法规和国家工程建设消防技术标准对申报的消防设计文件进行审核。对符合下列条件的，公安机关消防机构应当出具消防设计审核合格意见；对不符合条件的，应当出具消防设计审核不合格意见，并说明理由：

(1) 设计单位具备相应的资质；

(2) 消防设计文件的编制符合公安部规定的消防设计文件申报要求；

(3) 建筑的总平面布局和平面布置、耐火等级、建筑构造、安全疏散、消防给水、消防电源及配电、消防设施等的消防设计符合国家工程建设消防技术标准；

(4) 选用的消防产品和具有防火性能要求的建筑材料符合国家工程建设消防技术标准和有关管理规定。"

10）将第十九条第二款中的"消防技术方案"修改为"特殊消防设计文件"。

将第四款修改为："对三分之二以上评审专家同意的特殊消防设计文件，可以作为消防设计审核的依据。"

11）将第二十一条修改为："建设单位申请消防验收应当提供下列材料：

(1) 建设工程消防验收申报表；

(2) 工程竣工验收报告和有关消防设施的工程竣工图纸；

(3) 消防产品质量合格证明文件；

(4) 具有防火性能要求的建筑构件、建筑材料、装修材料符合国家标准或者行业标准的证明文件、出厂合格证；

(5) 消防设施检测合格证明文件；

(6) 施工、工程监理、检测单位的合法身份证明和资质等级证明文件；

(7) 建设单位的工商营业执照等合法身份证明文件;

(8) 法律、行政法规规定的其他材料。"

12) 删去第二十四条。

13) 将第二十五条改为第二十四条,修改为:"对本规定第十三条、第十四条规定以外的建设工程,建设单位应当在取得施工许可、工程竣工验收合格之日起七日内,通过省级公安机关消防机构网站进行消防设计、竣工验收消防备案,或者到公安机关消防机构业务受理场所进行消防设计、竣工验收消防备案。"

增加两款,作为第二款、第三款:

"建设单位在进行建设工程消防设计或者竣工验收消防备案时,应当分别向公安机关消防机构提供备案申报表、本规定第十五条规定的相关材料及施工许可文件复印件或者本规定第二十一条规定的相关材料。按照住房和城乡建设行政主管部门的有关规定进行施工图审查的,还应当提供施工图审查机构出具的审查合格文件复印件。

依法不需要取得施工许可的建设工程,可以不进行消防设计、竣工验收消防备案。"

14) 将第二十六条、第二十七条、第二十八条合并为第二十五条,修改为:

"公安机关消防机构收到消防设计、竣工验收消防备案申报后,对备案材料齐全的,应当出具备案凭证;备案材料不齐全或者不符合法定形式的,应当当场或者在五日内一次告知需要补正的全部内容。

公安机关消防机构应当在已经备案的消防设计、竣工验收工程中,随机确定检查对象并向社会公告。对确定为检查对象的,公安机关消防机构应当在二十日内按照消防法规和国家工程建设消防技术标准完成图纸检查,或者按照建设工程消防验收评定标准完成工程检查,制作检查记录。检查结果应当向社会公告,检查不合格的,还应当书面通知建设单位。

建设单位收到通知后,应当停止施工或者停止使用,组织整改后向公安机关消防机构申请复查。公安机关消防机构应当在收到书面申请之日起二十日内进行复查并出具书面复查意见。

建设、设计、施工单位不得擅自修改已经依法备案的建设工程消防设计。确需修改的,建设单位应当重新申报消防设计备案。"

15) 将第二十九条改为第二十六条,修改为:"建设工程的消防设计、竣工验收未依法报公安机关消防机构备案的,公安机关消防机构应当依法处罚,责令建设单位在五日内备案,并确定为检查对象;对逾期不备案的,公安机关消防机构应当在备案期限届满之日起五日内通知建设单位停止施工或者停止使用。"

16) 将第三十二条改为第二十九条,修改为:"建设工程消防设计与竣工验收消防备案的抽查比例由省级公安机关消防机构结合辖区内施工图审查机构的审查质量、消防设计和施工质量情况确定并向社会公告。对设有人员密集场所的建设工程的抽查比例不应低于百分之五十。公安机关消防机构及其工作人员应当依照本规定对建设工程消防设计和竣工验收实施备案抽查,不得擅自确定检查对象。"

17) 将第四十七条改为第四十四条,将第一项修改为:"对不符合法定条件的建设工程出具消防设计审核合格意见、消防验收合格意见或者通过消防设计、竣工验收消防备案抽查的"。

将第二项修改为:“对符合法定条件的建设工程消防设计、消防验收的申请或者消防设计、竣工验收的备案、抽查,不予受理、审核、验收或者拖延办理的”。

18）增加一条,作为第四十五条:“本规定中的建筑材料包含建筑保温材料。”

19）将第四十八条改为第四十六条,修改为:“国家工程建设消防技术标准强制性要求,是指国家工程建设消防技术标准强制性条文。”

20）将第四十九条改为第四十七条,修改为:“本规定中的‘日’是指工作日,不含法定节假日。”

21）将第五十条改为第四十八条,修改为:“执行本规定所需要的法律文书式样,由公安部制定。”

22）将第八条、第九条、第十条、第十一条中的“室内装修装饰材料”修改为“装修材料”。

23）将第九条、第十条、第十一条中的“有防火性能要求的”修改为“具有防火性能要求的”。

24）《建设工程消防监督管理规定》的有关条文序号根据本决定作相应调整。

1.4 《建筑电气工程施工质量验收规范》(GB 50303—2015)要点解读

1.4.1　前言

现行《建筑电气工程施工质量验收规范》(GB 50303—2015)由住房城乡建设部于2015年12月3日发行,已于2016年8月1日起实施。

根据住房城乡建设部《关于印发2012年工程建设标准规范制订修订计划的通知》(建标〔2012〕5号)的要求,规范编制组经广泛调查研究,认真总结实践经验,参考有关国际标准和国外先进标准,并在广泛征求意见的基础上,修订了本规范。

本规范共分为25章和8个附录,主要内容包括总则,术语和代号,基本规定,变压器、箱式变电所安装,成套配电柜、控制柜(台、箱)和配电箱(盘)安装,电动机、电加热器及电动执行机构检查接线,柴油发电机组安装,UPS及EPS安装,电气设备试验和试运行,母线槽安装,梯架、托盘和槽盒安装,导管敷设,电缆敷设,导管内穿线和槽盒内敷线,塑料护套线直敷布线,钢索配线,电缆头制作、导线连接和线路绝缘测试,普通灯具安装,专用灯具安装,开关、插座、风扇安装,建筑物照明通电试运行,接地装置安装,变配电室及电气竖井内接地干线敷设,防雷引下线及接闪器安装,建筑物等电位联结等。

1.4.2　修订宗旨

新版规范的修订是含有强制性条文的强制性标准,是以保证工程安全、使用功能、人体健康、环境效益和公众利益为重点,对建筑电气工程施工质量作出控制和验收的规定。为加强建筑工程质量管理,统一建筑电气工程施工质量验收,保证工程质量,特制定本规范。

1.4.3 适用范围

本规范适用于建筑电气工程施工质量验收等相关项目,除应符合本规范外,尚应符合国家现行有关标准的规定。

1.4.4 修订的主要内容

与原规范相比较,本次修订的主要内容包括以下方面。

本规范修订的主要技术内容是:

将规范适用范围从电压等级 10kV 及以下修改为 35kV 及以下;

取消了架空线路及杆上电气设备安装和槽板配线章节,裸母线安装,配电(控制)屏、盘安装及部分属于设计规范的内容;

增加了塑料护套线直敷布线章节;

补充了低压和特低电压配电线路的安装技术要求;

补充了剩余电流动作保护器和接地故障回路阻抗等测试要求;

补充了高压设备、电缆的安装技术要求;

补充了电涌保护器(SPD)的检查内容;

补充了材料进场验收、工程过程验收的检查方法和检查数量;

明确了钢导管连接处保护联结导体的材质、规格;

将原规范的第 28 章“分部(子分部)工程验收”与第 3 章“基本规定”合并为第 3 章“基本规定”中的第 4 节“分部(子分部)工程划分及验收”,并结合规范要求增加了相关质量控制资料;

将原规范的第 25 章“避雷引下线和变配电室接地干线敷设”拆分为两个章节,将避雷引下线的安装纳入接闪器安装内容中,修改后为第 24 章“防雷引下线及接闪器安装”,变配电室接地干线敷设内容中增加了电气竖井内的接地干线敷设要求,修改后为第 23 章“变配电室及电气竖井内接地干线敷设”;

对原规范部分条文进行了补充、完善和调整。

具体修订的内容要点解读如下:

1) 基本规定

建筑电气工程施工现场的质量管理除应符合现行国家标准《建筑电气工程施工质量验收统一标准》(GB 50303—2015)的有关规定外,尚应符合下列规定:

(1) 高压的电气设备、布线系统以及继电保护系统必须交接试验合格。

(2) 电气设备的外露可导电部分应单独与保护导体相连,不得串联连接,连接导体的材质、截面面积应符合设计要求。

2) 架空线路及杆上电气设备安装

新规范中,考虑到城市规划建设,取消了架空线路及杆上电气设备的安装章节及部分分属于原规范的内容。因此,根据各地区发展不平衡这一情况,给地区标准留有余地,由地区进行标准的制定。

3) 变压器、箱式变电所安装

此部分规范保持不变。

4）成套配电柜、控制台(台、箱)和配电箱(盘)安装

原规范中的低压成套配电(控制)屏或盘是指由金属框架结构和带有电气控制设备或元器件面板的非封闭式组合，目前制造标准中低压成套配电(控制)屏或盘设备已被柜体取代，故本规范的修订取消了屏和盘的安装内容。

5）电动机、电加热器及电动执行机构检查接线

电动机、电加热器及电动执行机构的外露可导电部分必须与保护导体可靠连接。

6）柴油发电机组安装

此部分规范保持不变。

7）UPS及EPS安装

由于设备的更新以及对工程要求的提升，原规范中不间断电源的安装修改为UPS及EPS设备的安装。EPS为新增内容，通常是用于应急供电，一旦发生事故必须无条件供电，以确保事故发生后的应急处理。UPS通常用于通信或电脑设备的电源供给。在建筑电气工程中加入UPS和EPS设备，可以有效地解决断电、电源供给不足等事故发生造成的设备损坏。

8）电气设备试验和试运行

建筑电气工程中电动机的容量一般不大，但目前随着建筑面积和体量的增大，冷水机组已逐步采用10kV高压电机。高压电机组为成套设备且启动控制也不甚复杂，所以交接试验内容也不多，主要是绝缘电阻检测、大电机的直流电阻检测、绕组直流耐压试验和泄漏电流测量。需要注意的是，高压电机的绝缘电阻测试应选用2500V兆欧表。

9）母线槽安装

随着城市建设的发展和成套产品的规范化、标准化，配电系统已大量采用成套设备，馈电母线以母线槽居多，裸母线已基本不再用于建筑电气工程中。但是，对于一些经济发展欠缺的非发达地区，工程中仍然需要采取裸母线作为馈电线路。因此，针对这种情况，施工时可按最基本的规范要求或者由地区标准进行规定。

母线槽的金属外壳等外露可导电部分应与保护导体可靠连接，并应符合下列要求：

(1) 每段母线槽的金属外壳间应连接可靠，且母线槽全长与保护导体可靠连接不应少于2处。

(2) 分支母线槽的金属外壳末端应与保护导体可靠连接。

(3) 连接导体的材质、截面面积应符合设计要求。

10）梯架、托盘和槽盒安装

金属梯架、托盘和槽盒本体之间的连接应牢固可靠，与保护导体的连接应符合下列规定：

(1) 梯架、托盘和槽盒全长不大于30m时，不应少于2处与保护导体可靠连接；全长大于30m时，每隔20～30m应增加一个连接点，起始端和终点端均应可靠接地。

(2) 非镀锌梯架、托盘和槽盒本体之间连接板的两端应跨接保护联结导体，保护联结导体的截面面积应符合设计要求。

(3) 镀锌梯架、托盘和槽盒本体之间不跨接保护联结导体时，连接板每端不少于2个有防松螺帽或防松垫圈的连接固定螺栓。

11）导管敷设

钢导管不得采用对口熔焊连接；镀锌钢导管或壁厚小于或等于 2mm 的钢导管，不得采用套管熔焊连接。

12）电缆敷设

金属电缆支架必须与保护导体可靠连接。交流单芯电缆或分相后的每相电缆不得单独穿于不同金属导管内，固定用的夹具和支架不应形成闭合回路。

13）导管内穿线和槽盒内敷线

同一交流回路的绝缘导线不应敷设于不同金属槽盒内或穿于不同金属导管内。

14）塑料护套线直敷布线

此规范为新增的内容，主要规定了在施工过程中，塑料护套线严禁直接敷设在建筑物顶棚内、墙体内、抹灰层内、保温层内或装饰面内。

15）普通灯具和专用灯具的安装

灯具的固定应符合下列规定：

(1) 灯具固定应牢固可靠，在砌体和混凝土结构上严禁使用木楔、尼龙塞或塑料塞；

(2) 质量大于 10kg 的灯具，固定装置及悬吊装置应按照灯具重量的 5 倍恒定均布载荷做强度试验，且持续时间不得少于 15min。

普通灯具的Ⅰ类灯具外露可导电部分必须用铜芯软导线与保护导体可靠连接，连接处应设置接地标识，铜芯软导线的截面面积应与进入灯具的电源线截面面积相同。

专用灯具的Ⅰ类灯具外露可导电部分必须用铜芯软导线与保护导体可靠连接，连接处应设置接地标识，铜芯软导线的截面面积应与进入灯具的电源线截面面积相同。

景观照明灯具安装应符合下列规定：

(1) 在人行道等人员来往密集的场所所安装的落地式灯具，当无围栏防护时，灯具距地面高度应大于 2.5m。

(2) 金属构架及金属保护管应分别与保护导体采用焊接或螺栓连接，连接处应设置接地标识。

16）插座的安装

插座接线应符合下列规定：

(1) 对于单相两孔插座，面对插座的右孔或上孔应与相线连接，左孔或下孔应与中性导线(N)连接；对于单相三孔插座，面对插座的右孔应与相线连接，左孔应与中性导线(N)连接；

(2) 单相三孔、三相四孔及三相五孔插座的保护接地导线(PE)应接在上孔；插座的保护接地导体端子不得与中性导体端子连接；同一场所的三相插座，其接线的相序应一致；

(3) 保护接地导线(PE)在插座之间不得串联连接；

(4) 相线与中性导体(N)不得利用插座本体的连接端子转换供电。

17）接地装置、防雷引下线及接闪器的安装

接地干线应与接地装置可靠连接。

接闪器和防雷引下线必须采用焊接或卡接器连接，防雷引下线与接地装置必须采用焊接或螺栓连接。

1.5 《通风与空调工程施工质量验收规范》（GB 50243—2016）要点解读

1.5.1 编制宗旨

为统一通风与空调工程施工质量的验收，确保工程安全与质量，特制定本规范。

本规范是根据住房城乡建设部《关于印发〈2012年工程建设标准规范制订修订计划〉的通知》（建标〔2012〕5号）的要求，经规范编制组广泛调查研究，认真总结实践经验，参考有关国际标准和国外先进标准，并在广泛征求意见的基础上修订的。

《通风与空调工程施工质量验收规范》（GB 50243—2016）于2017年7月1日起正式实施，原国家标准《通风与空调工程施工质量验收规范》（GB 50243—2002）同时废止。

本规范共分为12章和5个附录，主要内容包括：总则、术语、基本规定、风管与配件、风管部件、风管系统安装、风机与空气处理设备安装、空调用冷（热）源与辅助设备安装、空调水系统管道与设备安装、防腐与绝热、系统调试、竣工验收等。

1.5.2 适用范围

本规范适用于工业与民用建筑通风与空调工程施工质量的验收。

本规范应与现行国家标准《建筑工程施工质量验收统一标准》（GB 50300—2013）配合使用。

1.5.3 一般规定

1）通风与空调工程施工质量的验收除应符合本规范的规定外，尚应按批准的设计文件、合同约定的内容执行。

2）工程修改应有设计单位的设计变更通知书或技术核定。当施工企业承担通风与空调工程施工图深化设计时，应得到工程设计单位的确认。

3）通风与空调工程所使用的主要原材料、成品、半成品和设备的材质、规格及性能应符合设计文件和国家现行标准的规定，不得采用国家明令禁止使用或淘汰的材料与设备。主要原材料、成品、半成品和设备的进场验收应符合下列规定：

(1) 进场质量验收应经监理工程师或建设单位相关责任人确认，并应形成相应的书面记录。

(2) 进口材料与设备应提供有效的商检合格证明、中文质量证明等文件。

4）通风与空调工程采用的新技术、新工艺、新材料与新设备，均应有通过专项技术鉴定验收合格的证明文件。

5）通风与空调工程的施工应按规定的程序进行，并应与土建及其他专业工种相互配合；与通风与空调系统有关的土建工程施工完毕后，应由建设（或总承包）、监理、设计及施工单位共同会检。会检的组织宜由建设、监理或总承包单位负责。

6）通风与空调工程中的隐蔽工程，在隐蔽前应经监理或建设单位验收及确认，必要时应留下影像资料。

7）通风与空调分部工程施工质量的验收，应根据工程的实际情况按本规范中表 3.0.7 所列的子分部工程及所包含的分项工程分别进行。分部工程合格验收的前提条件为工程所属子分部工程的验收应全数合格。当通风与空调工程作为单位工程或子单位工程独立验收时，其分部工程应上升为单位工程或子单位工程，子分部工程应上升为分部工程，分项工程的划分仍应按原规定执行。工程质量验收记录应符合本规范附录 A 的规定。

8）通风与空调工程子分部工程施工质量的验收应根据工程实际情况按本规范所列的分项工程进行。子分部工程合格验收应在所属分项工程的验收全数合格后进行。

9）通风与空调工程分项工程施工质量的验收应按分项工程对应的本规范具体条文的规定执行。各个分项工程应根据施工工程的实际情况，可采用一次或多次验收，检验验收批的批次、样本数量可根据工程的实物数量与分布情况而定，并应覆盖整个分项工程。当分项工程中包含多种材质、施工工艺的风管或管道时，检验验收批宜按不同材质进行分列。

10）检验批质量验收抽样应符合下列规定：

（1）检验批质量验收应按本规范附录 B 的规定执行。产品合格率大于或等于 95%的抽样评定方案，应定为第Ⅰ抽样方案，主要适用于主控项目；产品合格率大于或等于 85%的抽样评定方案，应定为第Ⅱ抽样方案，主要适用于一般项目。

（2）当检索出抽样检验评价方案所需的产品样本量 n 超过检验批的产品数量 N 时，应对该检验批总体中所有的产品进行检验。

（3）强制性条款的检验应采用全数检验方案。

11）分项工程检验批验收合格质量应符合下列规定：

（1）当受检方通过自检，检验批的质量已达到合同和本规范的要求，并具有相应的质量合格的施工验收记录时，可进行工程施工质量检验批质量的验收。

（2）采用全数检验方案检验时，主控项目的质量检验结果应全数合格；一般项目的质量检验结果，计数合格率不应小于 85%，且不得有严重缺陷。

（3）采用抽样方案检验，且检验批检验结果合格时，批质量验收应予以通过；当抽样检验批检验结果不符合合格要求时，受检方可申请复验或复检。

（4）质量验收中被检出的不合格品，均应进行修复或更换为合格品。

12）通风与空调工程施工质量的保修期限，应自竣工验收合格日起计算两个采暖期、供冷期。在保修期内发生施工质量问题的，施工企业应履行保修职责。

1.5.4　修订的主要内容

1）补充和完善了通风与空调工程新技术、新工艺、新材料和新设备的验收条款。

2）根据系统可独立运行与进行功能验证的原则，对本分部工程的子分部进行了重新划分。

3）引入并推荐应用现行国家标准《计数抽样检验程序　第 11 部分：小总体声称质量水平的评定程序》(GB/T 2828.11—2008)的工程质量验收批的抽样检验评定方法。

4）取消了有关工程综合性能的测定与调整的章节内容。

1.6 《生产安全事故报告和调查处理条例》要点解读

2007年3月28日国务院第172次常务会议通过了《生产安全事故报告和调查处理条例》，自2007年6月1日起施行，条例共包含六章四十六条。

1.6.1 编制宗旨

为了规范生产安全事故的报告和调查处理，落实生产安全事故责任追究制度，防止和减少生产安全事故，根据《中华人民共和国安全生产法》和有关法律，特制定本条例。

1.6.2 适用范围

生产经营活动中发生的造成人身伤亡或者直接经济损失的生产安全事故的报告和调查处理，适用于本条例。环境污染事故、核设施事故、国防科研生产事故的报告和调查处理不适用于本条例。

1.6.3 一般规定

根据生产安全事故造成的人员伤亡或者直接经济损失，一般要按照等级对事故进行划分。

1）安全生产事故等级划分

(1) 特别重大事故，是指造成30人以上死亡，或者100人以上重伤（包括急性工业中毒，下同），或者1亿元以上直接经济损失的事故；

(2) 重大事故，是指造成10人以上30人以下死亡，或者50人以上100人以下重伤，或者5000万元以上1亿元以下直接经济损失的事故；

(3) 较大事故，是指造成3人以上10人以下死亡，或者10人以上50人以下重伤，或者1000万元以上5000万元以下直接经济损失的事故；

(4) 一般事故，是指造成3人以下死亡，或者10人以下重伤，或者1000万元以下直接经济损失的事故。

安全生产监督管理部门和负有安全生产监督管理职责的有关部门接到事故报告后，应当依照下列规定上报事故情况，并通知公安机关、劳动保障行政部门、工会和人民检察院。

2）安全事故上报

(1) 特别重大事故、重大事故逐级上报至国务院安全生产监督管理部门和负有安全生产监督管理职责的有关部门。

(2) 较大事故逐级上报至省、自治区、直辖市人民政府安全生产监督管理部门和负有安全生产监督管理职责的有关部门。

(3) 一般事故上报至设区的市级人民政府安全生产监督管理部门和负有安全生产监督管理职责的有关部门。

3）报告事故内容

自事故发生之日起30日内，事故造成的伤亡人数发生变化的，应当及时补报。道路交通事故、火灾事故自发生之日起 7 日内,事故造成的伤亡人数发生变化的,应当及时补报。

报告事故应当包括以下内容:

(1) 事故发生单位的概况。

(2) 事故发生的时间、地点以及事故现场情况。

(3) 事故的简要经过。

(4) 事故已经造成或者可能造成的伤亡人数(包括下落不明的人数)和初步估计的直接经济损失(包括已经采取的措施);其他应当报告的情况。

4) 事故调查

(1) 特别重大事故由国务院或者国务院授权有关部门组织事故调查组进行调查。

(2) 上级人民政府认为必要时,可以调查由下级人民政府负责调查的事故。特别重大事故以下等级事故,事故发生地与事故发生单位不在同一个县级以上行政区域的,由事故发生地人民政府负责调查,事故发生单位所在地人民政府应当派人参加。

(3) 事故调查组应当自事故发生之日起 60 日内提交事故调查报告;特殊情况下,经负责事故调查的人民政府批准,提交事故调查报告的期限可以适当延长,但延长的期限最长不超过 60 日。

5) 事故处理

(1) 重大事故、较大事故、一般事故,负责事故调查的人民政府应当自收到事故调查报告之日起 15 日内做出批复。

(2) 特别重大事故,30 日内做出批复,特殊情况下,批复时间可以适当延长,但延长的时间最长不超过 30 日。

6) 法律责任

(1) 事故发生单位主要负责人有下列行为之一的,处上一年年收入 40%至 80%的罚款;属于国家工作人员的,依法给予处分;构成犯罪的,依法追究刑事责任:

① 不立即组织事故抢救的;

② 迟报或者漏报事故的;

③ 在事故调查处理期间擅离职守的。

(2) 事故发生单位及其有关人员有下列行为之一的,对事故发生单位处 10 万元以上 500 万元以下的罚款;对主要负责人、直接负责的主管人员和其他直接责任人员处上一年年收入 60%至 100%的罚款;属于国家工作人员的,依法给予处分;构成违反治安管理行为的,由公安机关依法给予治安管理处罚;构成犯罪的,依法追究刑事责任:

① 谎报或者瞒报事故的;

② 伪造或者故意破坏事故现场的;

③ 转移、隐匿资金、财产,或者销毁有关证据、资料的;

④ 拒绝接受调查或者拒绝提供有关情况和资料的;

⑤ 在事故调查中作伪证或者指使他人作伪证的;

⑥ 事故发生后逃匿的。

(3) 事故发生单位对事故发生负有责任的,依照下列规定处以罚款:

① 发生一般事故的,处 10 万元以上 20 万元以下的罚款;

② 发生较大事故的，处20万元以上50万元以下的罚款；

③ 发生重大事故的，处50万元以上200万元以下的罚款；

④ 发生特别重大事故的，处200万元以上500万元以下的罚款。

(4) 事故发生单位主要负责人未依法履行安全生产管理职责，导致事故发生的，依照下列规定处以罚款；属于国家工作人员的，依法给予处分；构成犯罪的，依法追究刑事责任：

① 发生一般事故的，处上一年年收入30%的罚款；

② 发生较大事故的，处上一年年收入40%的罚款；

③ 发生重大事故的，处上一年年收入60%的罚款；

④ 发生特别重大事故的，处上一年年收入80%的罚款。

(5) 有关地方人民政府、安全生产监督管理部门和负有安全生产监督管理职责的有关部门有下列行为之一的，对直接负责的主管人员和其他直接责任人员依法给予处分；构成犯罪的，依法追究刑事责任：

① 不立即组织事故抢救的；

② 迟报、漏报、谎报或者瞒报事故的；

③ 阻碍、干涉事故调查工作的；

④ 在事故调查中作伪证或者指使他人作伪证的。

(6) 事故发生单位对事故发生负有责任的，由有关部门依法暂扣或者吊销其有关证照；对事故发生单位负有事故责任的有关人员，依法暂停或者撤销其与安全生产有关的执业资格、岗位证书；事故发生单位主要负责人受到刑事处罚或者撤职处分的，自刑罚执行完毕或者受处分之日起，5年内不得担任任何生产经营单位的主要负责人。

(7) 参与事故调查的人员在事故调查中有下列行为之一的，依法给予处分；构成犯罪的，依法追究刑事责任：

① 对事故调查工作不负责任，致使事故调查工作有重大疏漏的；

② 包庇、袒护负有事故责任的人员或者借机打击报复的。

1.7 《炼钢机械设备工程安装验收规范》(GB 50403—2017)要点解读

1.7.1 概述

本规范根据住房城乡建设部《关于印发〈2015年工程建设标准规范制订、修订计划〉的通知》(建标〔2014〕189号)的要求，由中国一冶集团有限公司会同有关单位共同修订完成，自2018年4月1日起施行。

在修订过程中，修订组进行了广泛的调查研究，总结了近十年来炼钢机械设备工程安装的实践经验，开展了专题研究，参考了大量文献和工程资料，广泛征求了全国有关单位和专家的意见，经过反复讨论、修改和完善，最后审查定稿。

本规范共分为21章和6个附录，主要内容包括：总则，术语，基本规定，设备基础、地脚螺栓和垫板，设备和材料，混铁炉，铁水预处理设备，转炉及氩氧脱碳精炼炉(AOD)，原料系统，氧枪和副枪，烟罩设备和余热锅炉，煤气净化设备，渣处理设备，电弧炉，钢包精炼炉(LF)，钢包真空精炼炉(VD)及真空吹氧脱碳炉(VOD)，循环真空脱气精炼炉(RH)及循环真空顶吹脱气精炼炉(RH-TB)，密闭吹氩精炼炉(CAS)及密闭吹氩吹氧精炼炉(CAS-OB)，连续铸钢设备，出胚和精整设备，安全和环保等。

1.7.2 编制宗旨

为了保证炼钢机械设备工程的安全质量，统一质量验收标准，特制定本规范。

1.7.3 适用范围

本规范适用于新建、改建和扩建炼钢机械设备的工程安装验收。

本规范为炼钢机械设备工程安装的基本要求；当设计文件有专门要求时，应按设计文件执行。

1.7.4 一般规定

施工现场应有相应的施工技术标准，健全的安全、质量管理体系，质量控制及检验制度；应有经审批的施工组织设计、施工专项方案、施工作业设计等技术文件。

1.7.5 修订的主要内容

1）将原规范的第2章“基本规定”改为第3章，并进行了修改。

2）按照炼钢机械设备的铁水、炼钢、精炼、连铸工程的工艺流程，对各章节次序进行了调整，使本规范便于查找。

3）根据章节内容，将原规范第5、7、8、13、14、15章分别进行了合并。

4）增加了第2、13、21章三个新的完整章节，在第8、9、12、14、17、18、19、20章中增加了内容。

1.8《石油化工大型设备吊装工程规范》(GB 50798—2012)要点解读

1.8.1 编制宗旨

为了提高石油化工大型设备吊装工程水平，做到安全可靠、技术先进、经济合理，特制定本规范。

1.8.2 适用范围

本规范适用于石油化工新建、改建、扩建工程项目大型设备吊装工程。石油化工检(维)修工程的大型设备吊装可参照执行。

1.8.3　一般规定

1）设备质量大于100t或垂直高度大于60m的吊装作业称为大型设备吊装。

2）对石油化工项目，大型设备吊装与运输宜采用“一体化”管理模式。

3）对具体的大型设备吊装工程，施工单位可根据技术装备、技术素质、现场环境等方面的条件，从标准中选择适用工艺，在有计算依据并采取有效安全措施的情况下，也可采取其他吊装工艺。

4）所有起重机械的生产厂家必须是国家主管部门指定并核发合格证（进口许可证）的专业制造厂，其安全防护装置必须齐全、完备，有产品合格证和安全使用、维护、保养说明书。

5）起重机械的安装、使用和维修保养应执行国家质量技术监督局《特种设备质量监督与安全监察规定》和《特种设备注册登记与使用管理规则》的规定。

6）所有吊索具必须具有出厂质量证明文件，不得使用无质量证明文件或试验不合格的吊索具。

7）起重指挥人员、起重工和起重机械操作人员，必须经过专业学习并接受安全技术培训，取得政府主管部门签发的《特种作业人员操作证》后，方可从事指挥和操作。

8）大型设备吊装必须编制吊装方案，并按规定进行审批，若方案需要变更时必须按原审批程序进行审批。

9）必要时，监理或建设单位可邀请有关专家对吊装方案进行审查。

10）吊装方案应由专业吊装技术人员负责编制，并按文件管理程序审核和批准，并报送监理和建设单位确认。

11）规定了大型设备吊装方案编制和审批人员的资格和职责。

12）吊装作业前必须由吊装方案编制人向全体作业人员进行交底并记录，作业人员应熟知吊装方案、指挥信号、安全技术要求及应急措施。吊装方案交底内容至少应包括：

（1）多台设备吊装顺序；

（2）单台设备吊装方案和吊装工艺；

（3）机具安装工艺及机具试验方法和要求；

（4）吊装作业工序及要点；

（5）安全技术措施。

13）吊装方案编制人应负责方案的实施，内容包括：

（1）指导作业人员正确执行方案；

（2）提出正确的施工作业方法；

（3）处理吊装施工过程中出现的技术问题；

（4）对方案中不完善之处提出修改方案和编制补充方案。

14）吊装方案实施过程应在施工安全和工程质量部门的监督和检查下进行。

15）吊装方案、吊装计算书及修改或补充方案、方案交底记录和方案实施的实测记录均应存档。

16）吊装工程施工应建立完善的吊装安全质量保证体系。吊装施工准备和实施过程中，吊装施工安全质量保证体系应正常运转，以确保吊装施工安全。

17）吊装前应进行吊装作业危害识别、风险评价，并制定控制措施。

18）吊装前应与供电部门取得联系，保证正常供电。

19）吊装前应掌握当地气象情况，当雷雨、大雪天气或风速大于10.8m/s时不得进行吊装作业。

20）吊装前应根据吊装方案组织安全质量检查，检查方式和检查内容为：

(1) 班组自检

① 吊钩、吊具、钢丝绳的选用和设置符合吊装方案的要求，其质量符合安全技术要求；

② 电气装置、液压装置、离合器、制动器、限位器、防碰撞装置、警报器等操纵装置和安全装置符合安全技术条件，并进行无负荷试验；

③ 地面附着物情况、起重机械与地面的固定（包括地锚、缆风绳等）或垫木的设置情况；

④ 确认起重机具作业空间范围内的障碍物及其预防措施；

⑤ 设备吊耳及加固措施，设备内、外部无坠落物和杂物。

(2) 项目复检

① 班组自检记录及自检整改结果；

② 吊装设备基础及回填土夯实情况；

③ 随设备一起吊装的管线、钢结构及设备内件的安装情况；

④ 复查起重机具、索具及起重机械。

(3) 联合检查

① 吊装方案及吊装前的准备工作；

② 吊装安全质量保证体系、管理人员及施工作业人员资格；

③ 安全质量保证措施的落实情况；

④ 设备准备情况；

⑤ 施工用电；

⑥ 其他方面的准备工作。

21）检查中发现的问题，应由各级责任人员组织整改和落实。安全质量部门应对整改结果进行确认。

22）联合检查确认设备吊装准备工作符合吊装方案后，由吊装总指挥签署"吊装命令书"并下达吊装命令，方可进行试吊和吊装作业。

23）大型设备正式吊装前必须进行试吊。

24）试吊和正式吊装时应遵守下列规定：

(1) 对设备吊点处和变径、变厚处等设备及塔架的危险截面，宜实测其应力，细长设备应观察其挠度；

(2) 对卷扬机应实测传动机构温升和电动机的电流、电压及温升；

(3) 吊车吊装时应观测吊装安全距离及吊车支腿处地基的变化情况；

(4) 机索具的受力情况观测。

25）吊装过程中设备易摆动及旋转的情况下，应采用设溜绳等安全措施，防止设备在吊装过程中摆动、旋转。

26）设备不宜在空中长时间停留，若须停留应采取可靠的安全措施。

27）拖拉绳跨越道路时，离路面高度不得低于6m，并应悬挂明显标志或警示牌。动力电缆、信号缆和钢丝绳的布置应作出明显清晰的标志，动力电缆、信号缆不得对交通和相邻的施工作业有影响。

28）吊装过程中，作业人员应坚守岗位，听从指挥，发现问题应立即向指挥者报告，无指挥者的命令不得擅自操作。

29）立式设备吊装就位后，应立即进行初找正，地脚螺栓拧紧后方可松绳摘钩。

30）起重机械占位及行走的地面应按地基处理方案进行处理，吊装作业前应确认合格，满足起重机械基础地耐力的要求。

31）吊装指挥信号应按《起重吊运指挥信号》(GB 5082—1985)的规定执行。

32）所有起重机械、绳索、滑轮、卸扣、绳卡等机具必须具有合格证及吊装前质量合格确认表。

33）起重机械、机具及设备与输电线路间的最小安全距离应符合规定。

34）起重机械的烟气或废气排放应符合环保排放标准的要求。废弃的油料应回收集中处理，不得随地倾倒或就地掩埋。

35）吊装工程全过程实施安全、环境与健康因素(危险源)控制。节约能源和资源，最大限度地避免事故和危险发生，控制和预防环境的污染与破坏，保障吊装工程安全、可靠。

1.9 《特种设备安全监察条例》要点解读

1.9.1 编制宗旨

为了保障人民群众生命和财产安全，促进经济发展，应防止和减少特种设备的事故，加强特种设备的安全监察。特种设备是生产和生活中广泛使用的危险性设备，一旦发生事故，会造成严重的人身伤亡及财产损失，我国政府对其高度重视，并利用法律、行政、经济手段等各种强制措施予以监督管理。国家实施监察与经济发展并举、把安全放在首位的管理发展战略。

《国务院关于修改〈特种设备安全监察条例〉的决定》于2009年1月14日国务院第46次常务会议通过，自2009年5月1日起施行。

新条例共修改变动61条，其中新增加的条款一共14条，删除的条款有3条，修改的条款有44条。新条例集中修改了两个方面的内容：一是增加了关于高能耗特种设备节能监管的规定，二是增加了特种设备事故分级和调查的相关制度。

1.9.2 适用范围

特种设备的生产(含设计、制造、安装、改造、维修)、使用、检验检测及其监督检查，应当遵守《特种设备安全监察条例》，但本条例另有规定的除外。

军事装备、核设施、航空航天器、铁路机车、海上设施和船舶以及矿山井下使用的特种设备、民用机场专用设备的安全监察不适用本条例。

房屋建筑工地和市政工程工地用起重机械、场(厂)内机动车辆的安装、使用的监督管理,由建设行政主管部门依照有关法律、法规的规定执行。

除此之外,使用单位(含充装单位),以及特种设备检验检测机构(包括综合检验检测机构、自检机构、型式试验机构、无损检测机构、气瓶检验机构)也需要接受特种设备安全监督管理部门的安全监察。

其中,学校、幼儿园以及车站、客运码头、商场、体育场馆、展览馆、公园等公众聚集场所的特种设备,应当实施重点安全监察。

1.9.3 一般规定

1) 特种设备的生产规定

(1) 特种设备生产单位,应当依照本条例规定以及国务院特种设备安全监督管理部门制定并公布的安全技术规范(以下简称安全技术规范)的要求,进行生产活动。

特种设备生产单位对其生产的特种设备的安全性能和能效指标负责,不得生产不符合安全性能要求和能效指标的特种设备,不得生产国家产业政策明令淘汰的特种设备。

(2) 压力容器的设计单位应当经国务院特种设备安全监督管理部门许可,方可从事压力容器的设计活动。

压力容器的设计单位应当具备下列条件:

① 有与压力容器设计相适应的设计人员、设计审核人员。

② 有与压力容器设计相适应的场所和设备。

③ 有与压力容器设计相适应的健全的管理制度和责任制度。

(3) 锅炉、压力容器中的气瓶(以下简称气瓶)、氧舱和客运索道、大型游乐设施以及高能耗特种设备的设计文件,应当经国务院特种设备安全监督管理部门核准的检验检测机构鉴定,方可用于制造。

(4) 按照安全技术规范的要求,应当进行型式试验的特种设备产品、部件或者试制的特种设备新产品、新部件、新材料,必须进行型式试验和能效测试。

(5) 锅炉、压力容器、电梯、起重机械、客运索道、大型游乐设施及其安全附件、安全保护装置的制造、安装、改造单位,以及压力管道用管子、管件、阀门、法兰、补偿器、安全保护装置等(以下简称压力管道元件)的制造单位和场(厂)内专用机动车辆的制造、改造单位,应当经国务院特种设备安全监督管理部门许可,方可从事相应的活动。

前款特种设备的制造、安装、改造单位应当具备下列条件:

① 有与特种设备制造、安装、改造相适应的专业技术人员和技术工人。

② 有与特种设备制造、安装、改造相适应的生产条件和检测手段。

③ 有健全的质量管理制度和责任制度。

(6) 特种设备出厂时,应当附有安全技术规范要求的设计文件、产品质量合格证明、安装及使用维修说明、监督检验证明等文件。

(7) 锅炉、压力容器、电梯、起重机械、客运索道、大型游乐设施、场(厂)内专用机动车辆的维修单位,应当有与特种设备维修相适应的专业技术人员和技术工人,以及必要的检测手段,并经省、自治区、直辖市特种设备安全监督管理部门许可,方可从事相应的维修活动。

(8) 锅炉、压力容器、起重机械、客运索道、大型游乐设施的安装、改造、维修以及场(厂)内专用机动车辆的改造、维修,必须由依照本条例取得许可的单位进行。

电梯的安装、改造、维修,必须由电梯制造单位或者其通过合同委托、同意的依照本条例取得许可的单位进行。电梯制造单位应对电梯质量以及安全运行涉及的质量问题负责。

特种设备安装、改造、维修的施工单位应当在施工前将拟进行的特种设备安装、改造、维修情况书面告知直辖市或者设区的市的特种设备安全监督管理部门,告知后即可施工。

(9) 电梯井道的土建工程必须符合建筑工程质量要求。电梯安装施工过程中,电梯安装单位应当遵守施工现场的安全生产要求,落实现场安全防护措施。电梯安装施工过程中,施工现场的安全生产监督,由有关部门依照有关法律、行政法规的规定执行。

(10) 电梯安装施工过程中,电梯安装单位应当服从建筑施工总承包单位对施工现场的安全生产管理,并订立合同,明确各自的安全责任。

(11) 电梯的制造、安装、改造和维修活动,必须严格遵守安全技术规范的要求。电梯制造单位委托或者同意其他单位进行电梯安装、改造、维修活动的,应当对其安装、改造、维修活动进行安全指导和监控。电梯的安装、改造、维修活动结束后,电梯制造单位应当按照安全技术规范的要求对电梯进行校验和调试,并对校验和调试的结果负责。

(12) 锅炉、压力容器、电梯、起重机械、客运索道、大型游乐设施的安装、改造、维修以及场(厂)内专用机动车辆的改造、维修竣工后,安装、改造、维修的施工单位应当在验收后30日内将有关技术资料移交给使用单位,高能耗特种设备还应当按照安全技术规范的要求提交能效测试报告。使用单位应当将其存入该特种设备的安全技术档案。

(13) 锅炉、压力容器、压力管道元件、起重机械、大型游乐设施的制造过程和锅炉、压力容器、电梯、起重机械、客运索道、大型游乐设施的安装、改造、重大维修过程,必须经国务院特种设备安全监督管理部门核准的检验检测机构按照安全技术规范的要求进行监督检验;未经监督检验合格的不得出厂或者交付使用。

(14) 移动式压力容器、气瓶充装单位应当经省、自治区、直辖市的特种设备安全监督管理部门许可,方可从事充装活动。

充装单位应当具备下列条件:

① 有与充装和管理相适应的管理人员和技术人员。

② 有与充装和管理相适应的充装设备、检测手段、场地厂房、器具、安全设施。

③ 有健全的充装管理制度、责任制度、紧急处理措施。

气瓶充装单位应当向气体使用者提供符合安全技术规范要求的气瓶,对使用者进行气瓶安全使用指导,并按照安全技术规范的要求办理气瓶使用登记,提出气瓶的定期检验要求。

2) 特种设备的使用规定

(1) 特种设备使用单位应当严格执行本条例和有关安全生产的法律、行政法规的规定,保证特种设备的安全使用。

(2) 特种设备使用单位应当使用符合安全技术规范要求的特种设备。特种设备投入使用前,使用单位应当核对其是否附有本条例第十五条规定的相关文件。

(3) 特种设备在投入使用前或者投入使用后30日内,特种设备使用单位应当向直辖市或者设区的市的特种设备安全监督管理部门登记。登记标志应当置于或者附着于该特种设备的显著位置。

(4) 特种设备使用单位应当建立特种设备安全技术档案。安全技术档案应当包括以下内容:

① 特种设备的设计文件、制造单位、产品质量合格证明、使用维护说明等文件以及安装技术文件和资料。

② 特种设备的定期检验和定期自行检查的记录。

③ 特种设备的日常使用状况记录。

④ 特种设备及其安全附件、安全保护装置、测量调控装置及有关附属仪器仪表的日常维护保养记录。

⑤ 特种设备运行故障和事故记录。

⑥ 高能耗特种设备的能效测试报告、能耗状况记录以及节能改造技术资料。

(5) 特种设备使用单位应当对在用特种设备进行经常性日常维护保养,并定期自行检查。

特种设备使用单位对在用特种设备应当至少每月进行一次自行检查,并进行记录。特种设备使用单位在对在用特种设备进行自行检查和日常维护保养时发现异常情况的,应当及时处理。

特种设备使用单位应当对在用特种设备的安全附件、安全保护装置、测量调控装置及有关附属仪器仪表进行定期校验、检修,并作出记录。

锅炉使用单位应当按照安全技术规范的要求进行锅炉水(介)质处理,并接受特种设备检验检测机构实施的水(介)质处理定期检验。

从事锅炉清洗的单位,应当按照安全技术规范的要求进行锅炉清洗,并接受特种设备检验检测机构实施的锅炉清洗过程监督检验。

特种设备使用单位应当按照安全技术规范的定期检验要求,在安全检验合格有效期届满前1个月向特种设备检验检测机构提出定期检验要求。

检验检测机构接到定期检验要求后,应当按照安全技术规范的要求及时进行安全性能检验和能效测试。

未经定期检验或者检验不合格的特种设备,不得继续使用。

(6) 特种设备出现故障或者发生异常情况时,使用单位应当对其进行全面检查,消除事故隐患后,方可重新投入使用。

特种设备不符合能效指标的,特种设备使用单位应当采取相应措施进行整改。

(7) 特种设备存在严重事故隐患,无改造、维修价值,或者超过安全技术规范规定使用年限的,特种设备使用单位应当及时予以报废,并应当向原登记的特种设备安全监督管理部门办理注销。

(8) 电梯的日常维护保养必须由依照本条例取得许可的安装、改造、维修单位或者电梯制造单位进行。

电梯应当至少每15日进行一次清洁、润滑、调整和检查。

(9) 电梯的日常维护保养单位应当在维护保养中严格执行国家安全技术规范的要求，保证其维护保养的电梯的安全技术性能，并负责落实现场安全防护措施，保证施工安全。

电梯的日常维护保养单位，应当对其维护保养的电梯的安全性能负责，接到故障通知后，应当立即赶赴现场，并采取必要的应急救援措施。

(10) 电梯、客运索道、大型游乐设施等为公众提供服务的特种设备运营使用单位，应当设置特种设备安全管理机构或者配备专职的安全管理人员；其他特种设备使用单位，应当根据情况设置特种设备安全管理机构或者配备专职、兼职的安全管理人员。

特种设备的安全管理人员应当对特种设备使用状况进行经常性检查，发现问题的应当立即处理；情况紧急时，可以决定停止使用特种设备并及时报告本单位有关负责人。

(11) 客运索道、大型游乐设施的运营使用单位在客运索道、大型游乐设施每日投入使用前，应当进行试运行和例行安全检查，并对安全装置进行检查确认。

电梯、客运索道、大型游乐设施的运营使用单位应当将电梯、客运索道、大型游乐设施的安全注意事项和警示标志置于易被乘客注意的显著位置。

(12) 客运索道、大型游乐设施的运营使用单位的主要负责人应当熟悉客运索道、大型游乐设施的相关安全知识，并全面负责客运索道、大型游乐设施的安全使用。

客运索道、大型游乐设施的运营使用单位的主要负责人至少应当每月召开一次会议，督促、检查客运索道、大型游乐设施的安全使用工作。

客运索道、大型游乐设施的运营使用单位，应当结合本单位的实际情况，配备相应数量的营救装备和急救物品。

(13) 电梯、客运索道、大型游乐设施的乘客应当遵守安全注意事项的要求，服从有关工作人员的指挥。

(14) 电梯投入使用后，电梯制造单位应当对其制造的电梯的安全运行情况进行跟踪调查和了解，对电梯的日常维护保养单位或者电梯的使用单位在安全运行方面存在的问题，提出改进建议，并提供必要的技术帮助。发现电梯存在严重事故隐患的，应当及时向特种设备安全监督管理部门报告。电梯制造单位对调查和所了解的情况，应当作出记录。

(15) 锅炉、压力容器、电梯、起重机械、客运索道、大型游乐设施、场(厂)内专用机动车辆的作业人员及其相关管理人员(以下统称特种设备作业人员)，应当按照国家有关规定经特种设备安全监督管理部门考核合格，取得国家统一格式的特种作业人员证书后，方可从事相应的作业或者管理工作。

(16) 特种设备使用单位应当对特种设备作业人员进行特种设备安全、节能教育和培训，保证特种设备作业人员具备必要的特种设备安全、节能知识。

特种设备作业人员在作业中应当严格执行特种设备的操作规程和有关的安全规章制度。

(17) 特种设备作业人员在作业过程中发现事故隐患或者其他不安全因素时，应当立即向现场安全管理人员和单位有关负责人报告。

1.10 《工程建设施工企业质量管理规范》(GB/T 50430—2017)要点解读

1.10.1 前言

根据住房城乡建设部《关于印发〈2013 年工程建设标准规范制订、修订计划〉的通知》(建标〔2013〕6 号)的要求,标准编制组经广泛调查研究,认真总结实践经验,参考有关国际标准和国外先进标准,并在广泛征求意见的基础上进行修订。该《规范》于 2017 年 5 月 4 日发布(住建部第〔1539〕号),2017 年 10 月 30 日正式出版发行,于 2018 年 1 月 1 日起正式实施,同时原编号 GB/T 50430—2007 标准作废。

1.10.2 修订宗旨

为深入贯彻《国务院关于促进建筑业持续健康发展的意见》和《国家新型城镇化规划(2014－2020 年)》的要求,促进供给侧结构性改革,打造建筑施工领域质量管理体系认证升级版,提升工程建设施工企业质量管理水平。作为工程建设施工企业质量技术基础文件,在 2007 版《工程建设施工企业质量管理规范》的基础上,结合 ISO 9001:2015 质量管理标准新理念,立足于中国建筑业工程施工企业特色和行业需求,打造更专业的质量管理体系,由中华人民共和国住房和城乡建设部负责组织,出台了 GB/T 50430—2017 新版标准。这标志着我国建筑企业在专业领域深化认证的方面紧跟国际步伐,对中国建筑施工领域的认证又将是一个里程碑意义的开端。

1.10.3 适用范围和价值

本《规范》是我国的工程建设本土化、行业化和具体化的法规和惯例,适用于施工各企业各项质量的管理活动,是施工企业质量管理的行为准则,也是施工和服务质量符合法律、法规要求的基本保证。

本《规范》与 ISO 9001 质量管理体系兼容性强,更易与建筑施工企业实际相结合,更具有针对性、专业性,更利于建筑施工企业的管理体系有效实施,从而切实加强工程建设施工企业的质量管理工作,提高企业的自律和质量管理水平,进一步强化和落实质量责任,促进施工企业质量管理的科学化、规范化和法制化。

1.10.4 一般规定

1) 建立质量管理体系,对质量管理体系中的各项活动进行策划,检查、分析、改进质量管理活动的过程和结果。

2) 明确质量管理体系的组织结构,配备质量管理人员,规定相应的职责和权限。

3) 建立人力资源管理制度。人力资源管理应满足质量管理需要,根据质量管理长远目标制定人力资源发展规划。

4) 建立施工机具管理制度。对施工机具的配备、验收、安装调试、使用维护等进行规定,明确各管理层及有关岗位在施工机具管理中的职责。

5)建立工程项目投标及工程承包合同管理制度。依法进行工程项目投标及签约活动,并对合同变更情况进行监控。

6)根据施工需要建立建筑材料、构配件和设备管理制度。

7)建立分包管理制度,明确各管理层和部门在分包管理活动中的职责和权限,对分包方实施管理,对分包工程承担相关责任。

8)建立工程项目施工质量管理制度,对工程项目施工质量管理进行策划、施工设计、施工准备、施工、质量控制和服务,对工程项目施工质量管理进行监督、指导、检查和考核。

9)建立施工质量检查制度。规定各管理层次对施工质量检查与验收的职责和权限,做好对分包工程的质量检查和验收工作,配备和管理施工质量检查所需的各类检测设备。

10)建立质量管理自查与评价制度,对质量管理活动进行监督检查。

11)建立并实施质量信息管理和质量管理改进制度,通过对质量信息的收集和分析来确定改进的目标,制定并实施质量改进措施。

1.10.5 修订要点解读

新《规范》共有56款条款(到二级条款),新旧《规范》对标之后发现内容上有"删减"约85处、"变化"约74处、"增加"约113处。

新《规范》内容变化主要有:

1)补充了ISO 9001:2015《质量管理体系 要求》标准新增加的内容。

2)增加和调整了部分术语,包括质量信息、施工机具与设施的重新界定。

3)调整了部分章节名称和结构,将原来的12章与13章整合为一章,管理要求的内在联系与逻辑更加合理。

4)删除了部分不协调的内容。

5)明确把施工详图设计纳入工程设计范畴。

6)强化了规定要求的适宜性与可操作性。

7)质量管理的风险预防贯穿规范始终。

1.10.6 应用实例

1)施工质量目标

施工企业应根据质量方针制定质量目标,明确质量管理和工程质量应达到的水平。

例如,某工程质量目标:各批验收检验合格率为100%,分部工程质量必须达到优良级别以上。

2)施工质量管理

施工质量管理涉及的内容包括:

① 建立施工组织机构;

② 资源管理;

③ 施工机具管理;

④ 投标及合同管理;

⑤ 建筑材料和设备管理；

⑥ 分包管理；

⑦ 工程项目施工质量管理；

⑧ 施工质量检查和验收；

⑨ 工程项目竣工交付使用后的服务和质量信息管理。

明确管理层次，设置相应的部门和岗位，并规定其职责和权限，如图 1.1 所示。

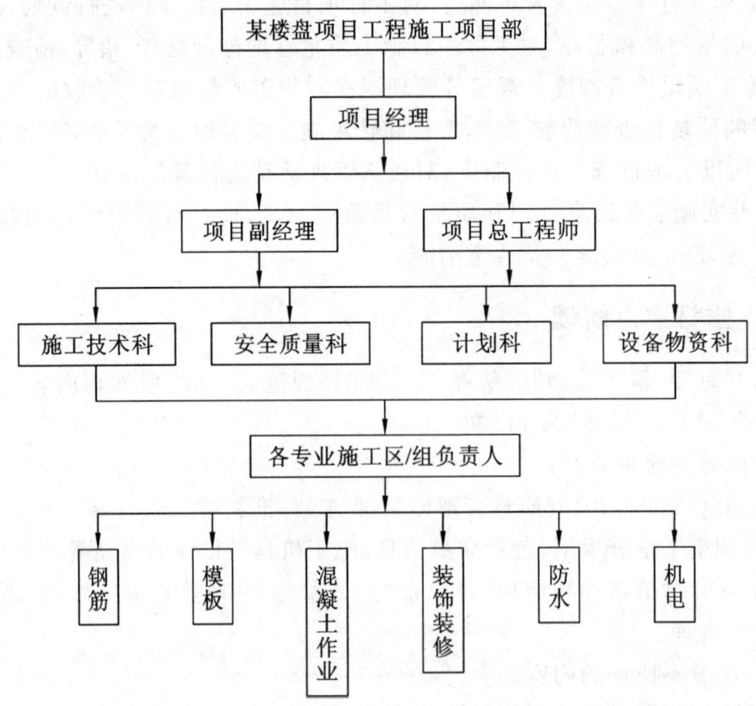

图 1.1　某工程质量管理组织体系图

3）施工管理人员配置

① 施工管理人员，包括项目经理、施工员、质量员、特种作业人员等，这些人员都是按照工程项目岗位进行配置的，必须要求持证上岗。

② 工程项目需要建立员工绩效考核制度，并将考核结果作为资源管理评价和改进的依据。考核制度一般包括：考核的内容、标准、方式、频度。

③ 施工人员培训计划。施工单位必须组织施工人员进行培训，根据工程的情况，制定培训对象、内容、方式及时间的安排。

例如：施工人员可以通过培训，了解新规范、新工艺、新技术、新材料、新设备等，从而提高自己的岗位技能。

4）施工机具配置

施工机具在采购或租赁前应该对该机具的供应方进行评估，评估内容包括：经济资格、公司信誉、产品质量、售后服务、供货能力、风险因素。在确定供应方后，除签订合同之外，需要明确施工机具的质量和服务要求。

施工机具在安装或者拆卸时，应编制专项方案并批准后实施，完成验收的流程后才可以投入使用。

5）投标合同管理

① 施工企业在投标及签约前，需要做到以下两点：确认发包方的要求和设计要求、了解有关法律法规和标准规范。通过审评在确认具备满足工程项目要求的能力后，依法进行投标及签约，并保存相关记录。

② 施工企业相关部门及人员掌握合同的要求时，需要做到：及时对合同履约情况进行分析和记录，记录内容包括在合同履行的各个阶段与发包方或其代表进行的有效沟通；对施工过程中发生的变更，以书面形式签认，并作为合同的组成部分。

6）采购管理

① 审核图纸和标书，列出材料、设备订购清单。涉及的材料和设备必须符合设计要求，符合国家标准规范。

② 明确采购产品的种类、规格、型号、数量、交付期、质量要求以及采购验证的具体安排。

③ 合理选择材料、构配件和设备供应方，并对其供应方进行评估。评估内容包括：经营资格、信誉、质量、供货能力、价格、售后服务等。

④ 根据采购计划订立采购合同。未验收的建筑材料、构配件和设备不得用于工程施工。

⑤ 明确材料、构配件和设备的现场管理要求。包括：贮存、保管和标识管理；符合规定进行的检查，问题处理的及时性；搬运和防护的规范；建立发放记录；对发包方的验收。

验证入库需由检验人员和仓库保管人员共同完成，验证内容包括：材料名称、型号、规格、数量与验收单是否相符；外观质量和尺寸的检验；出厂合格证、材料质保书是否齐全。最后填写材料收料记录。

7）分包管理

① 施工企业根据评价依法选择合适的分包方，并保存评价和分包的记录。对分包方的评价内容包括：经营许可和资质证明；专业能力；人员结构和素质；机具装备；技术、质量、安全、施工管理的保证能力；工程业绩和信誉。

② 施工企业应按照总承包合同的约定，依法订立分包合同。与分包方订立分包合同时，应以工程总承包合同为基础。

③ 对分包人员进行分包工程的施工要求交底，审核批准分包方编制的施工方案，确认分包方从业人员的资格与能力；验证分包方的主要材料、设备和设施。

8）工程项目施工质量管理

① 施工企业项目经理部负责工程项目施工质量管理。项目经理部的机构设置和人员配备应满足质量管理需求。

② 正确使用施工图纸、设计文件、验收标准、施工工艺标准、作业指导书；调配符合规定的施工人员；按规定配备材料、构配件和设备、施工机具、检测设备；按规定施工并及时检查、监测；对施工作业环境进行控制；合理安排施工进度；采取半成品、成品保护措施；对施工过程、突发事件实施监控；对分包方的施工过程实施监控；施工过程应具有可追溯性。

③ 建立施工过程中的质量管理记录。管理记录包括:施工日记;专项施工记录;交底记录;上岗培训和岗位资格证明;监督检查和整改、复查记录;工程项目质量管理策划结果中规定的其他记录。

④ 施工过程中确定关键工序并明确其质量控制点及控制措施。通过施工任务单、施工日志、施工记录、隐蔽工程记录、各种检验试验记录等标明检查、验收的情况,确保施工工序质量。

⑤ 质量检查的依据有:施工质量验收标准、设计图纸及施工说明书等设计文件及施工企业内部标准。

9) 施工质量问题的处理

质量问题(质量事故)是指施工质量不符合规定的要求。可将质量问题分类管理,并规定相应的职责权限。对各类质量问题的处理指定相应措施,经批准后实施,质量问题的处理结果需要进行检查验收。

施工企业应建立质量事故责任追究制度,存在质量问题的事故,应保存质量问题的处理和验收记录。

10) 质量信息管理

质量信息来自于外部的检查和审核;各项工作报告及工作建议;业绩考核结果;各类专项报表等。

对质量信息进行分析,判断质量管理状况和质量目标实现的程度,分析的结果一般包括:工程建设有关方对施工企业的工程质量、质量管理水平的满意程度;施工和服务质量达到要求的程度;工程质量水平、质量管理水平、发展趋势以及改进的机会;与供应方、分包方合作的评价。

结合信息管理的职责和质量管理活动的职能,对所收集到的质量信息进行整理和分析,并根据分析结果对工程质量以及质量管理水平进行评价。

1.11 《建筑工程施工质量验收统一标准》(GB 50300—2013)要点解读

1.11.1 概述

2013 年 11 月 1 日,住房城乡建设部批准发布了《建筑工程施工质量验收统一标准》(GB 50300—2013)(以下简称《统一标准》)。该标准自 2014 年 6 月 1 日起正式实施,原《建筑工程施工质量验收统一标准》(GB 50300—2001)同时废止。新版《统一标准》针对 2001 版进行了重要修订,增加了多项关于工程质量验收的新规定。其中,第 5.0.8、6.0.6 条为强制性条文,必须严格执行。同时,一系列地方标准将根据国家规范和标准进行更新,配套表格及规范也将作调整。

1.11.2 修订宗旨

在《建筑工程施工质量验收统一标准》(GB 50300—2013)的修订过程中,编制组进行了大量调查研究,鼓励“四新”技术的推广应用,提高检验批抽样检验的理论水平,解决建筑工程施工质量验收中的具体问题,丰富和完善了标准的内容。标准修订时与《建筑地基基础工程施工质量验收规范》GB 50202、《砌体结构工程施工质量验收规范》GB 50203、《建筑节能工程施工质量验收规范》GB 50411 等专业验收规范进行了协调沟通。

1.11.3　适用范围和价值

本标准适用于建筑工程施工质量的验收,并作为建筑工程各专业验收规范编制的统一准则。

1.11.4　一般规定

1）施工现场应具有健全的质量管理体系、相应的施工技术标准、施工质量检验制度和综合施工质量水平评定考核制度。

2）施工现场质量管理应按本标准规范中的要求进行检查记录。

3）未实行监理的建筑工程,建设单位相关人员应履行本标准涉及的监理职责。

4）建筑工程的施工质量控制应符合下列规定:

(1) 建筑工程采用的主要材料、半成品、成品、建筑构配件、器具和设备应进行进厂检验。

凡涉及安全、节能、环境保护和主要使用功能的重要材料、产品,应按各专业工程施工规范、验收规范和设计文件等规定进行复验,并应经监理工程师检查认可。

(2) 施工工序应按施工技术标准进行质量控制,每道施工工序完成后,经施工单位自检符合规定后,才能进行下道工序的施工。各专业工种之间的相关工序应进行交接检验,并应记录。

每道工序完成后,施工单位除了自检、专职质量检查员检查外,还应进行工序交接检查,上道工序应满足下道工序的施工条件和要求;同样,相关专业工序之间也应进行交接检验,使各工序之间和各专业之间相互配合。

1.11.5　修订要点解读

本次标准的修订继续遵循“验评分离、强化验收、完善手段、过程控制”的指导原则,验收体系及方法与原标准保持一致,仅对局部进行了修订,修订的主要内容是:

1）增加符合条件时,可适当调整抽样复验、试验数量的规定。

2）增加制定专项验收要求的规定。

3）增加检验批最小抽样数量的规定。

4）增加建筑节能分部工程,增加铝合金结构、太阳能热水系统、地源热泵系统子分部工程。

5）修改主体结构、建筑装饰与装修等分部工程中的分项工程划分。

6）增加计数抽样方案的正常检验一次、二次抽样判定方法。

7）增加工程竣工预验收的规定。

8）增加勘察单位应参加单位工程验收的规定。

9）增加工程质量控制资料缺失时，应进行相应的实体检验或抽样试验的规定。

本次标准修订，除了以上新增部分，还有对原条文进行局部修改的内容，在学习及以后工作中贯彻执行标准时应予以充分注意。

新版《统一标准》的主要修订内容有：

1）调整验收的方式

调整抽样复验、试验数量的规定，规定符合条件之一时，可按相关专业验收规范的规定适当调整抽样复验、试验数量，调整后的抽样复验、试验方案由施工单位编制，并经监理单位审核确认后实施。

符合以下三种情况之一的才能按规定作适当调整：

（1）对同一项目中由相同施工单位施工的多个单位工程，使用同一生产厂家的同品种、同规格、同批次的材料、构配件、设备。

（2）对同一施工单位在现场加工的成品、半成品、构配件用于同一项目中的多个单位工程。

（3）在同一项目中，针对同一抽样对象已有检验成果可以重复利用。

执行本条规定时，必须严格控制，避免随意。监理工程师应掌握以下几点：

（1）必须符合专业验收规范要求，调整原则应按专业验收规范的具体项目确定。

（2）保证抽样试验科学合理，应由施工单位根据材料、设备的进场批次和使用情况编制具体试验方案，报监理单位审核确认。施工或监理单位认为不必要时，也不可调整抽样复验、试验数量或不重复利用已有检验成果。

（3）第一种、第二种情况的应用对象是采购的产品或现场加工制作的制品，不包括需要施工安装的项目，如结构实体混凝土强度、钢筋保护层厚度等仍需按检验批由单位工程进行检验，不能调整抽样数量。第三种情况是同一验收项目的验收记录、试验报告可以作为多个专业工程验收采用。

2）制定专项验收的条件和方式

当专业验收规范对工程中的验收项目未做出相应规定时，应由建设单位组织监理、设计、施工等相关单位制定专项验收要求。涉及安全、节能、环境保护等项目的专项验收要求应由建设单位组织专家论证。

本规范设置的目的是为了适应建筑工程行业的发展，鼓励“四新”技术推广应用，保证一些采用新技术的建筑工程顺利验收。

例如，国内很多大型工程中的特殊项目已按这种方式进行验收，包括北京奥运场馆、央视大楼、上海世博会等采用新技术的项目均根据会议纪要制定专项验收的要求，组织了行业专家论证。

3）建筑工程的施工质量控制应符合的规定

（1）验收的最小单位为检验批，对于一般工序由施工单位自检，自检合格后进行下一道工序的施工。

（2）对涉及安全、节能、环境保护和主要使用功能的重要材料、产品应按各专业施工规范、验收规范和设计文件进行复验，并经监理工程师检查认可。

（3）各专业工种之间的相关工序进行交接检验，并应记录。

(4) 监理单位提出检查要求的重要工序,应经监理工程师检查认可后才能进行下一道工序的施工。监理机构应按监理规范执行,合格的应给予签认;不合格的拒绝签认。

4) 制定分项工程和检验批的划分方案

施工前应由施工单位制定分项工程和检验批的划分方案,并由建设单位组织监理、施工单位协商划分方案。

本规范提出了施工单位应制定分项工程和检验批划分方案要求。分项工程、检验批的划分是施工质量验收的基础工作,施工前应完成划分。

5) 检验批抽样的规定

(1) 检验批抽样样本应随机抽取,满足分布均匀、具有代表性的要求,抽取数量应符合有关专业验收规范要求。

(2) 验收抽样要事先制订方案计划,可以抽签确定验收位置,也可以在图纸上根据平面位置随机选取,最好事先在办公室共同完成,尽量不要在现场随走随选,避免样本选取的主观性或随意性。

(3) 当采用计数抽样时,最小抽样数尚应符合相关规定的要求。抽样数量不宜太多,也不宜太少,太多增加工作量,太少可能造成漏判或误判,应对检验批最小抽样数量作出规定。

(4) 明显不合格的个体通过肉眼观察或简单的测试确定不合格的可不纳入检验批,但应进行处理,对处理的情况应予以记录并重新验收。

例如:某检验批需要验收构件截面尺寸,经计算该批共有156个构件,查表可知156属于151～280区间内,因此检验批最小抽样数量为13,表示需要抽取不少于13个构件测量截面尺寸。

6) 计数抽样一次、二次抽样判定方法

计数抽样的一般项目正常检验一次、二次抽样方法的理论依据为《计数抽样检验程序》,可按表1.1进行判定。

表1.1　一般项目正常检验一次抽样判定

样本容量	合格判定数	不合格判定数	样本容量	合格判定数	不合格判定数
5	1	2	32	7	8
8	2	3	50	10	11
13	3	4	80	14	15
20	5	6	125	21	22

例如:对一次抽样,假设验收的样本容量为20,通过现场检验,在20个样本中如果有5个或5个以下偏差超标,该检测批判定为合格;当有6个或6个以上偏差超标时,则该检验批判定为不合格。

一般项目正常检验二次抽样判定见表1.2。例如:假设验收的样本容量为20,当20个样本中有3个或3个以下偏差超标时,该检测批就直接判定为合格;当有6个或6个以上偏差超标时,该检测批判定为不合格,这两种情况均不需要进行第二次抽样。只有当4个或5

个样本偏差超标时，才需要进行第二次抽样，第二次抽样增加的样本容量也为 20 个，两次抽样的样本之和为 40 个，当两次偏差超标的样本数量之和为 9 个或小于 9 个时，该检测批判定为合格；当两次偏差超标样本数量之和为 10 个或大于 10 个时，该检测批判定为不合格。

表 1.2　一般项目正常检验二次抽样判定

抽样次数	样本容量	合格判定数	不合格判定数	抽样次数	样本容量	合格判定数	不合格判定数
(1)	3	0	2	(1)	20	3	6
(2)	6	1	2	(2)	40	9	10
(1)	5	0	3	(1)	32	5	9
(2)	10	3	4	(2)	64	12	13
(1)	8	1	3	(1)	50	7	11
(2)	16	4	5	(2)	100	18	19
(1)	13	2	5	(1)	80	11	16
(2)	26	6	7	(2)	160	26	27

注：(1)和(2)表示抽样次数，(2)对应的样本容量为二次抽样的累计数量。

具体验收项目采用一次抽样还是二次抽样，应按专业验收规范的要求确定。如有关规范无明确规定，则建议优先采用一次抽样方案，也可由建设、设计、监理、施工等单位根据检验对象的特征协商采用二次抽样方案，抽样方案的选取应在验收抽样前予以确认。

7）工程竣工验收的规定

工程完工后，施工单位应组织有关人员进行自检，总监理工程师应组织各专业监理工程师对工程质量进行自检，并对工程质量进行竣工验收。存在施工质量问题时，应由施工单位整改。整改完毕后，由施工单位向建设单位提交工程竣工报告，申请工程竣工验收。

本条规范与《建设工程监理规范》(GB/T 50319—2013)相协调，规定了预验收的程序和要求：

(1) 施工单位自检，对存在的问题先行整改。

(2) 总监理工程师组织专业监理工程师、施工单位有关人员进行竣工验收。

(3) 预验收工作需要完全按照竣工验收的要求进行，包括工程实际质量状况的检查、资料整理的核查。

(4) 针对预验收中发现的工程质量问题，施工单位应进行整改，经监理单位复查符合规范要求后，施工单位才能向建设单位提交竣工验收申请。

8）分部、子分部工程设置的调整和分项工程划分的修改

新规范增强了智能建筑分部工程，对其他分部工程中的子分部、分项工程设置进行了适当调整。主要增设内容包括：

(1) 铝合金结构子分部工程属于网架和索膜结构。

(2) 外墙防水子分部工程属于装修装饰分部工程。

(3) 屋面分部工程按照施工工艺进行划分。

(4) 给排水及供暖分部工程增加了5个新的子分部:室外二次供热管网、建筑饮用水供应系统、游泳池及公共浴池水系统、水景喷泉系统、监测与控制仪表。

(5) 通风与空调分部工程增加了新的子分部:真空吸尘系统、冷凝水系统、土壤热源泵换热系统、水源热泵换热系统、太阳能供暖空调系统等。

(6) 智能建筑分部工程增加了新的子分部:移动通信室内信号覆盖系统、会议系统、时钟系统、应急响应系统等。

规范中分项工程的划分因新的专业验收规范尚未颁布的,施工中的具体划分首先按照现行专业规范要求确定,当专业验收无明确要求时,可根据工程特点由建设、施工、监理等单位协商确定。

9) 工程质量控制资料缺失时进行的相应检验的规定

施工资料是质量验收的重要内容,正常情况下不允许施工资料的缺失。但资料缺失的问题不能完全避免。

(1) 资料缺失是由于施工单位不重视、管理不善导致的或必要的检测试验少做、漏做造成的,不能进行竣工验收。

(2) 因故停工时间较长,建设、施工人员变化导致资料缺失的,不能进行竣工验收。

10) 建筑工程施工质量验收记录的填写

新规范中规定了附录E、附录F、附录G、附录H的验收记录表式,分别给出了检验批、分项、分部、单位工程验收记录表的通用格式。

(1) 不能使用老版本的记录表式,若使用老版本的记录表式,会出现无法填写检查数据的情况,无法对检查结果、数据真实性进行追溯和复核。

(2) 检验验收时,应在现场填写原始记录,在表格中设置"检查位置" 栏,用于填写验收抽样检查位置的楼层、区段、轴线编号等信息,应精确定位。

(3) 验收检查由专业监理工程师和施工单位专职质检员、项目技术负责人共同完成,并在原始记录上共同签署验收结果。

1.12 《光伏发电站施工规范》(GB 50794—2012)要点解读

1.12.1 概述

为促进行业发展,住房城乡建设部批准了与光伏发电站有关的相关规范新标准,包括《光伏发电工程验收规范》(GB/T 50796—2012)、《光伏发电工程施工组织设计规范》(GB/T 50795—2012)及《光伏发电站施工规范》(GB 50794—2012)。其中,《光伏发电站施工规范》(GB 50794—2012)自2012年11月1日起实施。

1.12.2 修订宗旨

为保证光伏发电站工程的施工质量,促进工程施工技术水平的提高,确保光伏发电站建设的安全可靠,特制定本规范。

1.12.3 适用范围

本规范适用于新建、改建和扩建的地面及屋顶并网型光伏发电站,不适用于建筑一体化光伏发电工程。

1.12.4 一般规定

1) 土建工程的施工应按照现行国家标准《建筑工程施工质量验收统一标准》GB 50300 的相关规定执行。

2) 测量放线工作应按照现行国家标准《工程测量规范》GB 50026 的相关规定执行。

3) 土建工程中使用的原材料进厂时,应进行下列检测:

(1) 原材料进场时应对品种、规格、外观和尺寸进行验收,材料包装应完好,应有产品合格证书、中文说明书及相关性能的检测报告。

(2) 钢筋进场时,应按现行国家标准《钢筋混凝土用钢》GB 1499 等的规定抽取试件进行力学性能检验。

(3) 水泥进场时应对其品种、级别、包装或散装仓号、出厂日期等进行检查,并应对其强度、安定性及其他必要的性能指标进行复验,其质量应符合现行国家标准《通用硅酸盐水泥》GB 175 等的规定。

4) 当国家规定或合同约定应对材料进行见证检测时,或对材料的质量发生争议时,应进行见证检测。

5) 原材料进场后应分类进行保管,钢筋、水泥等材料应存放在能避雨、雪的干燥场所,并应做好各项防护措施。

6) 混凝土结构工程的施工应符合现行国家标准《混凝土结构工程施工质量验收规范》GB 50204 的相关规定。

7) 对掺用外加剂的混凝土,相关质量及应用技术应符合现行国家标准《混凝土外加剂》GB 8076 和《混凝土外加剂应用技术规范》GB 50119 的相关规定。

8) 混凝土的冬期施工应符合现行行业标准《建筑工程冬期施工规程》JGJ/T 104 的相关规定。

9) 需要进行沉降观测的建(构)筑物,应及时设立沉降观测标志,做好沉降观测记录。

10) 隐蔽工程可包括:混凝土浇筑前的钢筋检查、混凝土基础基槽回填前的质量检查等。隐蔽工程的验收应符合本规范第 3.0.5 条的要求。

1.13 《工业安装工程施工质量验收统一标准》(GB/T 50252—2018)要点解读

1.13.1 概述

《工业安装工程施工质量验收统一标准》(GB/T 50252—2018)由住房城乡建设部发布,

自 2019 年 3 月 1 日起实施。

本标准是在《工业安装工程施工质量验收统一标准》(GB 50252—2010)的基础上修订而成,2010 版的主编单位是全国化工施工标准化管理中心站,参编单位是中国化学工程第四建设有限公司、中国石化集团第五建设公司、中国机械工业建设总公司、武汉冶金建筑研究院、山东电力建设第一工程公司,主要起草人是毛仲德、芦天、顾智明、梅芳迪、胡孝成、刘志良、颜祖清。

在本标准的修订过程中,编制组进行了广泛的调查研究,总结了我国工业安装工程施工及质量验收的实践经验,同时参考了国外的先进技术法规、技术标准。

为便于广大设计、施工、科研、高校等单位的有关人员在使用本标准时能正确理解和执行其中的条文规定,《工业安装工程施工质量验收统一标准》编制组按章、节、条的顺序编制了本标准的条文,对条文规定的目的、依据以及执行中需注意的有关事项进行了说明。但是,本条文说明不具备与标准正文同等的法律效力,仅供使用者作为理解和把握标准规定的参考。

1.13.2　修订宗旨

为统一工业安装工程施工质量的验收,加强工程项目施工质量管理,确保工程质量,特制定本标准。

1.13.3　适用范围和价值

本标准适用于工业安装工程施工质量的验收。

本标准是编制工业安装工程各专业工程施工质量验收标准的统一准则。

本标准应与国家现行的土建、钢结构、工业设备、工业管道、电气装置、自动化仪表、防腐蚀、绝热、工业炉砌筑等专业工程质量验收标准配合使用。

1.13.4　一般规定

(1) 工业安装工程涵盖了土建、钢结构、设备、管道、电气、仪表、防腐保温的复杂性和特殊性,没有硬性设置检验批。本标准只规定检验项目,并根据检验项目的特点确定检验抽样方案。《建筑工程施工质量验收统一标准》(GB 50300—2013)规定了检验批的划分,土建、钢结构等相关专业可根据各专业标准的要求设置检验批。

(2) 规定了分项工程、分部工程、单位工程的划分原则。

分项工程以台(套)机组(如设备、电气装置等)、类别、材质、用途、系统(如自动化仪表工程中的各系统)、工序等进行划分,是综合了各专业分项工程划分的常规做法。

分部工程按专业进行划分,提高了质量验收的专业性和可操作性。

某些专业安装工程若具有独立施工条件或使用功能时,允许单独划分为一个或若干个子单位工程,如工程量大、施工工期长的大型压缩机、汽轮机等设备工程。

(3) 一个单位工程中仅有某一专业分部工程,系指以该专业工程为主体,且工程量大、施工周期长的分部工程,如装置区内的管廊工程、地下管网工程等,可作为单位工程进行验收,以利于工程质量管理。

1.14 《机械设备安装工程施工及验收通用规范》(GB 50231—2009)要点解读

1.14.1 概述

《机械设备安装工程施工及验收通用规范》(以下简称《规范》)于 2009 年由中国计划出版社出版,起草单位为中国机械工业联合会。本规范共分为 8 章和 20 个附录。

1.14.2 修订宗旨

为了提高机械设备安装工程的施工水平,促进技术进步,确保工程质量和安全,提高经济效益,并对之前版本存在的不适用和不足之处进行修订、补充和完善,使其发挥应有的指导性作用,体现技术的时实性,因而进行修订。

1.14.3 适用范围

本规范适用于各类机械设备安装工程施工及验收的通用性部分。具体包括:以金属切削机床、锻压设备、铸造设备、破坏粉墨设备、起重设备、连续运输设备、风机、压缩机、泵、气体分离设备、制冷设备和工业锅炉安装工程为基础,同时考虑到冶金设备、化工设备、纺织和轻工设备安装工程等。从技术的角度来划分,《规范》涉及各有关专业技术安装工程规范,有混凝土、钢结构、制造及安装、焊接、配管、隔热、防腐等。

所有使用的设备和涉及的工程技术都必须严格遵守现行的《机械设备安装工程施工及验收通用规范》(GB 50231—2009)。

1.14.4 修订的主要内容及要点解读

与 1998 版相比,本《规范》修订的主要内容有:

将原设备安装工程“通用规定”修改为“全国各类机械设备安装工程都适用”,扩大了《规范》的覆盖面。

增加了新技术、新工艺等新的内容,如胀锚地脚螺栓、环氧砂浆锚固地脚螺栓、减振垫、无垫铁安装、坐浆法、液压、气动润滑管道,联轴器装配扩大至 11 个品种和类型,酸洗、除锈和脱脂的技术要求、方法和质量检验更加明确。

随着我国产品和施工技术的发展,这次修订均按我国现行标准和成熟的施工技术作了全面的修改。

名词、术语、形位公差和计量单位均按现行国家标准和设备安装行业的规定,作了较大的修改。

具体修订的内容按照章节划分如下:

1) 总则

修改了 1998 版中“主要用于重要部位的材料……”如何界定、划分没有标准尺度的问题。应保证所有设备、零部件、主材均符合工程设计和其产品标准的规定,才能切实保障工程质量。

1998 版中推行的“三级检验”制度，在 2009 版中修订为 ISO 质量保证管理体系和全面质量管理制度，其主要目的在于使工程质量的全过程处于监控且具有可追溯性。

2）施工条件

1998 版中关于“施工准备”的章节改为“施工条件”，去除分支叙述。2009 版中该章节都是机械设备安装工程必须具备的施工条件，是工程质量和环境的保障。

3）放线、就位、找正和调平

取消了测量直线度、平行度和同轴度采用重锤水平拉钢丝测量的条文，因为钢丝在自重作用下垂直的近似值计算公式为：$\int_u = 40 \times L_1 \times L_2$，通过这个公式可以发现只有大约 10m 的范围内，钢丝下垂度的实测值与其计算值基本相同。但在实际的工程中，跨距一旦超过 10m 以上，其实测值和计算值相差变大；如果跨距超过 20m 时，两者数值则相差近一倍，不足以覆盖应用范围。并且随着施工测量技术和仪器的发展，通过激光准直仪、对中仪等测量手段能精确地测出直线度和同轴度。

4）地脚螺栓、垫铁和灌浆

取消了 1998 版中附录三“YG 型胀锚螺栓的规格、适用范围和钻孔直径和深度的规定”。

取消了 1998 版中环氧树脂砂浆地脚螺栓和钩头成对斜垫铁，并在 2009 版中完善和修改了垫铁组面积的计算公式。

5）装配

机械设备装配前，应对需要装配的零部件配合尺寸、相关精度、配合面、滑动面进行复查和清洗洁净，并应按照标记及装配顺序进行装配。

新《规范》中还增加了大六角头、扭剪型高强度螺栓、夹壳联轴器和膜片联轴器、超越离合器和磁粉离合器施工的具体技术要求，进一步提高了规范条文的准确性、可操作性和实用性。

1998 版中在“密封件装配”部分存在分类不合理、内容不全的问题。本次修订分为密封胶、填密封料、成行密封和机械密封四类与规定相关的技术要求。

6）液压、气动和润滑管道的安装

由于法兰螺栓孔中心线与管子铅锤线、水平中心线相重合，将会降低法兰在铅锤、水平方向上截面的强度，而法兰连接在设备各类管路中应用很广，因此在 2009 版中，规定了“除特殊要求外，法兰螺栓孔中心线不得与管子的铅锤线、水平中心线相重合”的内容。

7）试运转

在 1998 版中，关于试运转的内容共有 9 条，但由于其内容笼统、不具体，因此在 2009 版中修改为 8 条，并增加了新的内容。这些内容都是根据各类机械设备的通用技术条件进行增设的，因此会使各系统单独调试、机电联动动作调试和空负荷试运转的操作更加具体、明确。

8）强制性条文

2009 版中的强制性条文是必须在工程中严格执行的，其内容主要包括以下几点：

（1）安装的机械设备、零部件和主要材料，必须符合工程设计和其产品标准的规定，并应有合格证明。

（2）机械设备安装工程中采用的各种计量和检测器具、仪器、仪表和设备，必须符合国家现行有关标准的规定，其精度等级应满足被检测项目的精度要求。

（3）厂房内的恒温、恒湿达到设计要求后，再安装有恒温、恒湿要求的机械设备。

本章小结

本章主要对目前国家相关机构颁布的现行机电工程涉及的法律、法规和部门规章进行要点解读，主要对适用范围、一般规定、制（修）订的主要内容进行说明。

本章介绍了《消防法》《特种设备安全法》《建设工程消防监督管理规定》《生产安全事故报告和调查处理条例》等法律和条例有关条文的内容；介绍了现行的《建筑电气工程施工质量验收规范》《通风与空调工程施工质量验收规范》等机电工程相关质量评定标准和技术规范。同时对现行的《炼钢机械设备工程安装验收规范》《石油化工大型设备吊装工程规范》《特种设备安全监察条例》《工程建设施工企业质量管理规范》《建筑工程施工质量验收统一标准》《光伏发电站施工规范》《工业安装工程施工质量验收统一标准》《机械设备安装工程施工及验收通用规范》等有关内容进行了介绍。

第2章　机电安装工程主要新技术与典型新设备

❖ 学习目标

掌握基于BIM技术的管线综合技术、导线连接器应用技术、可弯曲金属导管安装技术、工业化成品支吊架技术、机电管线及设备工厂化预制技术、薄壁金属管道新型连接安装施工技术、内保温金属风管施工技术、金属风管预制安装施工技术、超高层垂直高压电缆敷设技术、机电消声减振综合施工技术、建筑机电系统全过程调试技术的主要技术内容、技术指标、适用范围，了解典型工程案例。了解建筑业常用典型新设备自动电焊机、起重机的分类、结构、主要技术性能、应用范围和典型工程案例。

❖ 学习要求

本章中的知识要点、相关知识、能力目标。

能力目标	知识要点	相关知识	权重	自测分数
掌握基于BIM技术的管线综合技术	主要技术内容、技术特点	依靠计算机辅助制图手段，在施工前模拟管线排布情况	0.1	
掌握导线连接器应用技术	施工工艺、方法	技术指标相关标准	0.05	
掌握可弯曲金属导管安装技术	技术特点、主要性能	施工工艺	0.05	
掌握工业化成品支吊架技术	技术先进性	相关技术指标	0.1	
掌握机电管线及设备工厂化预制技术	主要技术内容、技术保障措施	适用范围	0.05	
掌握薄壁金属管道新型连接安装施工技术	连接的方式和类型	技术指标相关标准	0.1	
掌握内保温金属风管施工技术	施工工艺、要点	应用范围	0.05	
掌握金属风管预制安装施工技术	施工工艺、方法	适用范围	0.1	
掌握超高层垂直高压电缆敷设技术	施工工艺、要点	技术指标标准	0.05	
掌握机电消声减振综合施工技术	施工工艺	施工方法	0.1	

续表

能力目标	知识要点	相关知识	权重	自测分数
掌握建筑机电系统全过程调试技术	调试内容、文件	技术应用标准	0.1	
了解自动电焊机的应用	结构、特点	应用范围	0.1	
了解起重机的应用	分类	技术指标	0.05	

2.1 基于BIM技术的管线综合技术

2.1.1 技术内容

(1) 技术特点

随着BIM技术的普及,其在机电管线综合技术应用方面的优势比较突出。丰富的模型信息库,与多种软件方便的数据交换接口,成熟、便捷的可视化应用软件等,比传统的管线综合技术有了较大的提升。

(2) 深化设计及设计优化

机电工程施工中,由于诸多原因,许多工程的设计图纸因设计深度满足不了施工的需要,施工前尚需进行深化设计。机电系统各种管线错综复杂,管路走向密集交错,若在施工中发生碰撞情况,则会出现拆除返工现象,甚至会导致设计方案的重新修改,不仅浪费材料、延误工期,还会增加项目成本。基于BIM技术的管线综合技术可将建筑、结构、机电等专业模型整合,能方便地进行深化设计,再根据建筑专业要求及净高要求将综合模型导入相关软件进行机电专业和建筑、结构专业的碰撞检查,根据碰撞报告结果对管线进行调整,以避让建筑结构。机电专业的碰撞检测,是在"机电管线排布方案"建模的基础上对设备和管线进行综合布置并调整,从而在工程开始施工前发现问题,通过深化设计及设计优化,使问题在施工前得以解决。

(3) 多专业施工工序协调

暖通、给排水、消防、强弱电等各专业由于受施工现场、专业协调、技术差异等因素的影响,不可避免地存在很多局部的、隐性的专业交叉问题,各专业在建筑某些平面、立面位置上产生交叉、重叠,无法按施工图作业或施工顺序倒置,造成返工,这些问题有些是无法通过经验判断来及时发现并解决的。通过BIM技术的可视化、参数化、智能化特性,进行多专业碰撞检查、净高控制检查和精确预留预埋,或者利用基于BIM技术的4D施工管理,对施工工序过程进行模拟,对各专业进行事先协调,可以很容易地发现和解决碰撞点,减少因不同专业沟通不畅而产生的技术错误,大大减少返工,节约施工成本。

(4) 施工模拟

利用BIM施工模拟技术,使得复杂的机电施工过程变得简单、可视、易懂。

BIM技术4D虚拟建造形象、直观、动态地模拟了施工阶段过程和重要环节的施工工艺，将多种施工及工艺方案的可实施性进行比较，为最终方案的优选决策提供支持。采用动态跟踪可视化施工组织设计(4D 虚拟建造)的实施情况，对设备、材料的到货情况进行预警，同时通过进度管理，将现场实际进度完成情况反馈回“BIM 信息模型管理系统”中，与计划进行对比、分析及纠偏，实现施工进度控制管理。

基于 BIM 技术对施工进度可实现精确计划、跟踪和控制，动态地分配各种施工资源和场地，实时跟踪工程项目的实际进度，并通过计划进度与实际进度的比较，及时分析偏差对工期的影响程度以及产生的原因，采取有效措施，实现对项目进度的控制。

(5) BIM 综合管线的实施流程

设计交底及图纸会审→了解合同技术要求、征询业主意见→确定 BIM 深化设计内容及深度→制定 BIM 出图细则和出图标准、各专业管线优化原则→制定 BIM 详细的深化设计图纸送审及出图计划→机电初步 BIM 深化设计图提交→机电初步 BIM 深化设计图总包审核、协调、修改→图纸送监理、业主审核→机电综合管线平(剖)面图、机电预留预埋图、设备基础图、吊顶综合平面图绘制→图纸送监理、业主审核→BIM 深化设计交底→现场施工→竣工图制作。

2.1.2　技术指标

综合管线布置与施工技术应符合《建筑给水排水设计规范》GB 50015、《工业建筑供暖通风与空气调节设计规范》GB 50019、《民用建筑电气设计规范》JGJ 16、《建筑通风和排烟系统用防火阀门》GB 15930、《自动喷水灭火系统设计规范》GB 50084、《建筑给水排水及采暖工程施工质量验收规范》GB 50242、《通风与空调工程施工质量验收规范》GB 50243、《电气装置安装工程　低压电器施工及验收规范》GB 50254、《给水排水管道工程施工及验收规范》GB 50268、《智能建筑工程施工规范》GB 50606、《消防给水及消火栓系统技术规范》GB 50974、《综合布线系统工程设计规范》GB 50311。

2.1.3　适用范围

适用于工业与民用建筑工程、城市轨道交通工程、电站等所有在建及扩建项目。

2.1.4　工程案例

深圳湾科技生态园 1、4、5 栋，广州地铁六号线如意坊站，深圳地铁 9 号线银湖站等机电安装工程。

2.2　导线连接器应用技术

2.2.1　技术内容

(1) 技术特点

通过螺纹、弹簧片以及螺旋钢丝等机械方式，对导线施加稳定可靠的接触力。导线连接器按结构可分为螺纹型连接器、无螺纹型连接器(包括通用型和推线式两种结构)和扭接式连接器,其工艺特点见表 2.1,能确保导线连接所必需的电气连续、机械强度、保护措施以及检测维护四项基本要求。

表 2.1　符合系列标准的导线连接器产品特点说明

连接器类型 / 比较项目	无螺纹型		扭接式	螺纹型
	通用型	推线式		
连接原理图例				
制造标准代号	GB 13140.3		GB 13140.5	GB 13140.2
连接硬导线(实心或绞合)	适用		适用	适用
连接未经处理的软导线	适用	不适用	适用	适用
连接焊锡处理的软导线	适用	适用	适用	不适用
连接器是否参与导电	参与		不参与	参与/不参与
IP 防护等级	IP20		IP20 或 IP55	IP20
安装工具	徒手或使用辅助工具		徒手或使用辅助工具	普通螺丝刀
是否重复使用	是		是	是

(2) 施工工艺

① 安全可靠:应该是很成熟的,长期实践已证明此工艺的安全性与可靠性。

② 高效:由于不借助特殊工具、可完全徒手操作,使安装过程快捷,平均每个电气设备连接耗时仅 10s,为传统焊锡工艺的 1/30,节省人工和安装费用。

③ 可完全代替传统锡焊工艺,不再使用焊锡、焊料、加热设备,消除了虚焊与假焊,导线绝缘层不再受焊接高温影响,避免了高举熔融焊锡操作的危险,接点质量一致性好,没有焊接烟气造成的工作场所环境污染。

主要施工方法:

① 根据被连接导线的截面面积、导线根数、软硬程度,选择正确的导线连接器型号。

② 根据连接器型号所要求的剥线长度,剥除导线绝缘层。

③ 按图 2.1 所示,安装或拆卸无螺纹型导线连接器。

④ 按图 2.2 所示,安装或拆卸扭接式导线连接器。

2.2.2　技术指标

《建筑电气工程施工质量验收规范》GB 50303、《建筑电气细导线连接器应用技术规程》

图 2.1　安装或拆卸无螺纹型导线连接器

(a)推线式连接器的导线安装或拆卸示意图；(b)通用型连接器的导线安装或拆卸示意图

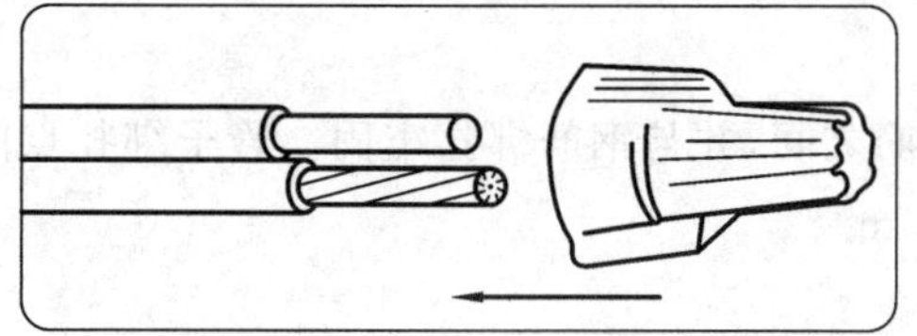

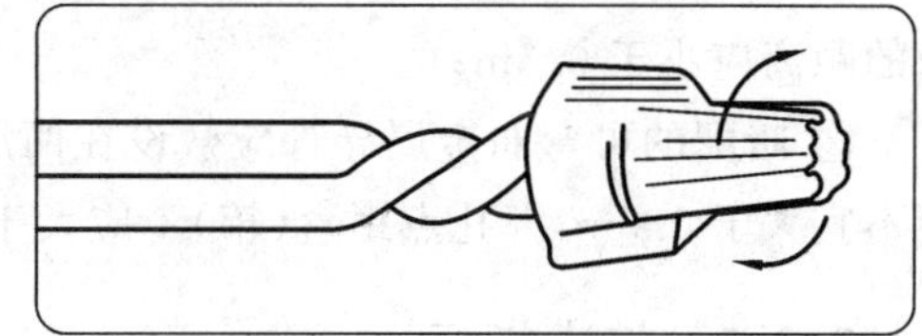

图 2.2　扭接式连接器的安装示意图

CECS 421、《低压电气装置　第 5-52 部分：电气设备的选择和安装　布线系统》GB/T 16895.6、家用及类似用途低压电路用的连接器件系列标准。

2.2.3　适用范围

适用于额定电压交流 1kV 及以下和直流 1.5kV 及以下的建筑电气细导线（$6mm^2$ 及以下的铜导线）的连接。

2.2.4　工程案例

广泛应用于各类电气安装工程中。

2.3　可弯曲金属导管安装技术

2.3.1　技术内容

可弯曲金属导管内层为热固性粉末涂料，粉末通过静电喷涂均匀吸附在钢带上，经200℃高温加热液化再固化，形成质密又稳定的涂层，涂层自身具有绝缘、防腐、阻燃、耐磨损等特性，厚度为 0.03mm。可弯曲金属导管是我国建筑材料行业新一代电线电缆外保护材料，已被编入设计、施工与验收规范，大量应用于建筑电气工程的强电、弱电、消防系统的明敷和暗敷场所，逐步成为一种较理想的电线电缆外保护材料。

(1) 技术特点

① 可弯曲度好：优质钢带绕制而成，用手即可弯曲定型，减少机械操作工艺；

② 耐腐蚀性强：材质为热镀锌钢带，内壁喷附树脂层，双重防腐；

③ 使用方便：裁剪、敷设快捷高效，可任意连接，管口及管材内壁平整光滑，无毛刺；

④ 内层绝缘:采用热固性粉末涂料,与钢带结合牢固且内壁绝缘;

⑤ 搬运方便:圆盘状包装,质量为同米数传统管材的 1/3,搬运方便;

⑥ 机械性能:双扣螺旋结构,异形截面,抗压、抗拉伸性能达到《电缆管理用导管系统　第 1 部分:通用要求》(GB/T 20041.1—2015)的分类代码 4 重型标准。

(2) 施工工艺

可弯曲金属导管基本型采用双扣螺旋结构、内层静电喷涂技术,防水型和阻燃型在基本型的基础上包覆防水、阻燃护套。使用时徒手施以适当的力即可将可弯曲金属导管弯曲到需要的程度,连接附件使用简单工具即可将导管等可靠连接。

① 明配的可弯曲金属导管固定点间距应均匀,管卡于设备、器具、弯头中点、管端等边缘的距离应小于 0.3m;

② 暗配的可弯曲金属导管应敷设在两层钢筋之间,并与钢筋绑扎牢固。管子绑扎点间距不宜大于 0.5m,绑扎点距盒(箱)不应大于 0.3m。

2.3.2　技术指标

(1) 主要性能

① 电气性能:导管两点间过渡电阻小于 0.05Ω 标准值;

② 抗压性能:1250N 压力下扁平率小于 25%,可达到《电缆管理用导管系统　第 1 部分:通用要求》(GB/T 20041.1—2015)的分类代码 4 重型标准要求;

③ 拉伸性能:1000N 拉伸荷重下,重叠处不开口(或保护层无破损),可达到《电缆管理用导管系统　第 1 部分:通用要求》(GB/T 20041.1—2015)的分类代码 4 重型标准要求;

④ 耐腐蚀性:浸没在 1.186 kg/L 的硫酸铜溶液,可达到《电缆管理用导管系统　第 1 部分:通用要求》(GB/T 20041.1—2015)的分类代码内外均高标准要求;

⑤ 绝缘性能:导管内壁绝缘电阻值,不低于 50MΩ。

(2) 技术规范/标准

《建筑电气用可弯曲金属导管》JG/T 526、《电缆管理用导管系统　第 1 部分:通用要求》GB/T 20041.1、《电缆管理用导管系统　第 22 部分:可弯曲导管系统的特殊要求》GB 20041.22、《民用建筑电气设计规范》JGJ 16、《1kV 及以下配线工程施工与验收规范》GB 50575、《低压配电设计规范》GB 50054、《火灾自动报警系统设计规范》GB 50116 和《建筑电气工程施工质量验收规范》GB 50303。

2.3.3　适用范围

适用于建筑物室内外电气工程的强电、弱电、消防等系统的明敷和暗敷场所的电气配管,以及作为导线、电缆末端与电气设备、槽盒、托盘、梯架、器具等连接的电气配管。

2.3.4　工程案例

沈阳桃仙机场 T3 航站楼、杭州高德置地(七星级酒店)、北京 CBD(阳光保险金融中心、韩国三星总部大楼)、北京丽泽商务区(中国铁物大厦、中国通用大厦)等机电安装工程。

2.4 工业化成品支吊架施工技术

2.4.1 技术内容

装配式成品支吊架由管道连接的管夹构件、建筑结构连接的锚固件以及将这两种结构件连接起来的承载构件、减震(振)构件、绝热构件以及辅助安装构件构成。该技术满足不同规格的风管、桥架、工艺管道的应用,特别是在错综复杂的管路定位和狭小管井、吊顶施工,更可发挥灵活组合技术的优势。近年来,在机场、大型工业厂房等领域已开始应用复合式支吊架技术,可以相对有效地化解管线集中安装与空间紧张的矛盾。复合式管线支吊架系统具有吊杆不重复、与结构连接点少、空间节约、后期管线维护简单、扩容方便、整体质量及观感好等特点。特别是《建筑机电工程抗震设计规范》GB 50981 的实施,使得采用成品的抗震支吊架系统成为必选。

(1) 技术特点

根据 BIM 模型确认的机电管线排布,通过数据库快速导出支吊架型式,从供应商的产品手册中选择相应的成品支吊架组件,或经过强度计算,根据结果进行支吊架型材选型、设计,由工厂制作装配式组合支吊架,在施工现场仅需简单机械化拼装即可成型,减少现场测量、制作工序,降低材料损耗率和安全隐患,实现施工现场的绿色、节能。

主要技术的先进性在于:

① 标准化:产品由一系列标准化构件组成,所有构件均采用成品,或由工厂采用标准化生产工艺,在全程严格的质量管理体系下批量生产,产品质量稳定,且具有通用性和互换性;

② 简易安装:一般只需 2 人即可进行安装,技术要求不高,安装操作简易、高效,明显降低劳动强度;

③ 施工安全:施工现场无电焊作业产生的火花,从而消除了施工过程中的火灾事故隐患;

④ 节约能源:由于主材选用的是符合国际标准的轻型 C 型钢,在确保其承载能力的前提下,所用的 C 型钢质量相对于传统支吊架所用的槽钢、角钢等材料可减小 15%~20%,明显减少了钢材使用量,从而节约了能源;

⑤ 节约成本:由于采用标准件装配,可减少安装施工人员;现场无须电焊机、钻床、氧气乙炔装置等施工设备投入,能有效节约施工成本;

⑥ 保护环境:无须现场焊接、无须现场刷油漆等作业,因而不会产生弧光、烟雾、异味等多重污染;

⑦ 坚固耐用:经专业的技术选型和机械力学计算,且考虑足够的安全系数,确保其承载能力的安全可靠;

⑧ 安装效果美观:安装过程中,由专业公司提供全程、优质的服务,确保精致、简约的外观效果。

(2) 施工工艺

① 吊架和支架安装应保持垂直,整齐牢固,无歪斜现象。

② 支吊架安装要根据管子位置找平、找正、找标高,生根要牢固,与管子接合要稳固。

③ 吊架要按施工图锚固于主体结构，要求拉杆无弯曲变形，螺纹完整且与螺母配合良好、牢固。

④ 在混凝土基础上，用膨胀螺栓固定支吊架时，膨胀螺栓的打入必须达到规定的深度，在特殊情况需做拉拔试验。

⑤ 管道的固定支架应严格按照设计图纸安装。

⑥ 导向支架和滑动支架的滑动面应洁净、平整，滚珠、滚轴、托辊等活动零件与其支撑件应接触良好，以保证管道能自由膨胀。

⑦ 所有活动支架的活动部件均应裸露，不应被保温层覆盖。

⑧ 有热位移的管道，在受热膨胀时，应及时对支吊架进行检查与调整。

⑨ 恒作用力支吊架应按设计要求进行安装调整。

⑩ 支架装配时应先整型，再上锁紧螺栓。

⑪ 支吊架调整后，各连接件的螺杆丝扣必须带满，锁紧螺母应锁紧，防止松动。

⑫ 支架间距应按设计要求正确装设。

⑬ 支吊架安装应与管道的安装同步进行。

⑭ 支吊架安装施工完毕后应将支架擦拭干净，所有暴露的槽钢端均需装上封盖。

2.4.2 技术指标

《室内管道支架和吊架》03S402、《金属、非金属风管支吊架》19K112、《电缆桥架安装》04D701—3、《装配式室内管道支吊架的选用与安装》16CK208(参考图集)。

其他应符合管道支吊架的系列标准、《建筑机电工程抗震设计规范》GB 50981 的相关要求。

2.4.3 适用范围

适用于工业与民用建筑工程中多种管线在狭小空间场所布置的支吊架安装，特别适用于建筑工程的走道、地下室及走廊等管线集中的部位、综合管廊建设的管道、电气桥架管线、风管等支吊架的安装。

2.4.4 工程案例

雁栖湖国际会都(核心岛)会议中心、北京中国尊、上海国际金融中心、上海中心大厦、青岛国际贸易中心、苏州市花桥月亮湾地下管廊、上海光源、西安咸阳机场二期、国家会展中心(上海)、华晨宝马沈阳工厂等机电安装工程。

2.5 机电管线及设备工厂化预制技术

2.5.1 技术内容

工厂模块化预制技术是将建筑给排水、采暖、电气、智能化、通风与空调工程等领域的建筑机电产品按照模块化、集成化的思想，从设计、生产到安装和调试深度结合集成，通过这种模块化及集成技术对机电产品进行规模化的预加工，由工厂化流水线制作生产，从而实现建筑机电安装标准化、产品模块化及集成化。利用这种技术，不仅能提高生产效率和质量水平，降低建筑机电工程建造成本，还能减少现场施工工程量、缩短工期、减少污染，实现建筑机电安装全过程绿色施工。如：

（1）管道工厂化预制施工技术：采用软件硬件一体化技术，详图设计采用“管道预制设计系统”软件，实现管道单线图和管段图的快速绘制；预制管道采用“管道预制安装管理系统”软件，实现预制全过程、全方位的信息管理。采用机械坡口、自动焊接，并使用厂内物流系统使整个预制过程形成流水线作业，提高了工作效率。可采用移动工作站预制技术，运用自动切割、坡口、滚槽、焊接机械和辅助工装，快速组装形成预制工作站，在施工现场建立作业流水线，进行管道加工和焊接预制。

（2）对机房机电设施采用标准的模块化设计，使泵组、冷水机组等设备形成自成支撑体系的、便于运输安装的单元模块。采用模块化制作技术和施工方法，改变了传统施工现场放样、加工焊接等连接作业的方法。

（3）将大型机电设备拆分成若干单元模块制作，在工厂车间内进行预拼装，再在现场分段组装。

（4）对厨房、卫生间排水管道进行同层模块化设计，形成一套排水节水装置，以便于实现建筑排水系统工厂化加工、批量性生产以及快速安装；同时有效解决厨房、卫生间排水管道漏水、出现异味等问题。

（5）主要工艺流程：研究图纸→BIM 分解优化→放样、下料、预制→预拼装→防腐→现场分段组对→安装就位。

2.5.2　技术指标

（1）将建筑机电产品现场制作安装工作前移，实现工厂加工与现场施工平行作业，减少施工现场时间和空间的占用；

（2）模块适用尺寸：公路运输控制在 3100mm×3800mm×18000mm 以内；船运控制在 6000mm×5000mm×50000mm 以内。若模块在港口附近安装，无运输障碍，模块尺寸可根据具体实际情况进一步加大；

（3）模块质量要求：公路运输一般控制在 40t 以内，模块质量也应根据施工现场起重设备的具体实际情况有所调整。

2.5.3　适用范围

适用于大、中型民用建筑工程、工业工程、石油化工工程的设备、管道、电气安装，尤其适用于高层的办公楼、酒店、住宅。

2.5.4　工程案例

上海环球金融中心、上海国际博览中心、华润深圳湾国际商业中心、青岛丽东化工有限公司芳烃装置、神华煤直接液化装置、河北海伟石化 50 万吨/年丙烷脱氢装置、上海东方体育中心、中山医院、南京雨润大厦、天津北洋园等机电安装工程。

2.6 薄壁金属管道新型连接安装施工技术

2.6.1 技术内容

(1) 铜管机械密封式连接

① 卡套式连接:是一种较为简便的施工方式,操作简单、掌握方便,是施工中常见的连接方式,连接时只要管子切口的端面能与管子轴线保持垂直,并将切口处毛刺清理干净,管件装配时卡环的位置正确,并将螺母旋紧,就能实现铜管的严密连接,主要适用于管径50mm以下的半硬铜管的连接。

② 插接式连接:一种最简便的施工方法,只要将管子的切口端面与管子轴线保持垂直并去除毛刺,用力插入管件到底即可,此种连接方法是靠专用管件中的不锈钢夹固圈将钢壁禁锢在管件内,利用管件内与铜管外壁紧密配合的O型橡胶圈来实现密封的,主要适用于管径25mm以下的铜管的连接。

③ 压接式连接:一种较为先进的施工方式,操作也较简单,但需配备专用的且规格齐全的压接机械。连接时管子的切口端面与管子轴线保持垂直,并去除管子的毛刺,然后将管子插入管件到底,再用压接机械将铜管与管件压接成一体。此种连接方法是利用管件凸缘内的橡胶圈来实现密封的,主要适用于管径50mm以下的铜管的连接。

(2) 薄壁不锈钢管机械密封式连接

① 卡压式连接:配管插入管件承口(承口U形槽内带有橡胶密封圈)后,用专用卡压工具压紧管口形成六角形而起密封和紧固作用的连接方式。

② 卡凸式螺母型连接:以专用扩管工具在薄壁不锈钢管端的适当位置,由内壁向外(径向)辊压使管子形成一道凸缘环,然后将带锥台形三元乙丙密封圈的配管插入带有承插口的管件中,拧紧锁紧螺母时,靠凸缘环推进压缩三元乙丙密封圈而起密封作用。

③ 环压式连接:环压连接是一种永久性的机械连接,首先将套好密封圈的管材插入管件内,然后使用专用工具对管件与管材的连接部位施加足够大的径向压力,使管件、管材发生形变,并使管件密封部位形成一个封闭的密封腔,然后再进一步压缩密封腔的容积,使密封材料充分填充整个密封腔,从而实现密封,同时将管件嵌入管材,使管材与管件牢固连接。

2.6.2 技术指标

应按设计要求的标准执行,无设计要求时,按《建筑给水排水及采暖工程施工质量验收规范》GB 50242、《建筑铜管管道工程连接技术规程》CECS 228和《薄壁不锈钢管道技术规范》GB/T 29038执行。

2.6.3 适用范围

适用于给水、热水、饮用水、燃气等管道的安装。

2.6.4 工程案例

应用薄壁不锈钢管较典型的工程有:北京人民大会堂冷热水管道、财政部办公楼直饮水管道、上海世博会中国馆、北京广安贵都大酒店(五星)、广州白云宾馆、广州亚运城、杭州千岛湖别墅等机电安装工程。

应用薄壁铜管较典型的工程有:烟台世茂T1酒店、天津世茂酒店、沈阳世茂T6酒店等机电安装工程。

2.7 内保温金属风管施工技术

2.7.1 技术内容

(1) 技术特点

内保温金属风管是在传统镀锌薄钢板法兰风管制作过程中,在风管内壁粘贴保温棉,风管口径为粘贴保温棉后的内径,并且可通过数控流水线实现全自动生产。该技术的运用,省去了风管现场保温施工工序,有效提高了现场风管安装效率,且风管采用全自动生产流水线加工,产品质量可控。

(2) 施工工艺

相对普通薄钢板法兰风管的制作流程,在风管咬口制作和法兰成型后,为贴附内保温材料,多了喷胶、贴棉和打钉三个步骤,然后进行板材的折弯和合缝,其他步骤两者完全相同。这三个工序被整合到了整套流水线中,生产效率几乎与薄钢板法兰风管相当。为防止保温棉被吹散,要求金属风管内壁涂胶满布率达90%以上,管内气流速度不得超过20.3m/s。此外,内保温金属风管还有以下施工要点,如表2.2所示。

表2.2 内保温金属风管的施工要点

		内衬厚度+内衬风管法兰高度	
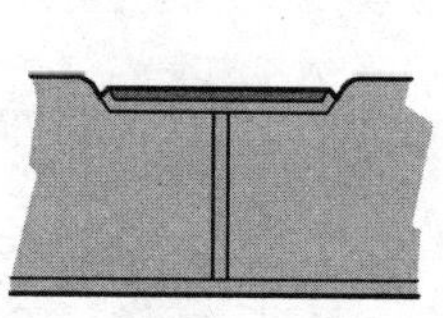 保温钉不得挤压保温材料超过3mm	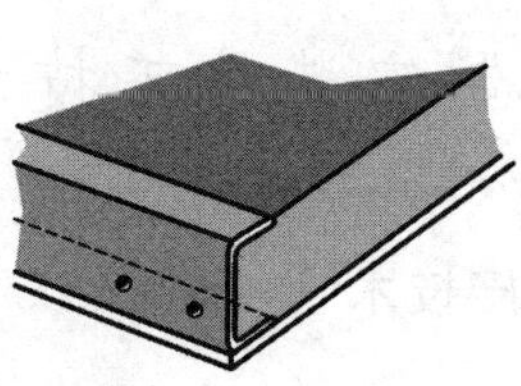 风管两端安装有C型PVC挡风条,以防止漏风,同时防止冷桥现象的出现	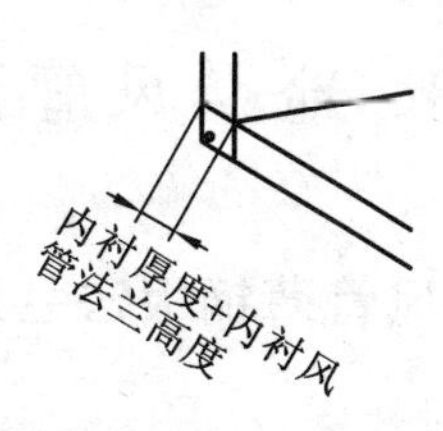 法兰高度等于玻璃纤维内衬风管法兰高度加上内衬厚度	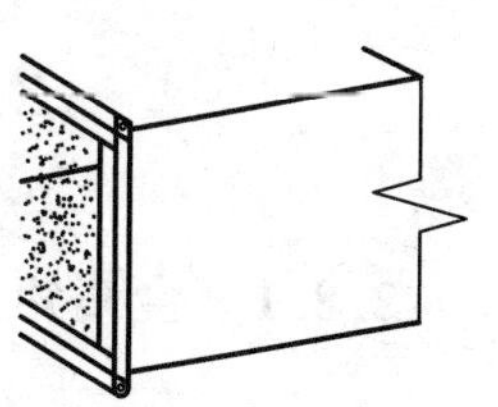 挡风条宽度为内衬风管法兰高度加上内衬厚度

① 在安装内衬风管之前,首先要检查风管内衬的涂层是否存在破损,是否受到污染等,若发现以上情况,需进行修补或者直接更换一节完好的风管进行安装。

② 内衬风管的安装与薄钢板法兰风管的安装工艺基本一致，先安装风管支吊架，风管支吊架间距按相关规定执行，风管可根据现场实际情况采取逐节吊装，或者在地面拼装一定长度后整体吊装。

③ 内保温风管与外保温风管、设备以及风管等连接时，法兰高度可按表 2.2 的要求进行调整，或者采用大小头连接。

④ 风管安装完毕后应进行漏风量测试，要注意的是，导致风管严密性不合格的主要因素在于风管挡风条的安装与法兰边没有对齐，以及没有选用合适宽度的法兰垫料或者垫料粘贴时不够规范。

⑤ 风管运输及安装过程中应注意防潮、防尘。

2.7.2 技术指标

(1) 风管系统强度及严密性指标，应满足《通风与空调工程施工质量验收规范》GB 50243要求；

(2) 风管系统保温及耐火性能指标，应分别满足《通风与空调工程施工质量验收规范》GB 50243 和《通风管道技术规程》JGJ/T 141 要求；

(3) 内保温金属风管的制作与安装，可参考《非金属风管制作与安装》15K114 的相关规定；

(4) 内衬保温棉及其表面涂层，应当采用不燃材料，采用的粘结剂应为环保无毒型。

2.7.3 适用范围

适用于低、中压空调系统风管的制作安装，净化空调系统、防排烟系统等除外。

2.7.4 工程案例

上海迪士尼乐园梦幻世界、青岛部分地铁 3 号线 1 标段、中海油大厦(上海)等机电安装工程。

2.8 金属风管预制安装施工技术

2.8.1 金属矩形风管薄钢板法兰连接技术

2.8.1.1 技术内容

(1) 技术特点

金属矩形风管薄钢板法兰连接技术，代替了传统角钢法兰风管连接技术，已在国外有多年的发展和应用，并形成了相应的规范和标准。采用薄钢板法兰连接技术不仅能节约材料，而且通过新型自动化设备生产使得生产效率提高、制作精度高、风管成型美观、安装简便，相比传统角钢法兰连接技术可节约劳动力 60%左右，节约型钢、螺栓 65%左右，而且无须防腐施工，减少了对环境的污染，具有较好的经济、社会与环境效益。

(2) 施工工艺

金属矩形风管薄钢板法兰连接技术，根据加工形式不同分为两种：一种是法兰与风管壁为一体的形式，称之为“共板法兰”；另一种是薄钢板法兰专用组合式法兰机制作成法兰的形式，根据风管长度下料后，插入制作好的风管管壁端部，再用铆（压）接连为一体，称之为“组合式法兰”。通过共板法兰风管自动化生产线，将卷材开卷、板材下料、冲孔（倒角）、辊压咬口、辊压法兰、折方等，制成半成品薄钢板法兰直风管管段。风管三通、弯头等异形配件通过数控等离子切割设备自动下料。

① 薄钢板法兰风管板材厚度为 0.5～1.2mm，风管下料宜采用单片、L 形或口形方式。金属风管板材的连接形式有：单咬口（适用于低、中、高压系统）、联合角咬口（适用于低、中、高压系统矩形风管及配件四角咬接）、转角咬口（适用于低、中、高压系统矩形风管及配件四角咬接）、按扣式咬口（低、中压矩形风管或配件四角咬接、低压圆形风管）。

② 当风管大边尺寸、长度及单边面积超出规定的范围时，应对其进行加固，加固方式有通丝加固、套管加固、Z 形加固、V 形加固等方式。

③ 风管制作完成后，进行四角连接件的固定，角连接件与法兰四角接口的固定应稳固、紧贴，端面应平整。固定完成后需要打密封胶，密封胶应保证弹性、粘着和防霉特性。

④ 薄钢板法兰风管的连接方式应根据工作压力及风管尺寸大小合理选用，用专用工具将法兰弹簧卡固定在两节风管法兰处，或用顶丝卡固定两节风管法兰，弹簧卡、顶丝卡不应有松动现象。

2.8.1.2　技术指标

应符合《通风与空调工程施工质量验收规范》GB 50243、《通风与空调工程施工规范》GB 50738、《通风管道技术规程》JGJ 141 的相关规定。

2.8.1.3　适用范围

金属矩形风管薄钢板法兰连接技术适用于通风空调系统中工作压力不大于 1500Pa 的非防排烟系统、风管边长尺寸不大于 1500mm（加固后为 2000mm）的薄钢板法兰矩形风管的制作与安装；对于风管边长尺寸大于 2000mm 的风管，应根据《通风管道技术规程》JGJ 141采用角钢或其他形式的法兰风管。采用薄钢板法兰风管时，应由设计院与施工单位共同研究制定措施以满足风管的强度和变形量要求。

2.8.1.4　工程案例

国家会展中心（上海）、北京中国尊、杭州国际博览中心等机电安装工程。

2.8.2　金属圆形螺旋风管制安技术

2.8.2.1　技术内容

(1) 技术特点

螺旋风管又称螺旋咬缝薄壁管，由条带形薄板螺旋卷绕而成，与传统金属风管（矩形或圆形）相比，具有无焊接、密封性能好、强度刚度好、通风阻力小、噪声低、造价低、安装方便、外形美观等特性。根据使用材料的材质不同，主要有镀锌螺旋风管、不锈钢螺旋风管、铝螺旋风管。螺旋风管制安机械自动化程度高、加工制作速度快，在发达国家已得到了长足的发展。

(2) 施工工艺

金属圆形螺旋风管采用流水线生产，取代手工制作风管的全部程序和进程，使用宽度为138mm 的金属卷材为原料，以螺旋的方式实现卷圆、咬口、合缝压实，按顺序一次完成，加工速度为 4～20m/min。金属圆形螺旋风管一般是以 3～6m 为标准长度。弯头、三通等各类管件采用等离子切割机下料，直接输入管件相关参数即可精确快速地切割管件展开板料；用缀缝焊机闭合板料和拼接各类金属板材，接口平整，不破坏板材表面；用圆形弯头成型机自动进行弯头咬口合缝，速度快，合缝密实平滑。

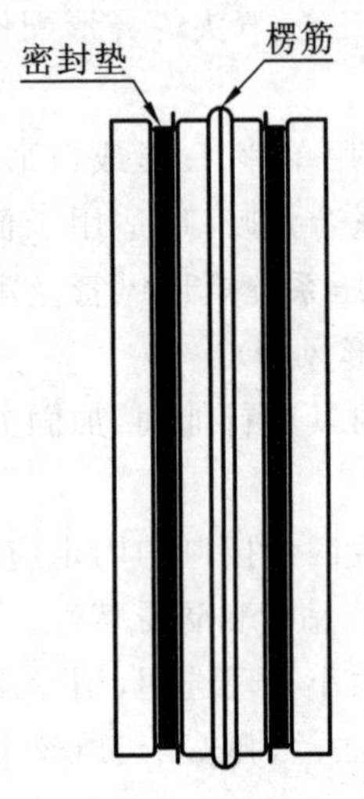

图 2.3　承插式芯管制作示意图

螺旋风管的螺旋咬缝，可以作为加强筋增加风管的刚性和强度。直径 1000m 以下的螺旋风管可以不另设加固措施；直径大于 1000mm 的螺旋风管可在每两个咬缝之间再增加一道楞筋，作为加固方法。

金属圆形螺旋风管通常采用承插式芯管连接及法兰连接。承插式芯管采用与螺旋风管同材质的宽度为 138mm 的金属钢带卷圆，在芯管中心轧制宽 5mm 的楞筋，两侧轧制密封槽，内嵌阻燃 L 型密封垫，具体见图 2.3。内接制作技术要求见表 2.3。

表 2.3　内接制作技术要求

接管口径/mm	内接板厚/mm	内接口径/mm
500	1.0	498
600	1.0	598
700	1.0	698
800	1.2	798
900	1.2	898
1000	1.2	998
1200	1.75	1196
1400	1.75	1396
1600	2.0	1596
1800	2.0	1796
2000	2.0	1996

采用法兰连接时，将圆法兰内接于螺旋风管。法兰外边略小于螺旋风管内径 1～2mm，同规格法兰具有可换性。法兰连接多用于防排烟系统，采用不燃的耐温防火填料，相比芯管其连接密封性能更好。

主要施工方法：

① 划分管段：根据施工图和现场实际情况，将风管系统划分为若干管段，并确定每段风

管的连接管件和长度，尽量减少空中接口数量。

② 芯管连接：将连接芯管插入金属螺旋风管一端，直至插入至楞筋位置，从内向外用铆钉固定。

③ 风管吊装：金属螺旋风管支架间距为3～4m，每吊装一节螺旋风管设一个支架，风管吊装后用扁钢抱箍托住风管，根据支吊架固定点的结构形式设置一个或者两个吊点，将风管调整就位。

④ 风管连接：芯管连接时，将金属螺旋风管的连接芯管端插入另一节未连接芯管端，均匀推进，直至插入至楞筋位置，连接缝用密封胶密封处理。法兰连接时，将两节风管调整角度，直至法兰的螺栓孔对准，连接螺栓，螺栓需安装在同侧。

⑤ 风管测试：根据风管系统的工作压力做漏光检测及漏风量检测。

2.8.2.2　技术指标

应符合《通风与空调工程施工质量验收规范》GB 50243、《通风与空调工程施工规范》GB 50738、《通风管道技术规程》JGJ 141的相关规定。

2.8.2.3　适用范围

适用于送风、排风、空调风及防排烟系统金属圆形螺旋风管制作安装；

(1) 用于送风、排风系统时，应采用承插式芯管连接方式；

(2) 用于空调送回风系统时，应采用双层螺旋保温风管，内芯管外抱箍连接方式；

(3) 用于防排烟系统时，应采用法兰连接方式。

2.8.2.4　工程案例

国家会展中心(上海)、杭州国际博览中心等机电安装工程。

2.9　超高层垂直高压电缆敷设技术

2.9.1　技术内容

(1) 技术特点

在超高层供电系统中，有时采用一种特殊结构的高压垂吊式电缆，这种电缆不论多长多重，都能靠自身支撑自重，解决了普通电缆在长距离的垂直敷设中容易被自重拉伤的问题。它由上水平敷设段、垂直敷设段、下水平敷设段组成，其结构为：电缆在垂直敷设段带有3根钢丝绳，并配吊装圆盘，钢丝绳用扇形塑料包覆，与三根电缆芯绞合，在水平敷设段电缆不带钢丝绳。吊装圆盘为整个吊装电缆的核心部件，由吊环、吊具本体、连接螺栓和钢板卡具组成，其作用是在电缆敷设时承担吊具的功能并在电缆敷设到位后承载垂直段电缆的全部重量，电缆承重钢丝绳与吊具连接采用锌铜合金浇铸工艺。

(2) 施工工艺

① 利用多台卷扬机吊运电缆，采用自下而上垂直吊装敷设的方法。

② 对每个井口的尺寸及中心垂直偏差进行测量，并安装槽钢台架。

③ 设计穿井梭头，用以扶住吊装圆盘，让其顺利穿过井口。

④ 吊装卷扬机布置在电气竖井的最高设备层或以上楼面，除吊装最高设备层的高压垂吊式电缆外，还要考虑吊装同一井道内其他设备层的高压垂吊式电缆。

⑤ 架设专用通信线路，在电气竖井内每一层备有电话接口。指挥人、主吊操作人、放盘区负责人还必须配备对讲机。

⑥ 电气竖井内要设置临时照明。

⑦ 电缆盘至井口应设有缓冲区和下水平段电缆脱盘后的摆放区，面积为 30～40m^2。架设电缆盘的起重设备通常从施工现场在用的塔吊、汽车吊、履带吊等起重设备中选择。

⑧ 吊装过程：选用有垂直受力锁紧特性的活套型网套，同时为确保吊装安全可靠，设一根直径为 12.5mm 的保险附绳，当上水平段电缆全部吊起，将主吊绳与吊装圆盘连接，同时将垂直段电缆钢丝绳与吊装圆盘连接。当吊装圆盘连接后，组装穿井梭头。在吊装过程中，在电气竖井井口安装防摆动定位装置，可以有效地控制电缆摆动。将上水平段电缆与主吊绳并拢，由下而上每隔 2m 捆绑一次，直至绑到电缆头吊运上水平段和垂直段电缆。吊装圆盘在槽钢台架上固定后，还要对其辅助吊挂，目的是使电缆固定得更为安全可靠。在吊装圆盘及其辅助吊索安装完成后，电缆处于自重垂直状态，将每个楼层井口的电缆用抱箍固定在槽钢台架上。水平段电缆通常采用人力敷设，在桥架水平段每隔 2m 设置一组滚轮。

2.9.2 技术指标

(1) 应符合下列标准规范的相关规定：

《电气装置安装工程　电缆线路施工及验收规范》GB 50168、《建筑电气工程施工质量验收规范》GB 50303、《电气装置安装工程　电气设备交接试验标准》GB 50150、《建筑机械使用安全技术规程》JGJ 33、《施工现场临时用电安全技术规范》JGJ 46。

(2) 技术要求

电缆型号、电压及规格应符合设计要求。核实电缆生产编号、订货长度、电缆位号，做到敷设准确无误；电缆外观无损伤，电缆密封应严密；电缆应做耐压和泄漏试验，试验标准应符合国家标准和规范的要求，电缆敷设前还应用 2.5kV 摇表测量绝缘电阻是否合格。

2.9.3 适用范围

适用于超高层建筑的电气垂直井道内的高压电缆吊运敷设。

2.9.4 工程案例

上海环球金融中心大厦。

2.10 机电消声减振综合施工技术

2.10.1 技术内容

(1) 技术特点

机电消声减振综合施工技术是实现机电系统设计功能的保障。随着建筑工程机电系统功能需求的不断增加，越来越多的机电系统设备（设施）被应用到建筑工程中。这些机电设备（设施）在丰富建筑功能、改善人文环境、提升使用价值的同时，也带来一系列的负面影响因素，如机电设备在运行过程中产生及传播的噪声和振动给使用者带来难以接受的困扰，甚至直接影响到人体健康等。

(2) 施工工艺

噪声及振动的频率低，空气、障碍物以及建筑结构等对噪声及振动的衰减作用非常有限[一般建(构)筑物噪声衰减量仅为 0.02～0.2dB/m]，因此必须在机电系统设计与施工前，通过对机电系统噪声及振动产生的源头、传播方式与传播途径、受影响因素及产生的后果等进行细致分析，制定消声减振措施方案，对其中的关键环节加以适度控制，实现对机电系统噪声和振动的有效防控。具体实施工艺包括：对机电系统进行消声减振设计，选用低噪、低振设备（设施），改变或阻断噪声与振动的传播路径，以及引入主动式消声抗振工艺等。

主要施工方法：

① 优化机电系统设计方案，对机电系统进行消声减振设计。机电系统设计时，在结构及建筑分区的基础上充分考虑满足建筑功能的合理机电系统分区，为需要进行严格消声减振控制的功能区设计独立的机电系统，根据系统消声、减振需要，确定设备（设施）技术参数及控制流体流速，同时避免其他机电设施穿越。

② 在机电系统设备（设施）选型时，优先选用低噪、低振的机电设备（设施），如箱式设备、变频设备、缓闭式设备、静音设备，以及高效率、低转速设备等。

③ 机电系统安装施工过程中，在进行深化设计时要充分考虑系统消声、减振功能的需要，通过隔声、吸声、消声、隔振、阻尼等处理方法，在机电系统中设置消声减振设备（设施），改变或阻断噪声与振动的传播路径。如设备采用浮筑基础、减振浮台及减震器等的隔声隔振构造，管道与结构、管道与设备、管道与支吊架及支吊架与结构（包括钢结构）之间采用消声减振的隔离隔断措施，如套管、避震器、隔离衬垫、柔性软接、避震喉等。

④ 引入主动式消声抗振工艺。在机电系统深化设计中，针对系统消声减振需要引入主动式消声抗振工艺，扰动或改变机电系统固有噪声、振动频率及传播方向，达到消声抗振的目的。

2.10.2　技术指标

按设计要求的标准执行；当无设计无要求时，参照执行《声环境质量标准》GB 3096、《城市区域环境振动标准》GB 10070、《民用建筑隔声设计规范》GB 50118、《隔振设计规范》GB 50463、《建筑工程容许振动标准》GB 50868、《环境噪声与振动控制工程技术导则》HJ 2034、《剧场、电影院和多用途厅堂建筑声学设计规范》GB/T 50356。

2.10.3　适用范围

适用于大、中型公共建筑工程机电系统消声减振施工，特别适用于广播电视、音乐厅、大剧院、会议中心、高端酒店等安装工程。

2.10.4 工程案例

吉林省广电中心、吉林省政府新建办公楼、上海金茂大厦、北京银泰中心、中国银行大厦、首都博物馆、中国大剧院等机电安装工程。

2.11 建筑机电系统全过程调试技术

2.11.1 技术内容

(1) 技术特点

建筑机电系统全过程调试技术覆盖建筑机电系统的方案设计阶段、设计阶段、施工阶段和运行维护阶段,其执行者可以由独立的第三方、业主、设计方、总承包商或机电分包商等承担。目前,最常见的是业主聘请独立第三方顾问,即调试顾问作为调试管理方。

(2) 调试内容

① 方案设计阶段。为项目初始时的筹备阶段,其调试工作的主要目标是明确和建立业主的项目要求。业主项目要求是机电系统设计、施工和运行的基础,同时也决定着调试计划和进程安排。该阶段调试团队由业主代表、调试顾问、前期设计和规划方面的专业人员、设计人员组成。该阶段主要工作为:组建调试团队,明确各方职责;建立例会制度及过程文件体系;明确业主项目要求;确定调试工作范围和预算;建立初步调试计划;建立问题日志程序;筹备调试过程进度报告;对设计方案进行复核,确保满足业主项目要求。

② 设计阶段。该阶段调试工作主要目标是尽量确保设计文件满足和体现业主项目要求。该阶段调试团队由业主代表、调试顾问、设计人员和机电总包项目经理组成。该阶段主要工作为:建立并维持项目团队的团结协作;确定调试过程各部分的工作范围和预算;指定负责完成特定设备及部件调试工作的专业人员;召开调试团队会议并做好记录;收集调试团队成员关于业主项目要求的修改意见;制定调试过程工作时间表;在问题日志中追踪记录问题或背离业主项目要求的情况及处理办法;确保设计文件的记录和更新;建立施工清单;建立施工、交付及运行阶段测试要求;建立培训计划要求;记录调试过程要求并汇总至承包文件;更新调试计划;复查设计文件是否符合业主项目要求;更新业主项目要求;记录并复查调试过程进度报告。

③ 施工阶段。该阶段调试工作主要目标是确保机电系统及部件的安装满足业主项目要求。该阶段调试团队包括业主代表、调试顾问、设计人员、机电总包项目经理、专业承包商和设备供应商。该阶段主要工作为:协调业主代表参与调试工作并制定相应时间表;更新业主项目要求;根据现场情况更新调试计划;组织施工前调试过程会议;确定测试方案,包括机电设备测试、风系统/水系统平衡调试、系统运行测试等,并明确测试范围,明确测试方法、试运行介质、目标参数值允许偏差、调试工作绩效评定标准;建立测试记录;定期召开调试过程会议;定期实施现场检查;监督施工方的现场调试、测试工作;核查运维人员培训情况;编制调试过程进度报告;更新机电系统管理手册。

④ 交付和运行阶段。当项目基本竣工后进入交付和运行阶段的调试工作,直到保修合

同结束时间为止。该阶段工作目标是确保机电系统及部件的持续运行、维护和调节及相关文件更新均能满足最新业主项目要求。该阶段调试团队包括业主代表、调试顾问、设计人员、机电总包项目经理、专业承包商。该阶段主要工作为:协调机电总包的质量复查工作,充分利用调试顾问的知识和项目经验使得机电总包返工数量和次数最小化;进行机电系统及部件的季度测试;进行机电系统运行维护人员培训;完成机电系统管理手册并持续更新;进行机电系统及部件的定期运行状况评估;召开经验总结研讨会;完成项目最终调试过程报告。

(3) 调试文件

① 调试计划。为调试工作前瞻性整体规划文件,由调试顾问根据项目具体情况起草,在调试项目首次会议上,由调试团队各成员参与讨论,会后调试顾问再进行修改完善。调试计划必须随着项目的进行而持续修改、更新。一般每月都要对调试计划进行适当调整。调试顾问可以根据调试项目的工作量大小,建立一份贯穿项目全过程的调试计划,也可以建立一份分阶段(方案设计阶段、设计阶段、施工阶段和运行维护阶段)实施的调试计划。

② 业主项目要求。确定业主的项目要求对整个调试工作很重要,调试顾问组织召开业主项目要求研讨会,准确把握业主项目要求,并建立业主项目要求文件。

③ 施工清单。是指机电承包商详细记录机电设备及部件的运输、安装情况,以确保各设备及系统正确安装、运行的文件。主要包括设备清单、安装前检查表、安装过程检查表、安装过程问题汇总、设备施工清单、系统问题汇总。

④ 问题日志。记录调试过程发现的问题及其解决办法的正式文件,由调试团队在调试过程中建立,并定期更新。调试顾问在进行安装质量检查和监督施工单位调试时,可根据项目大小和合同内容来确定抽样检查比例或复测比例,一般不低于20%。抽查或抽测时发现问题应记入问题日志。

⑤ 调试过程进度报告。详细记录调试过程中各部分完成情况以及各项工作和成果的文件,各阶段调试过程进度报告最终汇总成为机电系统管理手册的一部分。它通常包括:项目进展概况;本阶段各方职责、工作范围;本阶段工作完成情况;本阶段出现的问题及跟踪情况;本阶段未解决的问题汇总及影响分析;下阶段工作计划。

⑥ 机电系统管理手册。是以系统为重点的复合文档,包括使用和运行阶段运行和维护指南以及业主使用中的附加信息,主要包括业主最终项目要求文件、设计文件、最终调试计划、调试报告、厂商提供的设备安装手册和运行维护手册、机电系统图表、已审核确认的竣工图纸、系统或设备/部件测试报告、备用设备部件清单、维修手册等。

⑦ 培训记录。调试顾问应在调试工作结束后,对机电系统的实际运行维护人员进行系统培训,并做好相应的培训记录。

2.11.2 技术指标

目前,国内关于建筑机电系统全过程调试没有专门的规范和指南,只能依照现行的设计、施工、验收和检测规范的相关部分开展工作。主要依据的规范有:《民用建筑供暖通风与空气调节设计规范》GB 50736、《公共建筑节能设计标准》GB 50189、《民用建筑电气设计规范》JGJ 16、《通风与空调工程施工质量验收规范》GB 50243、《建筑节能工程施工质量验收规范》GB 50411、《建筑电气工程施工质量验收规范》GB 50303、《建筑给水排水及采暖工程施工质量验收规范》GB 50242、《智能建筑工程质量验收规范》GB 50339、《通风与空调工程施工规范》GB 50738、《公共建筑节能检测标准》JGJ/T 177、《采暖通风与空气调节工程检测技术规程》JGJ/T 260、《变风量空调系统工程技术规程》JGJ 343。

2.11.3 适用范围

适用于新建建筑的机电系统全过程调试，特别适用于实施总承包的机电系统全过程调试。

2.11.4 工程案例

巴哈马大型度假村、北京新华都等机电系统调试工程。

2.12 自动电焊机

2.12.1 技术内容

(1) 简介

自动电焊机(Automatic Welding Machine)是建立在电动机控制技术、单片机控制技术、PLC控制技术及数字控制技术等基础上的一种自动焊接机器。

(2) 组成

自动电焊机主要由工件自动上料、下料机构，工件工位自动转换机构，工件自动装夹机构，以及工件焊接过程自动化系统、系统集成控制等组成。

(3) 装置系统

① 自动电焊机的工件上料、下料机构

对于一套自动电焊机，根据工件的焊缝形式和尺寸大小，需要设置不同的上料、下料机构。考虑到我国的国情以及自身的成本承受力，很多企业依然选择人工上料、下料。而在汽车或家用电器等焊接生产流水线上，大量采用机械手或者自动化机械结构进行自动上料、下料，包括输送、举升、翻转、转移等动作，从而实现快捷生产、无人工干预的自动电焊接系统。

② 工件焊接工位自动转换装置

在自动电焊机系统里，为了提高焊接效率，常常需要做成多工位自动焊接，主要包括上料位、装夹位、焊接位、冷却位或检测位、下料位，从而形成一整套自动化系统，一次性完成工件从装配、焊接、检测到输出的工作。

零部件的焊接工作，常常包括一条或多条焊缝，也包括多个零件组焊成一个零件。比如我们常用的热水器内胆、汽车贮气筒筒体等，包括钢板卷圆后的直缝焊接，两端封头与筒体的环缝焊接，出水嘴或出气嘴与筒体或端盖的环缝焊接，内胆或筒体的挂架焊接，组焊成为一个零件，即热水器内胆或贮气筒。要实现每种焊接方式的自动完成，需要从一个工位自动转换到另一个工位，从而形成流水化生产作业。

③ 工件自动装夹装置

自动电焊机要实现自动焊接生产，必须实现自动定位、自动夹紧、自动松开等装夹装置，才能使产品的焊接效率提高，焊接质量稳定，大批量生产。

④ 工件焊接过程自动化系统

焊接过程需要根据产品零件的材质、板厚、尺寸大小、焊缝形式、保护气体、送丝形式来选择不同的焊接方式。焊接过程自动化系统可以组成一个简单的自动焊接专机，也可作为自动电焊机的一个组成部分。

2.12.2　技术指标

自动电焊机的设计检验与应用按相关标准执行，主要依据的规范有《弧焊设备　第1部分：焊接电源》GB 15579.1、《电弧焊机通用技术条件》GB/T 8118、《小型弧焊变压器安全要求》GB 19213、《电阻焊机的安全要求》GB 15578、《阻焊　电阻焊机　机械和电气要求》GB/T 8366、《弧焊设备　第11部分：电焊钳》GB 15579.11、《弧焊设备　第12部分：焊接电缆耦合装置》GB 15579.12、《弧焊电源　防触电装置》GB 10235、《弧焊设备　第5部分：送丝装置》GB 15579.5等。

2.12.3　适用范围

自动电焊机已广泛应用于塑料制造、汽车制造、金属加工、机械加工制造、船舶制造、航空航天等领域。应用自动电焊机后，大大提高了焊接件的外观和内在质量，并保证了质量的稳定性和降低了劳动强度，改善了劳动环境，降低了人工焊接技能要求及生产成本，提高了生产效率。

2.12.4　工程案例

全球最高桥梁——杭瑞高速公路北盘江大桥的桥梁钢结构焊接作业；安庆桥梁钢结构项目；成都铁路局火车车架、车轮连接等焊接项目；ZX5-500K晶闸管整流弧焊机、ZX7-500T逆变式手工直流弧焊机应用于中铁十四局承建的杭州地铁2号线建设中；北京地铁项目大量钢结构焊接作业；吉林省公主岭管道施工项目。

2.13　起　重　机

2.13.1　技术内容

(1) 简介

起重机是指在一定范围内垂直提升和水平搬运重物的多动作起重机械，又称天车、航吊、吊车。起重技术在机电设备安装工程中是一项极为重要的技术，随着我国工程建设向标准化、工厂化、模块化、大型化、集成化方向发展，设备吊装的自重越来越大，高度越来越高，体积越来越大，难度也越来越大，是制约整个工程的进度、成本和安全的关键因素。

(2) 分类

按照国家标准《起重机械分类》(GB/T 20776—2006)，机电工程常使用的起重机械可分为轻小型起重设备、起重机等。

① 轻小型起重设备

轻小型起重设备可分为：千斤顶、滑车(或称起重滑车、起重滑轮组)、起重葫芦、卷扬机、多种叉车等。

a. 千斤顶：可分为机械千斤顶(包括螺旋千斤顶、齿条千斤顶)、油压千斤顶等；

b. 滑车(或称起重滑车、起重滑轮组)：可分为吊钩型滑车、链环型滑车、吊环型滑车；

c. 起重葫芦：可分为手拉葫芦、手扳葫芦、电动葫芦、气动葫芦、液动葫芦等；

d. 卷扬机：可分为卷绕式卷扬机(包括单卷筒、双卷筒、多卷筒卷扬机)、摩擦式卷扬机。

② 起重机

起重机可分为：桥架型起重机、臂架型起重机、缆索型起重机三大类。

a. 桥架型起重机主要有：梁式起重机、桥式起重机、门式起重机、半门式起重机等。

b. 臂架型起重机共分为 11 个类别，主要有：门座起重机和半门座起重机、塔式起重机、流动式起重机、铁路起重机、桅杆起重机、悬臂起重机等。

建筑、安装工程常用的臂架型起重机有：塔式起重机、流动式起重机、桅杆起重机。其中，臂架型流动式起重机主要有履带起重机、汽车起重机、轮胎起重机、全地面起重机、随车起重机。臂架型流动式起重机能在带载或不带载情况下沿无轨路面行驶，且依靠自重保持稳定。

c. 缆索型起重机按其结构形式可分为固定式缆索起重机、移动式缆索起重机。

(3) 基本参数

起重机选用的基本参数主要有吊装载荷、额定起重量、最大幅度、最大起升高度等，这些参数是制定吊装技术方案的重要依据。

① 吊装载荷

吊装载荷的组成：被吊物(设备或构件)在吊装状态下的重量和吊(索)具重量(流动式起重机一般还应包括吊钩重量和从臂架头部垂下至吊钩的起升钢丝绳重量)。

a. 动载荷系数

是指起重机在吊装重物的移动过程中所产生的对起吊机具负载的影响而计入的系数。在起重吊装工程计算中以动载系数计入其影响，一般取动载系数为 1.1.。

b. 不均衡载荷系数

在多分支(多台起重机、多套滑轮组等)共同抬吊一个重物时，由于起重机械之间的相互运动可能产生作用于起重机械、重物和吊索上的附加载荷，或者由于工作不同步，各分支往往不能完全按设定比例承担载荷，在起重过程中以不均衡载荷系数计入其影响，一般取不均衡载荷系数 $k_2=1.1\sim1.25$。

注意：对于多台起重机共同抬吊设备，由于存在工作不同步而超载的现象，单纯考虑不均衡载荷系数是不够的，还必须根据工艺过程进行具体分析，采取相应措施。

c. 吊装计算载荷

吊装计算载荷(简称计算载荷)：等于动载系数乘以吊装载荷。起重吊装工程中常以吊装计算载荷作为计算依据。多台起重机联合起吊设备，其中一台起重机承担的计算载荷其公式为：

$$Q_j = k_1 \times k_2 \times Q$$

式中　Q_j——起重机的计算载荷；

Q——分配到一台起重机的吊装载荷，包括所承受的设备重量及起重机索(吊)具重量。

② 额定起重量

在确定回转半径和起升高度后，起重机能安全起吊的重量。额定起重量应大于计算载荷。

③ 最大幅度

最大幅度即起重机的最大吊装回转半径，即额定起重量条件下的吊装回转半径。

2.13.2　技术指标

起重机的设计检验和应用按相关标准执行，主要依据的规范有《起重机设计规范》GB/T 3811、《起重机械安全规程》的系列标准、《通用桥式起重机》GB/T 14405、《电动葫芦桥式起重机》JB/T 3695、《起重机　试验规范和程序》GB/T 5905、《钢丝绳电动葫芦　第1部分:型式与基本参数、技术条件》JB/T 9008.1、《起重机　钢丝绳　保养、维护、检验和报废》GB/T 5972、《起重机械分类》GB/T 20776、《重要用途钢丝绳》GB 8918、《钢丝绳电动葫芦　第2部分:试验方法》JB/T 9008.2等。

2.13.3　适用范围

机电工程常用的起重机有流动式起重机、塔式起重机、桅杆起重机，它们的特点和适用范围各不相同。

(1) 流动式起重机

流动式起重机主要有履带起重机、汽车起重机、轮胎起重机、全地面起重机、随车起重机。

① 特点:适用范围广、机动性好，可以方便地转移场地，但对道路、场地要求较高，台班费较高。

② 适用范围:适用于单件重量大的大中型设备、构件的吊装，作业周期短。

(2) 塔式起重机

① 特点:吊装速度快，台班费低，但起重量一般不大，并需要安装和拆卸。

② 适用范围:适用于在某一范围内数量多，且每个单件重量较小的设备、构件的吊装，作业周期长。

(3) 桅杆起重机

① 特点:属于非标准起重机，其结构简单、起重量大，对场地要求不高，使用成本低，但效率不高。

② 适用范围:主要适用于某些特重、特高和场地受到特殊限制的吊装。

2.13.4　工程案例

如东方锅炉厂350/80t×34m桥式起重机安装，东方电机厂550/250t×33m桥式起重机安装、某钢厂180/50t×27m四梁双小车铸造桥式起重机吊装。安徽合力叉车有限公司BZD0.5t—4.5m悬臂吊应用、广东省电力一局LD5t—19.5m电动单梁起重机应用等。

本章小结

本章主要介绍了基于BIM技术的管线综合技术、导线连接器应用技术、可弯曲金属导管安装技术、工业化成品支吊架技术、机电管线及设备工厂化预制技术、薄壁金属管道新型连接安装施工技术、内保温金属风管施工技术、金属风管预制安装施工技术、超高层垂直高压电缆敷设技术、机电消声减振综合施工技术、建筑机电系统全过程调试技术的主要技术内容、技术指标、适用范围、典型工程案例，重点介绍了建筑业常用的自动电焊机、起重机的分类、结构、主要技术性能、应用范围和典型工程案例。

习　　题

一、选择题

1. 金属矩形风管薄钢板法兰连接技术适用于工作压力不大于1500Pa的通风及空调系统中风管长边尺寸不大于(　　)的金属矩形风管的制作连接。

A. 500mm　　B. 1000mm　　C. 1500mm　　D. 2000mm

正确答案：D

2. 在吊装现场的下列人员中，需要持证上岗的特种作业人员是(　　)。

A. 卷扬机操作工　　B. 起重技术人员　　C. 起重设备维修工　　D. 起重工

正确答案：D

3. 内保温金属风管施工技术适用于(　　)。

A. 低中压空调系统　　B. 高压空调系统　　C. 净化空调系统　　D. 防排烟系统

正确答案：A

4. 管线综合布置技术的技术特点之一是能够控制各专业或各分包的(　　)。

A. 施工进度　　B. 施工质量　　C. 施工成本　　D. 施工工序

正确答案：D

5. 可弯曲金属导管内壁绝缘电阻值不低于(　　)MΩ。

A. 50　　B. 100　　C. 30　　D. 70

正确答案：A

6. 装配式成品支吊架主材选用的是符合国际标准的轻型(　　)，在确保其承载能力的前提下，所用的材料质量相对于传统支吊架所用材料可减轻15%～20%，明显减少了钢材使用量，从而减少了能源消耗。

A. 槽钢　　B. 角钢　　C. C型钢　　D. 圆钢铁

正确答案：C

7. 在进行多系统综合管线布置时,以下正确的是(　　)。

A. 热水管避让冷水管　　B. 附件少的管道避让附件多的管道

C. 非金属管避让金属管　　D. 排水管避让冷水管

正确答案:B

8. 管道分展布置时,由上而下布置顺序正确的是(　　)

A. 蒸汽、熟水、给水、排水　　B. 给水、热水、蒸汽、排水

C. 熟水、蒸汽、给水、排水　　D. 熟水、给水、蒸汽、排水

正确答案:A

9. 以下哪一项风管的工作压力不适用于薄钢板连体法兰矩形风管。(　)

A. 400Pa　　B. 900Pa　　C. 1300Pa　　D. 1600Pa

正确答案:D

10. 内保温金属风管是在传统镀锌薄钢板法兰风管制作过程中,在风管内壁粘贴(　　)

A. 聚氨酯　　B. 橡胶　　C. 保温棉　　D. 泡沫塑料

正确答案:C

11. 工厂模块化预制技术从设计、生产到安装和调试深度结合集成,实现建筑机电的(　　)。

A. 安装标准化　　B. 网络化　　C. 微型化　　D. 集成化

正确答案:A

12. 金属矩形风管薄钢板法兰连接技术的适用范围是(　　)。

A. 工作压力不大于1000Pa的通风及空调系统中风管长边尺寸不大于1000mm的金属矩形风管的制作连接

B. 工作压力不大于1200Pa的通风及空调系统中风管长边尺寸不大于2000mm的金属矩形风管的制作连接

C. 工作压力不大于1500Pa的通风及空调系统中风管长边尺寸不大于2000mm的金属矩形风管的制作连接

D. 工作压力不大于1500Pa的通风及空调系统中风管长边尺寸不大于1500mm的金属矩形风管的制作连接

正确答案:C

13. 以下优点中不包含管道工厂预制技术优点的是(　　)。

A. 不受天气影响　　B. 减少加工设备

C. 提高施工质量　　D. 减少对现场地形依赖

正确答案:B

14. 导线连接器适用于额定电压交流电 1kV 及以下和直流电 1.5kV 及以下,以及截面面积为(　　)mm^2 及以下的铜导线的连接。

A. 2.5　　B. 4　　C. 6　　D. 10

正确答案:C

15. 螺旋风管的螺旋咬缝,可以作为加强筋增加风管的刚性和强度,直径大于(　　)mm 的螺旋风管可在每两个咬缝之间再增加一道楞筋作为加固方法。

A. 800　　B. 1000　　C. 1200　　D. 1500

正确答案:B

16. 吸声、隔声、消声、减振降噪属于从(　　)方面来进行噪声控制。

A. 声源　　B. 传播途径　　C. 接收者防护　　D. 声音阻隔

正确答案:B

17. 起重吊装采用 2 个以下吊点起吊时,吊索与水平线夹角宜选用的角度是(　　)。

A. 45°　　B. 50°　　C. 55°　　D. 60°

正确答案:D

18. 电缆敷设前应用(　　)摇表测量绝缘电阻是否合格。

A. 2kV　　B. 2.5kV　　C. 3kV　　D. 3.5kV

正确答案:B

19. 有关管道工厂化预制技术说法正确的是(　　)。

A. 按照业主或招标文件要求在现场测绘,同时选择合格的、符合业主或招标文件要求的合格供应厂商,及时收集资料后按时订货

B. 对平衡施工力量意义不大

C. 以设计院提供的设计图纸为依据,按照国家法律、法规和标准规范的规定进行深化设计,然后绘制预制加工图

D. 根据进度计划将加工基地配送到现场的预制管线,按施工图进行合理的分配、排列;并根据规范要求先行制作支吊架,再将半成品管线安装到位

正确答案:B

20. 下列说法错误的是(　　)。

A. 管道在施工过程中,在管网投入运行前,必须将杂质清除掉,而最好的、既环保又节

能的方法就是采用闭式循环冲洗法,能够清除掉管内一切杂物

B. 闭式循环冲洗技术,适用于城市供热管网、供水管网和一切可用水冲洗管道的工业、民用管网

C. 薄壁不锈钢管道新型连接技术因具有机械密封式连接无套丝作业、无焊接施工、无粘接作业污染少、连接快速简便等特点,发展前景好

D. 薄壁不锈钢管道新型连接技术不可以应用于饮用水管道系统中

正确答案:D

21. 调试顾问在进行安装质量检查和监督施工单位调试时,可根据项目大小和合同内容来确定抽样检查比例或复测比例,一般不低于(　　)。

A. 10%　　B. 15%　　C. 20%　　D. 30%

正确答案:C

22. 导线连接器适用于额定电压交流电(　　)kV 及以下和直流电 1.5kV 及以下建筑电气细导线的连接。

A. 1kV　　B. 2kV　　C. 3kV　　D. 4kV

正确答案:A

23. 在超高层供电系统中,电缆在垂直敷设时,采用带有(　　)根钢丝绳、并配吊装圆盘的电缆。

A. 1　　B. 2　　C. 3　　D. 4

正确答案:C

24. 建筑机电系统全过程调试技术覆盖建筑机电系统的方案设计阶段、施工阶段和运行维护阶段,目前最常见的是业主聘请(　　)作为调试管理方。

A. 独立的第三方　　B. 业主

C. 设计方　　D. 总承包商或机电分包商

正确答案:A

25. 每(　　)至少对起重机进行一次安全技术检验。

A. 半年　　B. 1 年　　C. 2 年　　D. 2.5 年

正确答案:C

26. 起重机在厂房内吊运货物时应走指定通道。在没有障碍物的线路上运行时,吊物(吊具)底面应离地面(　　)m 以上。

A. 2　　B. 3　　C. 1　　D. 1.5

正确答案:A

27. 多台起重机同时起吊一个构件时，下列要求错误的是（　　）。

A. 多台起重机所受合力不应超过各台起重机单独操作的额定载荷

B. 双机抬吊时，单机载荷不得超过额定起重量的85%

C. 由专人统一指挥，一人发出作业指令

D. 起升过程中，应使作用在起重机械上力的方向和大小的变化保持最小

正确答案：B

28. 下面（　　）属于BIM技术在施工中的深入应用。

A. 管线综合　　B. 碰撞检测　　C. 进度、成本控制　　D. 工程量统计

正确答案：C

29. BIM应用中（　　）属于BIM技术方面的应用。

A. 工程量计算　　B. 预算管理　　C. 成本管理　　D. 进度管理

正确答案：D

30. 采用电弧焊接的时候，当风速达到（　　）时，需要做防护措施。

A. 4m/s　　B. 5m/s　　C. 8m/s　　D. 10m/s

正确答案：C

31. 电焊机至焊钳的连线多采用（　　）。

A. 双绞线　　B. 麻花线

C. 阻燃绝缘线　　D. 塑料绝缘铜芯软线

正确答案：C

二、简答题

1. 采用管线综合布置技术的目的是什么？

答：(1) 管线综合布置技术是在未施工前根据施工图纸进行图纸“预装配”；

(2) 经过“预装配”，施工单位可以直观地反映出设计图纸上的问题，尤其是发现在施工中各专业之间设备管线的位置冲突和标高重叠；

(3) 通过“预装配”过程，把各个专业未来施工中的交汇问题全部暴露出来并提前解决，为工程施工组织与管理打下良好基础；

(4) 根据模拟结果，结合原有设计图纸的规格和走向进行综合考虑后，再对施工图纸进行深化，从而达到实际施工图纸的深度；

(5) 施工中可以合理安排、调整各专业或各分包施工工序，有利于穿插施工。

2. 管线综合布置的技术特点有哪些？

答：(1) 快速完善施工详图设计和节点设计

应用“管线综合布置技术”可以使各专业的施工单位和人员提前审图并熟悉图纸。

(2) 控制各专业或各分包的施工工序

管线综合布置技术是在未施工前根据施工图纸进行图纸“预装配”，通过“预装配”过程，把各个专业未来施工中的交汇问题全部暴露出来并提前解决，为将来工程施工组织与管理打下良好基础。施工中可以合理安排、调整各专业或各分包的施工工序，有利于穿插施工。

(3) 预先核算、计算、合理选用综合支吊架

综合支吊架的最大优点就是不同专业的管线使用一个综合支架，从而减少支架的使用量，合理利用建筑物空间，同时降低了施工成本。

(4) 施工动态控制。

3. 薄钢板组合法兰矩形风管的概念是什么？

答：采用专用法兰成型机加工成薄钢板法兰条，并根据风管边长切割，组合成法兰状，再插入已做成的直风管上，经过铆(压)接后成为单节风管，或称为“法兰条风管”或“TDF法兰风管”。

4. 管道工厂化预制的技术内容包括哪些？

答：(1) 确定预制内容，完成图纸深化；

(2) 确定预制工艺，选定需用设备；

(3) 规划预制场地，布置预制设备；

(4) 确定操作工位，落实岗位人员；

(5) 实施预制工作，保证质量安全；

(6) 后续运输配送，现场装配安装。

5. 试比较薄壁不锈钢管道连接中卡压式连接与卡凸式螺母型连接的主要技术内容、特点与适用范围。

答：薄壁不锈钢管道卡压式连接是一种配管插入管件承口(承口U形槽内带有橡胶密封圈)后，用专用卡压工具压紧管口形成六角形而起密封和紧固作用的连接方式。特点：环保、安全、使用寿命长；节能降耗；质量可靠，可保证管道连接施工工序质量一次到位；操作简单快捷，安装费用低。适用范围：可以广泛应用于给水、热水、饮用水、排水、采暖等管道系统中。

薄壁不锈钢管道卡凸式螺母型连接主要技术内容：以专用扩管工具在薄壁不锈钢管端的适当位置，由内壁向外(径向)辊压使管子形成一道凸缘环，然后将带锥台形三元乙丙密封圈的管子插入带有承插口的管件中，拧紧锁紧螺母时，靠凸缘环推进压缩三元乙丙密封圈而起到密封作用。特点：省时、节约成本；无火源；凸缘环方便；锁紧螺母简单；材料环保，节约水资源；连接牢固；施工环境清洁；安装简单，能拆卸，便于维修。适用范围：广泛用于饮用纯净水、生活饮用水、冷水、热水、海水、燃气、消防、工业、医用气体等流体输送用的不锈钢管路。

6. 简述直立单桅杆(塔架)整体提升桥式起重机技术的特点。

答:(1) 不需要厂房建筑结构承载吊装负荷,安全可靠;

(2) 大多数操作在地面完成,减少了高空组装作业,更安全、高效,起重机的组对安装质量更好;

(3) 桅杆(塔架)可以重复多次使用,吊装工程成本低,经济合理;

(4) 操作性好,整个吊装过程易于控制,吊装工作安全可靠。

第3章　机电工程项目施工管理

近年来，随着科技的迅速发展，机电工程在各类工程建设中的重要性越来越明显，直接关系着整体工程项目的工期、质量、投资与预期效果。在整个项目建设中，机电工程项目贯穿始终，由于机电工程有其特殊性，因此机电工程项目管理和其他的项目管理有着巨大的差异，同时，由于差异的不确定性，给管理人员带来了较多的困难，造成整个建设工程受阻。所以，抓好机电工程的项目管理可以改善企业管理、增加企业效益、提高企业竞争力。本章主要介绍了机电工程的总承包管理、施工进度管理、施工质量管理、施工资料管理及工程商务管理等相关知识。

❖ 学习目标

(1) 了解机电工程总承包管理的组织体系、策划的内容方法及总承包管理的具体措施。

(2) 掌握机电工程施工进度管理的计划编制步骤和要求、计划实施的过程、检查及调整的具体方法。

(3) 掌握机电工程施工质量控制的依据与阶段，设计质量风险防控的主要内容，施工过程的作业质量控制，施工项目竣工质量验收的依据及标准，竣工验收备案的具体要求。

(4) 理解机电工程合同管理与成本管理的具体流程。

(5) 了解机电工程施工资料管理的基本原则，掌握施工资料管理的前期策划方法，施工资料分类、编号的方法及资料的整理归档。

❖ 学习要求

本章中的知识要点、相关知识、能力目标。

能力目标	知识要点	相关知识	权重	自测分数
了解机电工程总承包管理	总承包管理的组织体系、策划、具体措施	项目承包模式	0.1	
掌握机电工程施工进度管理	进度计划编制步骤、要求，计划实施过程、检查及调整方法	进度网络图	0.3	
掌握机电工程施工质量控制	质量控制的依据与阶段、设计质量风险防控、作业质量控制、竣工质量验收与竣工验收备案		0.3	
理解机电工程商务管理	合同管理、成本管理		0.2	
了解机电工程施工资料管理	施工资料管理策划、分类、编号及资料的整理归档		0.1	

3.1 机电工程总承包管理

3.1.1 机电工程总承包管理概述

工程总承包的项目管理,是目前国际通行的工程建设项目组织的实施方式。积极推行这种方式是提高工程建设管理水平,保证工程质量和投资效益的重要措施。工程总承包是业主项目管理中的一种组织实施方式,或者称为一种承发包模式。所谓工程总承包,是指从事工程总包的企业受业主委托,按照合同约定对工程项目的勘察、设计、采购、施工、试运行(竣工验收)等实施全过程或若干段的承包。目前,几种常见的工程总承包模式有:DBB(设计—招标—建造)模式、DB(设计—建造)模式、EPC/T(设计—采购—施工/交钥匙)模式、DBO(设计—施工—运营)模式、BOT(建造—运营—移交)模式。

机电工程总承包管理是总承包对合同约定的项目内容实施的项目管理活动。主要的项目管理内容应包括:任命项目经理,组建项目部,进行项目策划并编制项目计划;实施设计管理,采购管理,施工管理,试运行管理;进行项目范围管理,进度管理,费用管理,设备材料管理,资金管理,质量管理,安全、职业健康和环境管理,人力资源管理,风险管理,沟通与信息管理,合同管理,现场管理,项目收尾等。

近年来,工程建设结构性变化明显,一些"高、大、精、尖、特"的新建筑不断涌现;工程建设技术科技含量不断加大,对绿色、节能、智能、可持续等方面要求越来越高;工程建设的商务条件愈加严苛,对垫资、支付条件要求越发严格;业主新需求不断产生,公众对建筑产品的质量要求日益增高。建筑行业技术、经济、结构等方面的变革推动了工程项目管理水平的不断提高,可持续发展理念在机电工程项目管理中逐步形成共识,合作共赢、伙伴关系的项目管理文化理念在机电工程项目管理中逐渐产生,全面一体化管理理念日趋明显,机电工程项目管理的信息化已经成为必然趋势。

3.1.2 机电工程总承包管理组织

项目部行使管理职能,并实行项目经理负责制,实行自项目启动至项目收尾为止的全过程全面的责任管理。

项目部的组织管理体系包括项目直接管理和服务支持两个子系统。直接管理系统是指项目管理体系中直接负责项目实施与完成的组织机构;服务支持系统是指项目管理体系中为保证项目的完成,在项目组织、人力资源配备、行政与后勤等方面提供服务与支持的组织机构。

项目部的组织形式应根据机电总承包项目的规模、组成、专业特点与复杂程度、人员状况、地域条件以及企业规定等来确定,一般在项目经理以下可以设置项目总工、生产经理、商务经理、财务经理、各专业工程师、质量工程师、造价工程师、安全工程师、深化设计师、设备材料工程师、信息管理工程师、劳务管理、行政与后勤等管理岗位。

项目经理是由企业法定代表人书面任命委托，主持施工项目管理机构工作，负责履行建设工程施工合同和企业目标，并承担施工项目质量和安全的第一责任人。其职责包括：(1)组建、管理施工项目管理机构，依据企业规定组织制定施工项目管理机构人员的岗位职责。(2)执行企业各项规章制度，并组织建立和实施施工现场项目管理制度。(3)组织项目团队人员进行施工合同交底和项目管理目标责任书分析解读。(4)在授权范围内，组织编制和落实施工组织设计、项目管理实施规划、安全文明和环境保护措施、质量安全技术措施和施工方案。(5)在授权范围内进行任务分解和利益分配，科学组织项目资源，并对施工机具、设备、材料、构配件等资源的质量和安全使用进行动态监控。(6)建立健全协调工作机制，主持工程例会，协调解决工程施工问题。(7)依据企业规定和施工合同选择专业工程分包，组织审核分包工程款支付申请，签收建设单位工程款支付证书。(8)组织与建设单位、分包单位、供应单位之间的结算工作，在授权范围内签署结算文件。(9)组织管理工程资料，规范工程档案文件，准备工程结算和竣工资料，参与工程竣工验收。(10)组织进行工程保修工作和项目管理工作总结。

3.1.3　机电工程总承包管理策划

项目管理策划属于项目初级阶段的工作，管理策划是一个综合性的、完整的、全面的、总体的计划，是根据会碰到的问题，提出实现目标、解决问题的有效方案、方针、措施和手段的过程。项目策划又是基于项目实际的考虑、想象和谋划，进而确定、决定和安排实现项目目标所需要的各种活动和工作成果，是机电总承包管理过程的一个重要环节。

策划内容包括：(1)明确项目目标，包括技术、质量、安全、费用、进度、职业健康、环境保护等目标；(2)确定项目的管理模式、组织结构和职责分工；(3)制定技术、质量、安全、费用、进度、职业健康、环境保护等方面的管理程序和控制指标；(4)深化设计过程的管理；(5)制订资源(人、财、物、技术和信息等)的配置计划；(6)制定项目沟通的程序和规定；(7)制订风险管理计划；(8)制订分包管理计划。

策划编制要求：项目管理策划的编制应由项目经理负责，由项目部主要管理班子成员参加，可邀请主要分包单位参加，策划的内容应是动态的，应随着项目实际情况的变化而进行调整，总体的策划应符合以下要求：(1)符合招标文件、合同条件以及发包人(包括监理)对工程的要求；(2)具有科学性和可执行性，能符合工程实际，符合工程建设的自身规律，充分反应相关施工方的特长、能力；(3)符合国家现行的法律、法规，国家和地方的规范、规程以及设计图纸；(4)符合现代项目管理理论，采用新的管理方法、手段和工具等，如BIM技术。

3.1.4　机电工程总承包管理措施

(1) 工程项目进度管理

项目进度管理的目的是为了实现进度目标，进度控制的依据是进度计划。机电工程总承包进度管理应编制若干进度计划，进度计划应成系统、相互关联和制约，而且计划之间相互协调，主要包括：总体和部分之间的协调；控制性计划和实施性计划的协调；长期计划和短期计划的协调；各阶段之间计划的协调；工程计划和供应计划的协调；各相关方之间的计划协调。

(2) 工程项目质量管理

工程项目质量管理是机电工程总承包管理的一项重要内容，质量管理应坚持“计划、组织、协调和控制”等活动要求，坚持“质量第一”的方针，通过质量管理策划、分解质量管理目标、强化过程管理，最终实现质量目标，使各方满意。

(3) 工程项目安全管理

建筑施工企业必须坚持“安全第一、预防为主”的安全生产方针，安全生产是整个施工过程中管理工作的关键环节，项目安全控制的目的是消除或控制施工现场内发生安全事故的条件和因素，避免或减少人员伤亡和财产损失，机电总承包方应承担安全管理责任。机电总承包方应建立完善各专业承包商的安全管理体系，作出安全管理策划，项目部应定期开展安全教育和培训，抓好组织实施、过程监控及安全检查，对项目施工安全管理中存在的安全问题或隐患，应提出解决措施，同时，应坚持绿色施工理念，在保证质量、安全等基本条件的前提下，最大限度地节约资源并减少对环境的负面影响。

(4) 深化设计管理

深化设计是指将设计单位所绘制的施工蓝图与施工现场相对应起来，发现并解决施工图中出现的问题，并使图纸满足施工现场条件，替代设计单位的施工图纸来指导现场施工而进行再设计的工作。深化设计也是综合设计，是机电工程总承包管理的一项关键环节，也是体现机电总承包管理水平的一项重要指标，深化设计质量直接影响工程最终的整体质量。

如今，BIM 技术已经广泛运用于机电专业的深化设计中。BIM 技术已经从利用 BIM 的三维模型直观检查管线的碰撞和位置的冲突，发现安装工程“错、缺、漏、碰”现象的发生，发展到建筑产品设计、项目发包、建设实施、验收交付全生命周期过程。

机电总承包应充分利用 BIM 技术进行总包管理，实现设计成果三维可视、施工方案模拟、实施过程监控，将管理工作前置，优化管理方案，降低管理风险，提升管理效率，实现项目管理协调同步，以及使系统走向精细化。

(5) 物资管理

主要设备物资的管理直接涉及工程工期的进展，技术的接口确认对机电系统的工程产生非常大的影响，水泵、机组、冷却塔、配电箱柜直接影响设备基础的施工、机房管线的综合深化布置，机电工程总承包项目经理部应重视物资设备的管理，确保施工生产平稳有序地开展。

(6) 项目参与各方沟通协调管理

机电总承包方如何协调好与业主、监理、设计单位、总承包单位、机电分包单位、设备材料供应单位、政府专项主管部门的关系是非常关键的，项目协调管理工作见图 3.1。

(7) 工程项目风险管理

由于机电工程日趋发展的特点，机电总承包项目经理部应建立风险管理组织体系，识别、分析、控制风险。风险管理是对项目风险进行识别、分析和应对的过程，最终目的是为了实现项目的总目标。风险管理的基础在于掌握有关资料、数据，其核心是用系统的、动态的方法进行风险控制，最大限度地减少项目实施过程的不确定性。

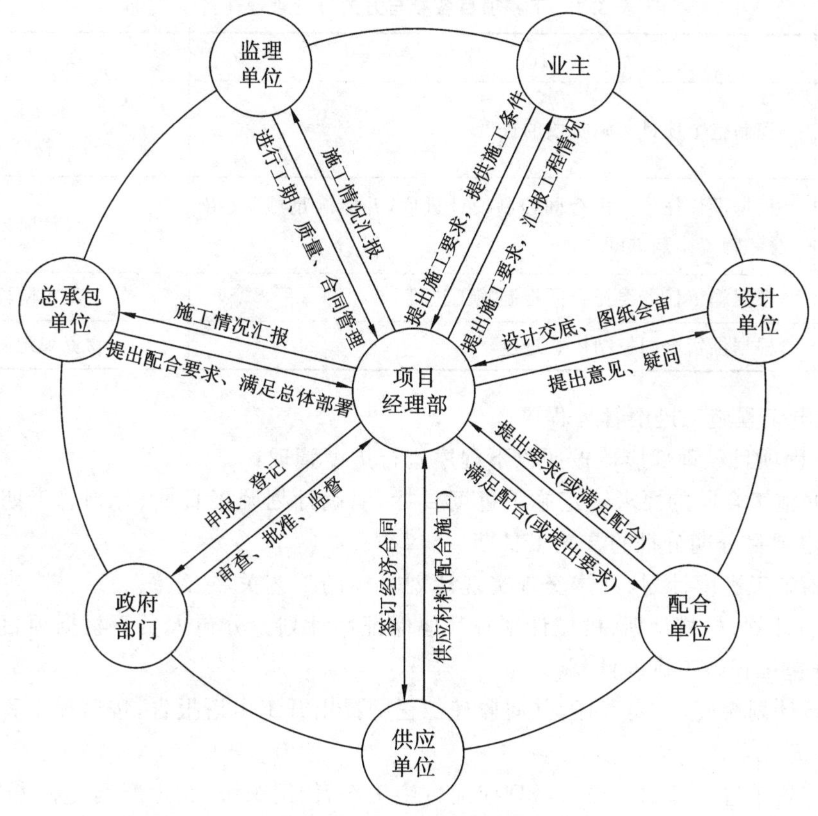

图 3.1　项目协调管理工作环形图

3.2　机电工程施工进度管理

3.2.1　机电工程施工进度管理概述

机电工程施工进度管理是指对机电安装项目各阶段的工作内容、工作程序、持续时间和衔接关系进行管理，根据进度总目标和资源优化配置的原则编制计划，将该计划付诸实施，并在实施过程中经常检查实际进度是否按计划进行，对出现的偏差及时找出原因，采取补救措施或调整、修改原计划，直到项目竣工交付使用。

(1) 施工进度管理目的和任务

机电工程施工进度管理是保证工程项目按期完成，其目的是通过控制以实现工程的进度目标，通过进度计划控制，可以有效地保证进度计划的落实与执行，减少各单位和部门之间的相互干扰，确保施工项目工期目标以及质量、成本目标的实现；同时也为可能出现的施工索赔提供依据。

工程项目各参与方都有各自的进度管理任务，但都应该围绕总目标去展开。机电安装工程项目各参与方的进度管理任务见表 3.1。

表 3.1　工程项目各参与方的进度管理任务

参与方	任　　务	涉及时段
投资方	控制整个项目实施阶段的进度	设计准备阶段、设计阶段、施工阶段、物资采购阶段
设计方	根据设计任务委托合同控制设计进度，并能满足施工、招投标、物资采购进度	设计阶段
施工方	根据施工任务委托合同控制施工进度	施工阶段
供货方	根据供货合同控制供货进度	物资采购阶段

(2) 机电工程施工进度管理程序

机电工程项目经理部应该按照以下程序进行进度管理：

① 根据施工合同的要求确定施工进度目标，明确计划开工日期、计划总工期和计划竣工日期，确定项目分期分批的开竣工日期。

② 编制施工进度计划，具体安排实现计划目标的工艺关系、组织关系、搭接关系、起止时间、劳动力计划、材料计划、机械计划及其他保证性计划。分包人负责根据项目施工进度计划编制分包工程施工进度计划。

③ 进行计划交底，落实责任，并向监理工程师提出开工申请报告，按监理工程师开工令确定的日期开工。

④ 实施施工进度计划。项目经理应通过施工部署、组织协调、生产调度和指挥、改善施工程序和方法的决策等，应用技术、经济和管理手段实现有效的进度管理。

⑤ 全部任务完成后，进行进度管理总结并编写进度质量管理报告。

项目进度管理方法主要是规划、控制和协调。规划是指确定施工项目总进度控制目标和分进度控制目标，并编制其进度计划。控制是指在施工项目实施的全过程中，比较施工实际进度与施工计划进度，若出现偏差应及时采取措施调整。协调是指协调与施工进度有关的单位、部门和工作队组之间的进度关系。

(3) 机电工程项目进度管理主要方法与措施

机电工程项目进度管理方法主要是规划、控制和协调。其项目进度管理采取的主要措施有：组织措施、技术措施、合同措施和经济措施，见表 3.2。

表 3.2　机电工程项目进度管理措施

类别	内　　容
组织措施	建立施工项目进度实施和控制的组织架构，建立进度控制工作制度，如检查时间、方法，召开协调会议时间、人员等。落实各层次进度控制人员、具体任务和工作职责，确定施工项目进度目标，建立施工项目进度控制目标体系
技术措施	尽可能采用先进施工技术、方法和新材料、新工艺、新技术，落实施工方案，保证进度目标实现。在发生问题时，能适时调整工作之间的逻辑关系，加快施工进度

续表 3.2

类别	内 容
合同措施	以合同形式保证工期进度的实现,即保持总进度控制目标与合同总工期相一致,分包合同的工期与总包合同的工期相一致,供货、供电、运输、构件加工等合同规定的提供服务时间与有关的进度控制目标一致
经济措施	落实实现进度目标的保证资金,签订并实施关于工期和进度的经济承包责任制,建立并实施关于工期和进度的奖惩制度

3.2.2 机电工程施工进度计划编制

施工进度计划是施工组织设计的重要内容,是进度控制的直接依据,也是安排各类资源计划的主要依据和控制性文件。施工进度计划应包括项目总进度计划和单位工程项目进度计划。项目总进度计划还需要进一步按时间段细化,编制年、季、月、旬(或周)的作业计划。特别是要通过编制和实施月、旬(或周)的作业计划来保证施工总进度计划目标的实现。

3.2.2.1 施工进度计划分类及编制要求

机电工程施工进度计划的类型较多,可根据工程实际情况选用合适的类型,使之有利于施工进度控制。机电工程施工进度计划分类及编制要求见表 3.3、表 3.4。

表 3.3 机电工程施工进度计划的分类

序号	分 类	计划类别
1	按工程项目分类	(1)工程项目施工总进度计划 (2)单位工程施工进度计划 (3)分部分项工程施工进度计划
2	按施工时间分类	(1)年度施工进度计划 (2)季度施工进度计划 (3)月施工进度计划 (4)旬或周施工进度计划
3	按机电工程专业分类	(1)通风空调施工进度计划 (2)管道施工进度计划 (3)电气施工进度计划 (4)设备安装过程施工进度计划
4	按计划表示方法分类	(1)横道图施工进度计划 (2)网络图施工进度计划 (3)速度图施工进度计划 (4)线性图施工进度计划

表 3.4 机电工程施工进度计划编制要求

名称	编制依据	编制内容	编制步骤	编制形式
施工总进度计划	(1)施工合同 (2)施工总进度目标 (3)工期定额和技术经济资料 (4)施工部署与主要工程施工方案	(1)编制说明 (2)施工总进度计划图(表) (3)分期分批施工工程的开工日期、完工日期及工期一览表 (4)资源需要量及供应平衡表	(1)收集编制依据 (2)确定进度控制目标 (3)计算工程量 (4)确定各单体工程的工期和开竣工日期 (5)安排各单体工程的搭接关系 (6)编写施工进度计划说明书	网络图
单体工程施工进度计划	(1)项目管理目标责任书 (2)施工总进度计划 (3)施工方案 (4)主要材料和设备的供应能力 (5)施工人员的技术素质及劳动效率 (6)施工现场、气候条件、环境条件 (7)已建成的同类工程实际进度及经济指标	(1)编制说明 (2)进度计划图 (3)单体工程进度计划的风险分析及控制措施	(1)划分施工工序 (2)确定工序的作业工时和人数 (3)编写施工进度计划 (4)进度计划的检查与调整 (5)编写施工进度计划说明书	网络图或横道图

3.2.2.2 机电工程总进度计划的编制步骤

(1) 确定工程项目施工顺序，列出工程项目明细表。

(2) 计算工程量，确定各项工程的持续时间。

(3) 确定各项工程的开、竣工时间和相互搭接协调关系。

(4) 安排施工进度，编制进度计划图表。

(5) 施工项目总进度计划的调整和修正。

(6) 总进度计划的审议。

(7) 经内外征求意见后，修改完善总进度计划，使总进度计划定案。

3.2.2.3 机电工程施工进度计划编制方法

机电工程施工进度表示方法有横道图、网络图、文字说明、流水作业图表等。常用的有横道图和网络图表示方法。

(1) 横道图进度计划法是传统的进度计划方法，横道图计划表中的进度线(横道)与时间坐标相对应，这种表达方式较直观，易看懂计划编制的意图。

(2) 使用网络图更有利于明确各工序之间的逻辑关系和判断主要矛盾。网络图包括双代号网络图、单代号网络图、双代号时标网络图和单代号搭接网络图等多种类型和总体网络、局部网络、专业网络等多个层次，可根据具体情况选用。编制网络图应符合《网络计划技术　第 1 部分：常用术语》GB/T 13400.1、《网络计划技术　第 2 部分：网络图画法的一般规定》GB/T 13400.2、《网络计划技术　第 3 部分：在项目管理中应用的一般程序》GB/T 13400.3 和《工程网络计划技术规程》JGJ/T 121 的规定。

3.2.2.4　机电工程施工进度计划编制的注意要点

(1) 确定工程项目施工顺序，要突出主要工程和工作，要满足先地下后地上、先深后浅、先干线后支线等施工基本顺序要求，满足质量和安全的需要，满足用户要求，注意生产辅助装置和配套工程的安排。

(2) 在确定各项工程的开(竣)工时间和相互搭接协调关系时，应考虑以下因素：

① 保证重点、兼顾一般，分清主次，抓住重点，优先安排工程量大的工艺生产主线。

② 满足连续均衡施工要求，使资源得到充分的利用，提高生产率和经济效益。

③ 留出一些后备工程，以便在施工过程中作为平衡调剂使用。

④ 全面考虑各种不利条件的限制和影响，为缓解或消除不利影响做准备。

⑤ 业主的配合，当地政府有关部门的支持等。

(3) 单位工程进度计划是编制该工程施工作业进度计划的依据。

(4) 单位工程进度计划编制确定后，是人力、物资需要量计划编制的依据，也确定了大型施工机械进场的时间，同时对施工安全技术措施计划、质量检验计划的编制起着引导作用。

(5) 单位工程进度计划表达的内容包括施工准备、全面施工、试运行、交工验收等各个阶段的全部工作。

3.2.3　机电工程施工进度计划实施

施工进度计划的实施指的是按进度计划的要求组织人力、物力和财力进行施工。在进度计划实施过程中，应进行下列工作：跟踪检查，收集实际进度数据；将实际数据与进度计划对比；分析计划执行的情况；对产生的进度变化采取措施予以纠正或调整计划；检查措施的落实情况；进度计划的变更必须与有关单位和部门及时沟通。

机电工程进度计划的实施就是利用项目进度计划指导施工活动，落实和完成计划。项目进度计划逐步实施的进程就是项目逐步完成的过程。

(1) 做好施工进度计划执行准备工作

要保证施工进度计划的落实，首先必须做好准备工作，估计和预测执行中可能出现的问题，做好进度计划执行的准备工作是施工进度计划顺利执行的保证。

(2) 签发施工任务书

编制好月或旬作业计划之后，签发施工任务书使其进一步落实。施工任务书是向班组下达任务、实行责任承包全面管理的综合性文件，它是计划和实施的纽带。施工任务书包括施工任务单、限额领料单、考勤表等。其中，施工任务单包括分项工程施工任务、工程量、劳动量、开工及完工日期，工艺、质量和安全要求等内容。限额领料单根据施工任务单编制，它是控制班组领用料的依据，主要列明材料名称、规格、型号、单位和数量以及退(领)料记录等。

(3) 做好施工进度记录

在计划任务完成的过程中,各级施工进度计划的执行者都要跟踪做好施工记录,实事求是地记载每项计划的开始日期、工作进度和完成日期,并填好有关图表,为施工项目进度检查分析提供信息。

(4) 做好施工中的协调工作

施工调度是指在施工过程中不断组织新的平衡,建立和维护正常的施工条件及施工程序所做的工作。它的主要任务是督促、检查工程项目计划和工程合同执行情况,调度物资、设备、劳动力,解决施工现场出现的矛盾,协调内外部的配合关系,促进和确保各项计划指标的落实。

3.2.4 机电工程施工进度计划的检查与调整

施工进度计划的检查应按统计周期的规定定期进行,并应根据需要进行不定期的检查。施工进度计划检查后应编制进度报告。施工进度计划的调整应包括:工程量的调整;工作(工序)起止时间的调整;工作关系的调整;资源提供条件的调整;必要的目标的调整。

3.2.4.1 机电工程施工进度计划的检查

为了能够经常掌握机电安装工程项目的进度情况,在进度计划执行一段时间后就要检查实际进度是否按照计划进度顺利进行。进度控制人员应经常地、定期地跟踪检查施工实际进度,跟踪检查的主要工作是定期收集反映实际过程进度的有关数据。收集的方式有两种:报表的方式和现场实地检查。进度控制的效果与收集信息资料的时间间隔有关,不经常、定期地收集报表资料,就很难达到进度控制的效果。此外,进度检查的时间间隔还与工程项目类型、规模、监理对象的范围大小、现场条件等多方面因素有关,可视工程进度的实际情况,每月、每半个月或每周检查一次。在某些特殊情况下,甚至可能进行每日进度检查。

进度控制人员应将收集到的工程项目实际进度数据进行必要的整理,按计划控制的工作项目进行统计,形成与计划进度具有可比性的数据、相同的量纲和形象进度。一般可以按实物工程量、工作量和劳动消耗量以及累计百分比整理和统计实际检查的数据,以便与相应的计划完成量相对比。

对比实际进度与计划进度,主要是将实际的数据与计划的数据进行比较,如将实际的完成量、实际完成的百分比分别与计划的完成量、计划完成的百分比进行比较。通常可利用表格形成各种进度比较报表或直接绘制比较图形,直观地反映实际与计划的差距。通过比较,了解实际进度比计划进度拖后、超前,还是与计划进度一致。

项目进度检查的结果,按照检查报告制度的规定形成进度控制报告,向有关主管人员和部门汇报。进度控制报告是把检查比较的结果、有关施工进度形状和发展趋势,提供给项目经理及各级业务职能负责人的最简单的书面形式报告。

机电安装工程项目进度控制报告的基本内容应包括对施工进度执行情况的综合描述:检查期间的起止时间、当地气象及晴雨天数统计、计划目标及实际进度、检查期间内施工现场主要大事记;项目实施、管理、进度概况的总说明;施工进度、形象进度及简要说明;施工图纸提供进度;材料、物资、构配件供应进度;劳务记录及预测;日计划;对建设单位和施工者的过程变更指令、价格调整、索赔及工程款收支情况；停水、停电、事故发生及处理情况；实际进度与计划目标相比较的偏差状况及其原因分析；解决问题措施；计划调整意见等。

3.2.4.2　机电工程施工进度计划的调整

机电工程施工进度计划的调整应依据施工项目进度的检查结果，在进度计划执行发生偏离的时候，调整施工内容、工程量、起止时间、资源供应，或局部改变施工顺序，重新确认作业过程、相互协作方式等工作关系，充分利用施工的时间和空间进行合理交叉衔接，并编制调整后的项目进度计划，以保证项目总目标的实现。

工程进度计划调整方法主要有：

(1) 缩短某些工作的持续时间

这种方法不改变工作之间的逻辑关系，通过缩短某些工作的持续时间，使施工进度加快，并保证计划工期的实现。这些被压缩持续时间的工作是位于由于实际施工进度的拖延而引起总工期增长的关键线路和某些非关键线路上的工作，同时，这些工作又是可压缩持续时间的工作。这种方法实际上就是网络计划优化中的工期优化方法和工期与费用优化的方法。具体做法：

① 研究后续各工作持续时间压缩的可能性及其极限工作持续时间。

② 确定由于计划调整和采取必要措施而引起的各工作的费用变化率。

③ 选择直接引起拖延工期的工作及紧后工作优先压缩，以免其影响扩大。

④ 选择费用变化率最小的工作优先压缩，以求花费最小的代价来满足既定工期要求。

⑤ 综合考虑③、④，确定新的调整计划。

(2) 改变某些工作间的逻辑关系

当工程项目实施中产生的进度偏差影响到总工期，且有关工作的逻辑关系允许改变时，可以改变关键线路和超过计划工期的非关键线路上的有关工作之间的逻辑关系，达到缩短工期的目的。

(3) 资源供应的调整

对于因资源供应发生变化而引起进度计划执行问题，应采用资源优化方法对计划进行调整，或采取应急措施，使其对工期影响最小。

(4) 增减施工内容

增减施工内容应做到不打乱原计划的逻辑关系，只对局部逻辑关系进行调整。在增减施工内容以后，应重新计算时间参数，分析对原网络计划的影响。当对工期有影响时，应进行调整，保证计划工期不变。

(5) 增减工程量

增减工程量主要是指改变施工方案、施工方法，使工程量增加或减少。

(6) 起止时间的改变

起止时间的改变是在相应的工作时差范围内进行，如延长或缩短工作的持续时间，或将工作在最早开始时间和最迟完成时间范围内移动。每次调整必须重新计算时间参数，观察该项调整对整个施工计划的影响。

3.3 机电工程施工质量管理

3.3.1 机电工程施工质量管理概述

施工质量是建设工程项目管理的控制目标之一，而机电安装工程作为整个建筑工程的组成部分，按照《建筑工程施工质量验收统一标准》(GB 50300—2013)的规定，一般分为建筑给排水及采暖、建筑电气、智能建筑、通风与空调、电梯五个分部工程。

机电工程施工质量控制需要系统、有效地应用质量管理和质量控制的基本原理和方法，建立和运行机电安装工程项目的质量控制体系，落实项目各责任方的质量责任，通过实施各个环节质量控制的职能活动，有效预防和处理质量问题的发生，顺利实现项目的质量目标。

机电工程施工质量控制主要是指施工单位的施工质量控制，包括机电总承包、机电分包(包括专业分包、劳务分包)的施工质量控制。因此，从机电安装工程项目管理的角度，应全面了解施工质量控制的内涵，掌握施工质量控制的目标、依据和基本环节；在分项工程施工之前识别并制定防控工程项目设计质量风险的有效措施，充分协调机电安装工程施工质量与设计质量的关系，采用先进的数理统计方法不断提升工程施工质量，从而建设出“过程精品”以减少质量返工、返修造成的成本损失；了解机电安装工程的专项质量验收、竣工质量验收与竣工验收备案等相关要求是十分必要的。

3.3.2 机电工程施工质量控制的依据与阶段

3.3.2.1 控制依据

机电工程施工质量控制的主要依据分为共同依据和专门技术法规性依据。共同依据是指适用于施工阶段且与质量管理有关的、通用的、具有普遍指导意义和必须遵守的基本条件。主要包括：工程建设合同(涉及机电专业的范围)、设计文件、设计交底及图纸会审记录、设计修改和技术变更、国家和政府部门颁布的与质量管理有关的法律和法规性文件(如《建筑法》《建设工程质量管理条例》)等。专门技术法规性依据是指针对机电安装工程不同专业、不同质量控制对象制定的专门技术法规文件，包括规范、规程、标准、规定等，如工程建设项目质量检验评定标准，有关建筑材料、半成品和构配件的质量方面的专门的技术法规性文件，有关材料验收、包装和标识等方面的技术标准和规定，施工工艺质量等方面的技术法规性文件，有关新工艺、新技术、新材料、新设备的质量规定和鉴定意见等。

3.3.2.2 控制阶段

机电工程施工质量控制应贯彻全面、全过程质量管理与控制的思想，运用动态控制原理，分为质量的事前控制、事中控制和事后控制三个阶段。

(1) 事前质量预控阶段

即在正式施工前进行的事前主动质量控制，通过编制施工质量计划，明确质量目标，制定施工方案，设置质量管理点，落实质量责任，分析可能导致质量目标偏离的各种因素，针对这些影响因素制定有效的预防措施，防患于未然。事前质量预控必须充分发挥组织的技术和管理方面的整体优势，把长期形成的先进技术、管理方法和经验智慧，创造性地应用于项目的机电专业中。事前质量预控要求针对质量控制对象的控制目标、活动条件、影响因素进行周密分析，找出薄弱环节，制定有效的控制措施和对策。

(2) 事中质量控制阶段

是指在施工过程质量的形成过程中，对影响施工质量的各种因素进行全面的动态控制。事中质量控制也称为作业活动过程质量控制，包括质量活动主体的自我控制和他人监控的控制方式。自我控制是第一位的，即作业者在作业过程中对自己质量活动行为的约束和技术能力的发挥，以完成符合预定质量目标的作业任务；他人监控是指作业者的质量活动过程和结果，接受来自企业内部管理者和企业外部有关方面的检查和检验，如工程监理机构、政府质量监督机构等的监控。

(3) 事后质量控制阶段

事后质量控制也称为事后质量把关，避免不合格的工序或最终产品（包括单位工程或整个项目机电各专业）流入下道工序、不进入市场。事后控制包括对质量活动结果的评价、认定；对工序质量偏差的纠正；对不合格产品进行整理和处理。控制的重点是发现施工质量方面的缺陷，并通过分析提出施工质量改进的措施，保证质量处于受控状态。

以上三大环节不是互相鼓励和截然分开的，它们共同构成有机的系统过程，实质上就是质量管理 PDCA 循环的具体化，在每一次滚动循环中不断提高，达到质量管理和质量控制的持续改进。

3.3.3　设计质量风险的防控

建设工程项目机电专业施工应按照工程设计图纸（施工图）进行，施工质量离不开设计质量，优良的施工质量要靠优良的设计质量和周到的设计现场服务来保证。

要保证施工质量，首先要控制设计质量。项目设计质量的控制主要是从满足项目建设需求入手，包括国家的法律法规、强制性标准和合同规定的明确要求以及潜在的需求，以安全可靠和使用功能为核心，进行下列设计质量的综合控制。在不同施工阶段的设计质量控制下，特别是即将把设计图纸变成实物之前，均应对不同分部分项工程的设计质量进行审查，以控制设计风险带来的返工、返修、成本损失、工期损失等，审查无误后再进行施工。不同施工阶段审查的设计质量风险包括以下主要内容：

3.3.3.1　项目功能性质量控制

应贯穿于各个分项工程的整个阶段，特别是设计的参数能否在施工中顺利实施并得以体现是非常重要的。功能性质量控制的目的，是保证建设工程项目使用功能的符合性，其内容主要包括项目内部的平面空间组织、生产工艺流程组织，如满足使用功能的通风、保暖、给水、排水等物理指标和节能、低碳、环保、防火等方面的符合性要求。

3.3.3.2　项目可靠性质量控制

主要是指建设项目建成后，在规定的使用年限和正常的使用条件下，保证使用安全和建筑物以及建筑物内机电专业的管线和设备等系统性能稳定、可靠。

3.3.3.3　项目观感质量控制

对于建设工程项目机电专业而言，应与建筑物的总体风格、装修格局、内部空间环境等适宜、协调,富有文化内涵。

3.3.3.4 项目经济性质量控制

建设工程项目设计经济性质量是指不同设计方案的选择对投资的影响。设计经济性质量控制的目的在于强调设计过程的多方案比较,通过兼职工程、优化设计,不断提高建设工程项目的性价比,在满足项目投资要求的条件下,做到物有所值、防止浪费。

3.3.3.5 项目施工可行性质量控制

任何设计意图都要通过施工来实现,设计意图不能脱离现实的施工技术水平和装备水平;否则,再好的设计意图也无法实现。设计一定要充分考虑施工的可行性,并尽量做到便于施工,这样,施工才能顺利进行,才能保证施工质量。

从项目施工质量控制的角度来讲,建设工程的三个责任主体(设计单位除外)都要注意施工与设计的相互协调,其协调工作主要包括以下几个方面:

(1) 设计联络

设计联络的主要任务如下:

① 了解设计意图、设计内容和特殊技术要求,分析其中施工的重点和难点,以便有针对性地编织施工组织设计,及早做好施工准备;若以现有的施工技术和装备水平实施设计有困难时,要及时提出意见,协商修改设计或通过探讨技术攻关、提高技术和装备水平来增大实施的可能性,同时向设计单位推荐先进的施工新技术、新工艺和工法,争取通过适当的设计,使这些新技术、新工艺和工法在施工中得到应用。

② 了解设计进度,根据项目进度控制总目标、施工工艺顺序和施工进度安排,提出设计出图的时间和顺序要求,对设计和施工进度进行协调,使施工得以连续进行。

③ 从施工质量控制的角度,提出合理化建议,优化设计,为保证和提高施工质量创造更好的条件。

(2) 设计交底和图纸会审

建设单位应组织设计交底活动,使得施工单位充分了解设计意图,了解设计内容和技术要求,明确质量控制的重点和难点;同时,认真进行图纸会审,深入发现和解决各专业设计之间可能存在的矛盾,尽早消除施工图中的差错。

(3) 设计现场服务和技术审核

建设单位应要求设计单位派出得力的设计人员进驻现场进行设计服务,以及时解决施工中发现和提出的与设计有关的问题,并做好相关设计的核定工作。

(4) 设计变更

在施工期间需要局部设计变更的内容,必须按照规定的程序,经设计单位审核认可并签发《设计变更通知书》后,再由监理工程师下达变更指令。

3.3.4 机电工程施工过程的作业质量控制

机电安装工程施工过程的作业质量控制属于工程项目质量实际形成过程中的事中质量控制。

建设工程项目机电专业的施工是由一系列相互关联、相互制约的作业过程(也可称之为工序)构成。因此,施工质量控制必须对全部作业过程,即各道工序的作业质量进行控制。从项目管理的立场看,工序作业质量的控制,首先是质量生产者即作业者的自控,在施工生产要素合格的条件下,作业者能力及其发挥的程度是决定作业质量的关键。其次是来自作业者外部的各种作业质量检查、验收和对质量的监督,也是不可缺少的设防和把关的质量控制措施。

机电安装工程工序施工质量控制主要包括:工序施工条件质量控制和工序施工效果质量控制。机电安装工程工序施工条件是指从事工序活动的各生产要素质量及生产环境条件。工序施工条件质量控制就是控制工序活动的各种投入要素和环境条件质量。控制的方法主要有:检查、测试、试验、跟踪监督等。控制的依据主要是:设计质量标准、材料质量标准、机械设备技术性能标准、施工工艺标准以及操作规程等。工序施工效果质量控制主要反映工序产品的质量特征和特性指标。对工序效果的质量控制就是控制工序产品的质量特征和特性指标能否达到设计质量标准以及施工质量验收标准的规定。工序施工效果质量控制属于事后质量控制,其控制的主要途径是:实测获取数据、统计分析所获取的数据、判断认定质量等级和纠正质量偏差。

3.3.5　竣工质量验收与竣工验收备案

施工项目竣工质量验收是施工质量控制的最后一个环节,是对施工过程质量控制成果的全面检验,是从终端把关方面进行质量控制。未经过验收或验收不合格的工程不得交付使用。机电安装工程通常涉及使用功能与使用安全方面的验收,是各单位工程竣工质量验收的有机组成部分。

3.3.5.1　工程项目竣工质量验收的依据

(1) 国际相关法律法规和建设行政主管部门颁布的管理条例和办法;

(2) 工程质量验收统一标准;

(3) 专业工程施工质量验收规范;

(4) 批准的设计文件、施工图纸及说明书;

(5) 工程承包合同;

(6) 其他相关文件。

3.3.5.2　竣工质量验收标准

单位工程是竣工质量验收的基本对象。按照《建筑工程施工质量验收统一标准》(GB 50300—2013)的要求,建设项目单位(子单位)工程质量验收结果应符合下列规定:

(1) 单位(子单位)工程所含分部(子分部)工程质量验收均应合格;

(2) 质量控制资料完整;

(3) 主要功能项目的抽查结果应符合相应专业质量验收规范的规定;

(4) 观感质量验收应符合规定。

3.3.5.3　竣工验收备案

我国实行竣工验收备案制度。新建、扩建和改建的各类房屋建筑工程和市政基础设施工程的竣工验收,均应按照《建设工程质量管理条例》的规定进行备案。

建设单位应当自建设工程竣工验收合格之日起 15 日内,将建设工程竣工验收报告、规划验收以及公安消防、环保等部门出具的认可文件或准许使用文件,报建设行政主管部门或相关部门备案。

备案部门在收到备案文件资料后的 15 日内,对文件进行审查。对符合要求的工程,在验收备案表上加盖"竣工验收备案专用章",并将一份退建设单位存档。如审查中发现建设单位在竣工验收过程中有违反有关建设工程质量管理规定的行为,责令停止使用,并重新组织竣工验收。

3.4 机电工程商务管理

3.4.1 机电工程商务管理的概述

机电工程商务管理,是通过发挥公司和项目管理人员的能动性和创造性,化解项目经济风险,降低项目制造成本,提高企业经济效益及竞争能力的工作。其内涵是项目施工的所有经济活动的概括,包括合同、预算、签证、洽商、变更、资金、劳务、材料、结算等工作,都是商务管理的管辖范围。

商务管理主要包含两个方面的工作。

(1) 合同管理

通过加强项目实施过程中的合同管理、进度确权、设计变更、现场签证、索赔及反索赔、计量结算等工作,实现工程最终结算收入的增加。

建筑施工企业的日常工作即取得合同、履行合同、完成合同的全过程。建筑施工企业的合同管理贯穿从合同签订前对招标文件分析、工程预算、投标报价、合同文本审查、合同策划、合同谈判和合同签订,到合同签订后建立合同履约保证体系、对合同履约情况进行跟踪、对比分析、诊断、合同变更、索赔和反索赔、竣工结算等过程。

需要强调的是,建筑企业施工合同不仅指签订的施工合同文本,还包括在招标、投标、履约、竣工、验收、结算、质保等项目全周期的,由发包人、承包人、设计、监理等各方发出的,并取得发包人(或监理人)、承包人认可的全部经济、技术资料(如招标文件、疑问函、澄清文件、变更文件、施工组织设计、施工方案、交底文件、照片、影像、收发文记录等)。

(2) 成本管理

加强项目施工过程管理、加强商务技术的协作、优化施工方案、加强成本管控,实现项目支出的减少。

商务管理的核心是以施工合同为载体,以签约把关、履约监控为基础工作和基本目标,以合同风险防控、合同效益提升为核心价值,风险与效益兼顾、商务与法务融合的复合型管理工作。

3.4.2 招标文件评审及投标文件编制

对发包人的招标文件评审,包括对招标人资信、招标文件条款、招标清单、招标图纸、招标合同条款进行评估，以期识别其中的风险，在投标文件编制时具有针对性，对无法在投标过程中规避的风险，应传递至合同谈判环节。招标文件评审流程见图3.2。

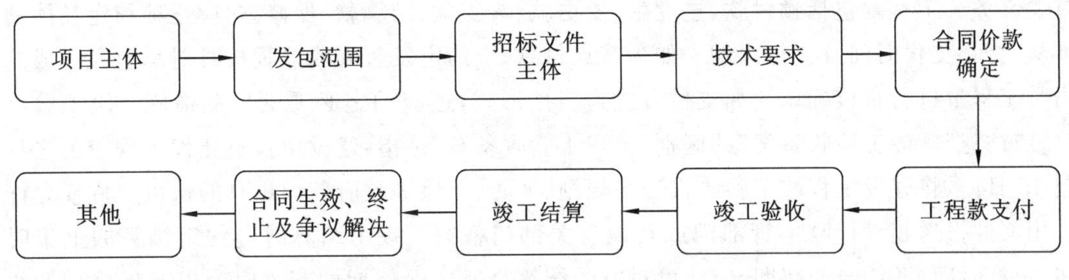

图3.2　招标文件评审流程

招标文件评审包括对项目主体、发包范围、招标文件主体、技术要求、合同价款确定、工程款支付、竣工验收及结算、合同生效、终止及争议解决等问题进行逐一明确。

投标文件编制包括投标商务策划和形成投标文件。投标商务策划的目的是依据对招标人及招标文件评审后识别出的风险，结合自身综合优劣情况逐一分析并制订对策，明确投标策略。

进行投标商务策划要核算工程量，对比招标工程量清单，编制投标成本，编制资金流计划。确定了投标成本及投标策略后，应对投标文件进行审核以满足招标文件要求并达到投标人的投标意愿，形成投标文件。

3.4.3　合同签订与履约管理

投标人应争取合同的起草权，合同文本由发包人提供的，应与国家、行业示范文本对比，对合同履行有实质性影响的，应明示在评审意见中。合同文本需分析其合法性和完备性。合法性分析包括：当事人是否具备相应资格；工程项目是否已具备招标投标、签订和实施合同的一切条件，特别是各种批准文件；招标投标过程是否符合法定的程序；合同内容是否符合《合同法》和其他各种法律的要求。完备性分析包括：构成合同的各种文件是否齐全；合同条款是否完备，对各种问题的规定是否有遗漏；合同用词是否准确，有无模棱两可或含义不清楚；对工程中可能出现的不利情况是否有足够的预见性。建议应尽量采用或参考施工合同示范文本订立合同。

合同评审的目的是识别合同商务风险，为合同谈判提供依据。合同评审内容与招标文件评审内容一致。根据招标文件评审、投标策划、投标文件、合同评审的内容，说明风险点、谈判重点及策略，并将谈判目标进行分级。对预留孔洞、二次封堵应增加限定，避免这两项工作因发包人图纸不清、变更、特指分包未按约定开凿等导致的工程量、工期的变化。工期是发包人的首要权利之一，也是承包人的首要义务之一，应注意约定：工期处罚应设置上限；设置节点工期时，非关键节点工期不应设置处罚，关键节点不应设置双罚原则（关键节点工期与总工期仅处罚一次）。质量是承包人的又一首要义务，质量标准的描述应符合现行的国家、地区、行业的有效的规范标准。应约定一旦出现非承包人原因的停工及缓建，不仅应顺延工期，还应对承包人进行经济赔偿。赔偿的计算应详细约定，包括人工费、材料费、机械费、措施费、管理费的赔偿标准，恢复施工时的费用、工期及其他约定事项，超出合同约定的停工、缓建时间后，承包人有权解除合同。工程款支付是承包人的首要权利，也是发包人的首要义务。工程款包括预付款、进度款、变更款、竣工款、结算款、保修款，应逐项约定具体的审核时间、支付时间及支付比例。如为节点付款，应约定发包人或监理按月对承包人完成的当月工程量进行审核确认。如支付方式为票据形式，还应约定必要的保兑措施。竣工验收时，应注意与“竣工验收备案”的区别。“竣工验收备案”是指：建设单位自建设工程竣工之日起 15 日内，将建设工程竣工验收报告与规划、消防、环保等政府部门出具的认可文件或允许使用文件报送建设行政主管部门或其他有关部门备案。竣工结算时应约定结算的上报时间、审核时间，并约定如超期，应认可对方的结算金额。保修期的起算时间以及保修期的约定应符合现行技术规范，如发包人以“竣工移交”（竣工移交非承包人可控，若发包人恶意拖延移交期将造成保修期拖延）或“竣工验收备案之日”或“竣工验收合格满××月起”起算保修期，将导致保修金的回收时间拖延。

合同签订后，首先，要由招投标中编制“经济标”和“技术标”的部门与合同管理部门对项目部项目经理、商务经理及主要管理人员进行合同交底。其次，由项目部商务人员对各级项目管理人员进行合同交底。

通过合同交底，使大家熟悉合同中的主要内容、各种规定、管理程序，了解施工单位的合同责任和工程范围。项目部应将各种合同事件的责任分解落实到各管理人员，使他们对各自的工作范围、责任等有详细的了解。通过层层合同责任分解，层层合同责任落实到人，使各管理人员都能尽心尽职。

合同交底的内容如下：

(1) 发包人的资信状况；

(2) 投标策略，以及投标报价时成本分析、预计的主要盈亏点；

(3) 不平衡报价策略中不平衡报价的项目；

(4) 合同洽谈过程中考虑的主要风险点，谈判的重点及洽商结果；

(5) 合同订立前的评审过程中提出的主要问题或建议，特别是评审中明确要求进行调整或修改的，但经洽商仍未能调整或修改的条款；

(6) 合同的主要条款，包括质量、工期约定、工程价款的结算与支付、材料设备供应、变更与调整、违约责任、总分包分供方责任划分、履约担保的提供与解除、合同文件隐含的风险以及履约过程中应重点关注的其他事项等。

合同变更在工程实践中是非常频繁的，变更意味着索赔的机会，所以在工程实施中必须加强管理。在实际工作中，变更必须与索赔同步进行，待双方达成一致以后，再进行合同变更。

3.4.4 结算与索赔管理

3.4.4.1 机电工程结算管理

工程结算是工程竣工后承包人向发包人收取工程款的唯一依据。结算编制以招投标文件及答疑资料、工程施工合同、补充协议及与经济有关的会议纪要、竣工图纸、设计变更、现场签证及索赔、各种验收资料、发包方对材料设备核价资料、施工方案等政府行政主管部门发布的政策性调价文件及有关造价信息为依据。

结算编制内容:(1)按合同约定的竣工图纸范围内的工程造价;(2)设计变更及签证索赔造价;(3)争议及其他未解决事项造价。

当工程结算存在争议时,应按以下原则来处理:结算过程中,可对双方没有争议的部分先行审核确认,有争议部分按合同约定的争议及解决程序处理。应严格按合同约定先办理工程结算再备案,避免为满足发包人项目备案需要开具虚假“结算证明”而导致发包人丧失自身权益。

3.4.4.2　机电工程索赔管理

索赔是工程施工中经常发生并随处可见的正常现象。工程索赔包括承包方向发包方的索赔、发包方向承包方的索赔,承包方向分包分供方的索赔、分包分供方向承包方的索赔。按索赔要求,索赔分为工期索赔和费用索赔两种。工期索赔是对权利的要求,以避免在原定合同竣工日不能完工时,被发包人追究拖期违约责任。一旦批准合同工期顺延后,承包人不仅免除了承担拖期违约赔偿费的严重风险,而且可能因提前工期得到奖励,最终仍反映在经济收益上。费用索赔目的是要求经济补偿,当施工的客观条件改变而导致承包人增加开支,要求对超出计划成本的附加开支给予补偿,以挽回不应由其承担的经济损失。

索赔主要以合同为依据,合同中明示的索赔是指承包人所提出的索赔要求在该工程项目的合同文件中有文字依据,承包人可以据此提出索赔要求,并取得经济补偿。合同中默示的索赔是指承包人所提出的索赔要求,虽然在该工程项目的合同条款中无专门的文字描述,但可以根据该合同的某些条款的含义,推论出承包人有索赔权,这种索赔要求同样具有法律效力,有权得到相应的经济补偿。

索赔程序如图 3.3 所示。

图 3.3　索赔处理流程

(1) 承包人提出索赔要求

①发出索赔意向通知;

② 递交索赔报告。

(2) 工程师审核索赔报告

① 工程师审核承包人的索赔申请;

② 判定索赔成立的原则;

③ 对索赔报告的审查。

(3) 判定合理的补偿额

① 工程师与承包人协商补偿;

② 工程师索赔处理决定。

(4) 发包人审查索赔处理

当工程师确定的索赔额超过其权限范围时，必须报请发包人批准。发包人首先根据事件发生的原因、责任范围、合同条款，审核承包人的索赔申请和工程师的处理报告，再依据建设工程的目的、投资控制、竣工投产日期要求以及针对承包人在施工中的缺陷或违反合同规定等的有关情况，决定是否同意工程师的处理意见。索赔报告经发包人同意后，工程师即可签发有关证书。

(5) 承包人最终是否接受

承包人接受最终的索赔处理决定，索赔事件的处理即告终。如果承包人不同意，就会导致合同争议，通过协商，双方达到互谅互让的解决方案是处理争议最理想的方式。如达不成谅解，承包人有权提交仲裁或诉讼解决。

3.5.5 成本管理

工程项目成本管理是根据企业的总体目标和工程项目的具体要求，在工程项目实施过程中，对工程项目成本进行有效的组织、实施、控制、跟踪、分析和考核等管理活动，以达到强化经营管理、完善成本管理制度、提高成本核算水平、降低工程成本、实现目标利润、创造良好经济效益的过程，加强工程项目成本管理是施工企业积蓄财力、增强企业竞争力的必由之路。

3.5.5.1 项目成本管理原则

(1) 完全成本管理：涵盖以项目作为盈利对象所必须承担的全部成本。

(2) 全面成本管理：项目成本管理涉及项目进度、质量、安全、商务、技术、物资、劳务、机械、财务资金等一系列管理工作，需要项目全体成员参与其中。

(3) 成本动态监控：项目施工过程中，需对项目成本进行动态监控，及时了解项目成本变化情况，对可能增加项目成本的情况进行分析并及时预警，制定相应的管控措施。

(4) 成本考核：建立完善的成本考核机制，通过检查、考核、奖励、处罚等手段来有效推动项目成本管理工作。

3.5.5.2 项目成本管理工作流程

项目成本管理工作流程如图 3.4 所示。

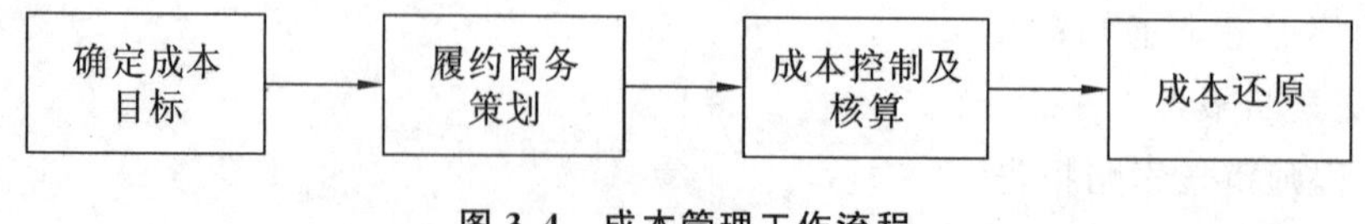

图 3.4 成本管理工作流程

(1) 确定成本目标

(2) 履约商务策划

与投标商务策划不同，履约商务策划的目的是通过分析、策划对策，落实在二次经营具体工作中(表 3.5)。

表 3.5　履约商务策划

序号	分项成本名称	针对责任成本的主要措施	责任成本	计划成本	降低额	责任人	完成时间
1	人工费						
2	材料费						
3	机械费						
4	临时设施费						
5	间接费						
6	专业分包费						
7	税金						

(3) 成本控制及核算

工程项目的成本控制是指在项目成本形成的过程中,通过对维系工程施工生产经营所消耗的人力、物质以及各项费用开支的指导、监督、调节和限制等手段,把生产费用控制在工程预算之内,保证该项目的成本目标的实现。

工程成本核算,就是将工程施工过程中发生的各项生产耗费,通过特定的会计科目进行归集汇总,然后再用相应的方法直接或间接分配计入各成本核算对象,计算出每个工程项目的实际成本。它贯穿于企业经济活动的各个阶段和领域,是企业成本管理的基础,也是实现企业成本管理目标的重要手段,更是企业生存和发展的基础和核心。

施工企业的成本核算程序,是指在具体组织工程成本核算时应遵循的一般程序以及一般步骤:一是定期计算已完工工程的预算成本;二是对工程项目在施工过程中发生的各项成本,先按其工程用途以及发生的地点等进行分类归集。其中,工程的直接费用直接计入受益的各个工程成本核算对象的成本中;而间接费用则按照地点进行归集,并按照一定的分配方式进行合理分配,计算当期已竣工工程的实际成本。三是对比分析预算成本与实际成本之间的差异,差异较大时要仔细查看预算成本与实际成本的各项内容的计入是否互相对应、是否同步,通过多次调整测试最终确定工程施工的实际成本,并客观真实地出具财务报告。同时,对存在的问题进行原因分析与总结,并提出合理化建议。

(4) 成本还原

① 项目按月(或施工节点)实行成本盘点,采用量价分离的方式,依据施工进度对劳务成本、物资成本、机械成本等进行盘点及预结算,并依据项目发生的现场管理费用、财务资金费用等确认项目间接成本,形成项目月度完全成本。

② 召开成本分析会,分析成本亏损原因,提出整改措施。

③ 项目竣工结算前,完成项目全面成本分析,以确定项目阶段目标和底线。

3.5 机电工程施工资料管理

3.5.1 机电工程施工资料管理的概述

机电工程施工资料，是指在机电工程施工过程中形成的各种工程信息资料，并按一定原则分类、组卷，最后移交各相关管理部门归档的整个机电工程的历史记录。它包括机电工程施工过程中形成的资料以及工程的竣工图等。

机电工程施工资料是反映机电工程质量、工作质量状况及工程项目基础管理工作的重要依据，是机电工程质量竣工验收的必备条件，也是城建档案的重要组成部分，还是评审国家级奖项、反映各安装系统内在质量的见证资料。因此，完整地收集、积累机电工程资料和科学地管理机电工程资料就成为整个工程建设管理的重要组成部分。

机电工程施工资料管理应该遵循工程资料与工程施工同步，工程资料逐级管理、逐级负责，工程资料的完整性、真实性和及时性等原则。

3.5.2 机电工程施工资料管理的策划

（1）明确项目质量目标

工程项目质量目标是实施项目质量管理，实现项目质量目标的事前规划。工程项目质量目标要确定该工程的编制依据，执行的有关国家标准、规范及企业的有关工艺、工法、操作规程，明确各单位工程所涉及的各分部（子分部）工程、分项工程、检验批工程质量验收的具体内容，特别是落实检验批的划分。使参建各专业施工技术人员、质量人员在整个工程施工过程中，对各专业的施工检验批质量验收按照划定的施工部位进行质量验收。保证各专业施工记录、检验检测记录、质量验收记录的正确填写与确认。

（2）确定单位工程质量要求

按合同约定在确保合格等级基础上确立创奖目标，如北京市长城杯、安装优质工程奖、鲁班奖等。各专业分包单位要按照相应的质量目标编制质量控制资料及技术资料。

（3）机电工程质量控制要点及资料记录

按照机电工程质量控制要点进行主要施工质量验收资料的收集和整理，各专业质量控制要点及资料记录参照表 3.6～表 3.9 执行。

表 3.6　给水排水工程质量控制要点及资料记录

序号	分项工程名称	质量控制要点及资料记录
1	套管安装	检查和记录套管类型、位置、标高、规格、水平度、垂直度
2	水管安装	检查和记录管材质量，管道连接、位置、标高、坡度，管道伸缩，填写伸缩器、管道支架（包括滑动支架、固定支架）安装记录
3	阀门安装	检查和记录阀门规格，进行强度、严密性试验
4	防腐处理	检查除锈、防腐状况，形成记录

续表 3.6

序号	分项工程名称	质量控制要点及资料记录
5	填堵孔洞	检查填堵材料,套管与管道间隙均匀、无孔洞
6	保温	检查和记录保温材料的容重、规格、阻燃性,保温层的厚度、平整度
7	强度、严密性试验	检查试验覆盖面,核实打压试验时间,查验渗漏情况,填写强度、严密性试验记录
8	系统冲洗	检查和记录出水清洁度

表 3.7　电气工程质量控制要点及资料记录

序号	分项工程名称	质量控制要点及资料记录
1	配电柜安装	检验产品质量证书、“CCC”证书及合格证,检查和记录金属框架及装有电气的可开启门的接地端子,基础型钢的偏差,配电柜内是否配线
2	动力照明配电箱	检查金属箱体的接地端子,盘内的配线端子,PE 及 N 排的设置,漏电开关动作是否灵活可靠
3	配管及管内穿线	检查和记录导管的连接、电气导通性、弯曲倍数、防腐性,导线的型号、颜色、绝缘测试
4	电缆桥架及桥架内线缆敷设	检查和记录桥架连接、电气导通性,支吊架的间距及平整度,连接件的规格、质量,电缆检测报告、绝缘测试、弯曲半径、电缆头制作
5	母线	检查可接近裸露导体是否接地或接零可靠,母线的搭接
6	低压电动机	检查电动机的接地端了,绝缘电阻测试或接零可靠,设备的防松措施
7	灯具	检查灯具的固定,灯具回路控制与照明箱回路控制一致,高度低于 2.4m 的灯具外壳接地
8	开关插座	检查开关插座接线,开关的安装位置和控制顺序
9	防雷及接地装置	检查和记录避雷网平整度,支架的间距及牢固度,测试点的位置,接地电阻值,接地干线与接地装置的连接

表 3.8　通风空调工程质量控制要点及资料记录

序号	分项工程名称	质量控制要点及资料记录
1	风管连接	钢板的厚度应符合设计要求及规范规定;管道接口翻边顺直,宽度应为 6～9mm。法兰连接螺栓规格、间距、方向、长度;法兰垫料的厚度;风管安装的标高、位置、水平度、垂直度
2	风管软连接	风管软连接材料必须符合设计要求;软管连接长度为 150～250mm。软管与法兰连接铆钉间距不大于 80mm。不得使用软连接作为变径使用

续表 3.8

序号	分项工程名称	质量控制要点及资料记录
3	风管支吊架	检查和记录支吊架的规格、间距、位置、方向；风管吊架角钢上下都应加螺母，而且下面应加双螺母固定。风管支架安装平整牢固，与风管接触紧密；吊杆与风管之间的距离应一致，为 30mm。风管弯头处、三通处、阀门处必须加吊架。保温风管与支吊架之间加绝热木块
4	风机安装	风机的规格、型号；风机安装的减振；风机传动装置的外露部位以及直通大气的进、出口必须装设防护罩或其他安全设施

表 3.9 设备安装质量控制要点及资料记录

序号	分项工程名称	质量控制要点及资料记录
1	设备就位	设备基础的混凝土强度必须达到设计要求；设备基础的坐标、标高、几何尺寸和螺栓孔位置应符合设计要求；设备安装应平稳牢固
2	设备减振	风机等有振动的设备应按设计要求或施工规范规定安装减振装置；减振装置的型号、规格、减振强度及安装方式应符合设计要求
3	设备试验	检查和记录风机设备进行设备单机试运转试验，轴承温升应符合规范规定

(4) 机电工程质量控制措施及相关记录

针对合同范围内机电工程的质量控制措施形成相关质量记录，详见表 3.10。

表 3.10 机电工程质量控制措施及相关记录

项目	质量控制措施及相关记录
建立质量保证体系	建立岗位责任制，按照工程规模配备充足的质量管理人员。建立名册和资质证书复印件，报监理备案
施工方案的质量预控	工程施工前，填写施工组织设计和方案申报表，经内部审核会签并报监理审核批准后方可实施，无施工方案不得施工，施工前组织针对施工组织设计和施工方案的专项交底。施工组织设计和施工方案在实施过程中不得随意修改，必须修改的，施工单位应提出修改报告，经监理同意后方可修改
施工队伍的质量预控	严格控制施工质量，组织相关部门对其技术资质、操作质量等情况进行评价，特殊工种必须持证上岗。进行合同备案，建立名册和考勤表，提供各岗位上岗证书复印件
工序施工的质量预控	必须坚持“三检制”，即对每一道工序实行自检、互检、交接检，并有三检记录，上道工序不合格不得进行下道工序

续表 3.10

项目	质量控制措施及相关记录
分项工程的质量预控	分项工程完成后，在自检的基础上填好分项工程检验批质量验收记录和分项工程报验单，由项目部核查后，报监理确认并核实质量等级
隐蔽工程的质量预控	吊顶内、管道井及有保温的分项工程在隐蔽前必须做隐检，即上述工程完成后、隐蔽之前，在自检合格的基础上，填好分项工程检验批质量验收记录、分项工程报验单及隐检记录表等报监理审核。未经监理确认的隐蔽工程不得进入下道工序
单机试运转及系统调试的质量预控	分部工程完成后，应按有关规定进行试运转，由项目部组织，并通知甲方、监理参加，若试运转未合格，分部工程不得报验。单机试运转完成后，应编写系统调试方案，报监理审批。审批合格后方可进行系统联调并形成调试报告

(5) 施工技术资料管理策划方案

施工技术资料是指导施工全过程的纲领性文件，包括施工组织设计(交底)、施工方案(交底)、分项工程技术交底记录、图纸会审记录、设计变更通知单、工程变更洽商记录等文件。

施工组织设计或施工方案编制应贯彻国家政策、法规、规范、地方标准及企业标准，满足设计文件和合同要求，充分考虑工程施工对象的特点和主客观条件，正确处理安全、质量、功能、工期、成本的关系，确保各项经济技术指标实现，力求取得最佳企业效益和社会效益。

施工组织设计或施工方案应按照相关规定组织编制和审批，在企业内部审批基础上填写工程技术文件报审表报监理单位批准后才可实施。施工组织设计由施工单位编制完成，经企业技术负责人审批，并填写工程技术文件报审表报监理单位批准后才可实施。施工方案应由专业施工员编制，经项目技术负责人或公司技术部门负责人审批，并填写工程技术文件报审表报监理单位批准后才可实施。企业技术负责人和项目技术负责人应针对设计变更通知及工程变更洽商情况，定期组织施工组织设计或施工方案修订和完善，并进行有针对性的专项交底。

施工组织设计应由施工单位的技术负责人组织交底，四新技术应用及专项施工方案由项目技术负责人组织交底，分项工程施工方案应由专业施工员组织交底，各项交底应有文字记录，并有交底双方人员的签字记录。

创优工程是履行合同文件，满足机电工程使用功能、保证机电工程施工质量、提升企业品牌的必要条件。创优工程的策划主要围绕工程创优目标，明确创优工程质量理念、工程施工特色、工程质量特色展开，其主要是通过新材料、新工艺、新技术在机电工程中的应用，通过质量体系、标准支持体系、过程控制方法、控制要点、产品保护等在建筑产品形成过程中的具体实施来实现，并形成创优工程策划书。

积极开发和应用新技术，做好新技术比较和选择，如 BIM 技术的应用。在工程实施过程中应用 BIM 技术，会大大减少材料的浪费，避免返工，为保证机电工程施工进度和提高工程质量奠定了基础。

3.5.3 施工资料的分类及编号原则

3.5.3.1 资料分类

机电工程资料按照其特性、收集和形成阶段的不同分为施工资料和竣工图。

(1) 施工资料是机电工程施工单位在工程施工过程中所形成的全部资料。按其性质可分为:施工管理(C1)、施工技术(C2)、施工物资(C4)、施工记录(C5)、施工试验(C6)、过程验收(C7)及工程竣工质量验收(C8)资料。

(2) 各项新建、改建、扩建的机电工程均应编制竣工图。机电工程竣工图包括:建筑给排水及采暖、建筑电气、燃气、智能建筑、通风与空调、电梯和规划红线以内的小市政工程。机电工程竣工图包括管线走向、设备安装、工艺布置等,还要把设计变更、洽商等变更内容画到相应专业的竣工图上,确保与工程实际情况相一致。

3.5.3.2 工程资料编号

施工资料应按以下形式编号(共9位编号):

××—××—××—×××

　1　　2　　3　　4

1为分部工程代号(2位),2为子分部工程代号(2位),3为资料的类别编号(2位),4为顺序号(3位),按资料形成时间的先后顺序从001开始逐个编号。

机电工程分部工程代号如表3.11所示,建筑电气子分部工程代号及名称如表3.12所示。

表3.11 机电工程分部工程代号

分部代号	05	06	07	08	09
分部工程名称	建筑给排水及采暖	建筑电气	智能建筑	通风与空调	电梯

表3.12 建筑电气子分部工程代号及名称

子分部代号	01	02	03	04	05	06	07
子分部名称	室外电气	变配电室	供电干线	电气动力	电气照明	不间断电源	防雷接地

3.5.4 机电工程施工质量验收资料

机电工程施工质量验收,是促进企业加强管理、确保工程质量必不可少的环节,是工程质量管理的一项重要内容和关键步骤。工程竣工后,机电工程的分部工程相当一部分被隐蔽,其质量情况就得通过质量验收来反映。

机电工程质量验收一般分为检验批验收、分项工程质量验收、分部(子分部)工程验收,各项验收程序如表3.13所示。

表 3.13　机电工程质量验收的各项验收程序表

序号	验收表的名称	质量自检人员	质量检查验收人员		质量验收人员
			验收组织人	参加验收人员	
1	检验批质量验收记录表	班组长	项目专业质量检查员	班组长、分包项目技术负责人、项目专业技术负责人	监理工程师（建设单位项目专业技术负责人）
2	分项工程质量验收记录表	班组长	项目专业技术负责人	班组长、分包项目技术负责人、项目专业技术负责人	监理工程师（建设单位项目专业技术负责人）
3	分部（子分部）工程质量验收记录表	项目经理、分包单位项目经理	项目经理	项目专业技术负责人、分包项目技术负责人、勘察设计单位项目负责人、建设单位项目专业技术负责人、建设单位项目负责人	总监理工程师（建设单位项目负责人）

在填写机电工程质量验收资料时，允许有一定偏差的项目，而放在一般项目中，用数据规定的标准可以有个别偏差范围，并有 20%的检查点可以超过允许偏差值，但也不能超过允许偏差值的 1.5 倍。对不能确定偏差值而又允许出现一定缺陷的项目，则以缺陷的数量来区分。一些无法定量的而采用定性的项目，如卫生器具给水配件安装项目，接口严密、启闭部分灵活；而管道接口项目就要靠外观、目测进行检验。

3.5.5　机电工程竣工图

(1) 机电工程竣工图概述

机电工程竣工图是机电工程档案中最重要的部分，是工程建设完成后的主要凭证性材料，是机电安装的真实写照，还是机电工程竣工验收的必要条件及工程维修、管理、改建、扩建的依据，因此，必须编制竣工图。

竣工图应与工程实际相一致，竣工图的图纸必须是打印图纸，不得使用复印的图纸；竣工图应字迹清晰并与施工图大小比例一致；竣工图应有图纸目录，目录所列的图纸数量、图号、图名应与竣工图内容相符；竣工图应使用国家法定计量单位和文字；竣工图应有竣工图章或竣工图图签，并签字齐全。

(2) 机电工程竣工图的组成

包括建筑给排水与采暖、燃气、建筑电气、智能建筑、通风与空调、电梯工程竣工图。

(3) 机电工程竣工图绘制要求

① 绘制竣工图时应使用绘图笔或签字笔及绘图工具，不得使用圆珠笔或其他易褪色的墨水笔绘制；竣工图文字说明应采用仿宋字体，字体的大小应与原图字体的大小一致。

② 变更洽商记录的内容必须如实反映到竣工图上，没有变更洽商或其他修改的，可在

原施工图上加盖竣工图章作为竣工图;变更洽商不多的,可将变更洽商的内容直接改绘在原施工图上,并在改绘部位注明修改依据,加盖竣工图章形成竣工图;变更洽商较多,不宜在原施工图上直接修改和补充的,可在原图修改部位注明修改依据后另绘竣工图,另绘竣工图也应有图名、图号,原图和另绘竣工图均应加盖竣工图章形成竣工图;一条变更洽商涉及多张图纸的,每张图纸均应做相应修改。

③ 竣工图可在原设计单位提供的施工图电子文件上经修改后制成,修改处应有明显标识。由施工图电子文件制成的竣工图应有原设计人员的签字;没有原设计人员签字的,须附有原施工图,原图和竣工图均应加盖竣工图章。

④ 在原施工图上改绘,不得使用涂改液、刀刮、补贴等方法修改图纸。竣工图中需增加的内容在原图相关位置无法绘制清楚的,可将修改内容绘制在本图其他空白处,并做好索引说明。若本图纸没有其他空白处时,可在原图变更部位进行索引说明:如具体修改内容见×××图,并新增一张图纸用于绘制补充修改内容,新增图纸要有图名、图号,图名和图号应与原图名和图号相关联。另外,竣工图绘制能以图示说明变更内容的,不再加写文字说明,如果图示无法说明清楚的,可加写文字说明。

⑤ 机电各专业竣工图应包括各部位、各专业深化设计的相关内容,不得漏项和重复。

⑥ 竣工图纸目录也应加盖竣工图章,作为竣工图归档。

3.5.6 机电工程施工资料整理归档

(1) 机电工程施工资料编制

施工资料编制时,资料必须真实地反映工程竣工后的实际情况,具有永久和长期保存价值的文件材料必须完整、准确、系统,各种程序责任者的签章手续必须齐全。施工资料必须使用原件,原件应清楚且签章齐全。如有特殊原因不能使用原件的,应在复印件或抄件上加盖公章并注明原件存放处。施工资料的签字必须使用档案规定用笔。施工资料的照片及声像档案,要求图像清晰、声音清楚、文字说明或内容准确。

(2) 机电工程施工资料组卷

机电工程可分为建筑给排水及采暖工程、建筑电气工程、智能建筑工程、通风与空调工程、电梯工程、节能工程分部,组卷时按各分部的竣工验收资料分别组卷。对于专业程度较高、施工工艺复杂的工程,通常由专业分包施工的子分部工程分别单独组卷,如供热锅炉及辅助设备、变配电室(高压)、通信网络系统、建筑设备监控系统、火灾报警及消防联动系统、安全防范系统、综合布线系统等应独立组卷。

组卷时按先文字、后图纸的顺序排列。每个分部工程的竣工资料应有总目录,总目录由案卷目录和卷内目录组成,且单独列为一卷。

(3) 机电工程档案移交

机电工程资料经整理完毕后需向档案部门移交,移交档案时,列入城建档案管理部门接收范围的工程,机电工程项目应配合建设单位在工程竣工验收后3个月内向城建档案管理部门移交一套符合规定的工程档案。停建、缓建工程的机电工程档案,暂由建设单位保管。对于改建、扩建和维修工程,机电工程项目应对改变的部位重新编写工程档案,并在工程竣工验收后 3 个月内配合建设单位向城建档案管理部门移交。机电工程施工单位应在工程竣工验收前将工程档案按合同或协议规定的时间、套数移交给总包单位，并办理移交手续。

本章小结

本章主要介绍了机电工程项目管理的总承包管理、施工进度管理、施工质量管理、施工资料管理及商务管理等相关知识。

（1）机电工程总承包管理

介绍了机电工程总承包管理的基础知识：概念、分类及发展趋势；介绍了总承包管理的组织、策划的内容要求及措施。

（2）机电工程施工进度管理

介绍了机电工程施工进度管理的基础知识：概念、目的、任务及程序；重点介绍了施工进度计划编制的要求、步骤和注意的要点；施工进度的实施过程、检查及调整的方法。

（3）机电工程施工质量管理

主要介绍了机电工程施工质量管理控制的依据和阶段，设计质量风险防控，施工过程的作业质量控制的主要内容，施工项目竣工质量验收的依据、标准和备案的具体要求。

（4）机电工程商务管理

主要介绍了机电工程商务管理中的合同管理和成本管理。

合同管理：招投标文件评审、招投标文件编制、合同签订、履约管理、结算及索赔等。

成本管理：成本管理的原则、履约商务策划、成本控制及核算、成本还原等。

（5）机电工程施工资料管理

介绍了机电工程施工资料管理策划的过程，施工资料的分类方法、编号原则，施工资料验收的程序及要求，机电工程竣工图的绘制要求，资料的整理归档。

习　　题

一、选择题

1. 根据机电工程项目的阶段划分，属于设计准备阶段工作的是（　　）。

A. 编制项目可行性研究报告

B. 编制初步设计

C. 编制设计任务书

D. 编制项目建议书

正确答案：C

2. 关于施工总承包管理方责任的说法，下列正确的是（　　）。

A. 施工总承包管理方和施工总承包方承担的管理任务和责任不同

B. 施工总承包管理方承担对分包方的组织和管理责任

C. 施工总承包管理方不能承担施工任务，它只负责进行施工的总体管理和协调

D. 施工总承包管理方必须直接和分包方及供货方签订施工合同

正确答案：B

3. 工程项目质量管理是机电工程总承包管理的一项重要内容，质量管理应坚持“计划、组织、协调和控制”等活动要求，坚持(　　)的方针，通过质量管理策划、分解质量管理目标、强化过程管理，最终实现质量目标。

A. 安全第一　　B. 质量第一　　C. 生产第一　　D. 效益第一

正确答案：B

4. 一般机电项目中对不影响安全和使用功能的少数条文可以(　　)。

A. 不必考虑　　B. 适当放宽　　C. 酌情决定　　D. 从宽处理

正确答案：B

5. 按(　　)专业分类，机电工程施工项目进度计划分为：通风空调施工进度计划、管道施工进度计划、电气施工进度计划、设备安装过程施工进度计划。

A. 按工程项目　　B. 按施工时间　　C. 按机电工程　　D. 按计划表示方法

正确答案：C

6. 关于机电工程竣工档案编制及移交的要求，下列错误的是(　　)。

A. 项目竣工档案一般不少于两套　　B. 档案资料原件由建设单位保管

C. 应编制工程档案资料移交清单　　D. 双方应在应缴清单上签字盖章

正确答案：B

7. 影响下道工序质量的质量控制点应该由(　　)共同检查确认并签证。

A. 业主和施工双方质检人员　　B. 施工和监理双方质检人员

C. 业主和监理双方质检人员　　D. 施工和政府双方质检人员

正确答案：B

8. 机电工程项目施工合同中有关合同价款的分析内容，除合同价格和计价方法外，还应包括(　　)。

A. 工期要求　　B. 合同变更　　C. 索赔程序　　D. 价格补偿条件

正确答案：D

9. 机电工程竣工结算的编制依据不包括(　　)。

A. 施工合同　　B. 政策性调价文件

C. 设计变更技术核定单　　D. 招标控制价清单

正确答案：D

10. 关于机电工程质量竣工验收中检查的说法，下列错误的是(　　)。

A. 设计使用功能的分部工程应进行检验资料的复查

B. 分部工程验收时补充的见证抽样检验报告要复核

C. 安全检查是对设备安装工程最终质量的综合检验
D. 参加验收的各方人员共同决定观感质量是否通过验收
正确答案:C

11. 机电工程项目在施工阶段成本控制的内容是(　　)。
A. 加强施工任务单和限额领料单的管理
B. 结合企业技术水平和建筑市场进行成本预测
C. 制定技术先进和经济合理的施工方案
D. 编制施工费用预算并进行明细分解
正确答案:A

12. 不能进行竣工验收的机电工程项目是(　　)
A. 达到环境保护要求,但尚未取得环境保护验收登记卡
B. 附属工程尚未建成,但不影响生产
C. 形成部分生产能力,但近期不能按设计规模续建
D. 已投产,但一时达不到设计产能
正确答案:A

13. 工程项目索赔发生的原因中,不属于不可抗力因素的是(　　)
A. 台风　　B. 物价变化　　C. 地震　　D. 洪水
正确答案:B

14. 下列关于施工总承包模式的说法中,正确的是(　　)。
A. 即使在施工过程中发生设计变更,也不能引发索赔
B. 施工图设计全部完成后开始招标,建设周期可能较长
C. 业主方的管理水平和技术水平决定了建设工程项目质量的好坏
D. 业主方组织与协调的工作量比平行发包会更大
正确答案:B

15. 某机电工程项目于2010年3月1日通过竣工验收,并于2010年3月12日办理了备案。根据规定,建设单位向有关部门移交档案的最后时限为(　　)。
A. 2010年4月1日　　B. 2010年6月1日
C. 2010年3月12日　　D. 2010年6月12日
正确答案:B

16. 机电工程项目中,需要编制主要施工方案的是(　　)。
A. 雨季和冬季施工　B. 高空作业　　C. 设备试运行　　D. 交叉作业
正确答案:C

17. 下列情况中，招投标时不应作为废标处理的是（　　）。

A. 投标报价明显低于标底

B. 投标问价的编制格式与招标文件的要求不一致

C. 投标书提出的工期比招标文件的工期晚 15 天

D. 投标单位投标后又在截止投标时间 5 分钟前突然降价

正确答案：A

18. 机电工程注册建造师执业的机电安装工程不包括（　　）。

A. 净化工程　B. 煤气工程　C. 建材工程　D. 工业炉窑安装工程

正确答案：A

19. 机电工程施工过程中，总包方负责对分包方的（　　）进行监督、指导。

A. 进度计划　B. 资金使用　C. 施工质量　D. 劳动力组织

正确答案：C

20. 机电工程项目施工方进度控制的任务是依据（　　）对施工进度的要求来控制施工进度。

A. 施工任务单　B. 施工组织设计

C. 施工任务委托合同　D. 监理规划

正确答案：C

21. 机电工程项目质量控制的核心是（　　）。

A. 事前控制　B. 事后控制　C. 人员　D. 工序

正确答案：A

22. 机电工程项目管理实施规划应由（　　）组织编制。

A. 组织的管理层　B. 设计单位

C. 项目经理　D. 组织委托的项目管理单位

正确答案：C

23. 由于工期延误而引起的索赔，其索赔费用一般不包括（　　）。

A. 利润　B. 人工费用　C. 材料费用　D. 管理费用

正确答案：A

24. 安全生产是指（　　）。

A. 在生产过程中避免人身伤害、设备损坏及其他不可接受的风险状态

B. 对生产过程中涉及的计划、组织、监控、调节和改进等一系列管理活动

C. 分析和预测工程项目中潜在的危险、危害性及其可能的后果的严重程度的工作

D. 杜绝重特大人身伤亡事故，确保生产顺利进行的激励机制

正确答案：A

25. 根据机电工程施工合同示范文本的规定，图纸会审和设计交底应该由（　　）组织。

A. 总监理工程师　　B. 发包人　　C. 承包人　　D. 设计单位

正确答案：B

26. 机电工程项目施工中若发生设计变更时，原安全技术措施（　　）。

A. 不能变更　　B. 可在施工后进行变更

C. 必须及时变更　　D. 可在施工中灵活变更

正确答案：C

27. 机电工程项目进度管理方法主要是规划、（　　）和协调。

A. 组织　　B. 实施　　C. 控制　　D. 监督

正确答案：C

28. 机电工程施工质量控制中，下列属于事中控制的是（　　）。

A. 施工资格审查　　B. 施工方案审批　　C. 检验方法审查　　D. 施工变更审查

正确答案：D

29. 机电工程施工资料编号共分为4部分，其中第3部分为（　　）。

A. 分部工程代号　　B. 子分部工程代号　　C. 资料的类别编号　　D. 顺序号

正确答案：C

30. 机电工程竣工图应与工程实际相一致，竣工图的图纸必须是（　　）。

A. 手绘图纸　　B. 打印图纸　　C. 复印图纸　　D. A4图纸

正确答案：B

31. “竣工验收备案”是指：建设单位自建设工程竣工之日起（　　）日内，将建设工程竣工验收报告与规划、消防、环保等政府部门出具的认可文件或准许使用文件报送建设行政主管部门或其他有关部门备案。

A. 5　　B. 10　　C. 15　　D. 30

正确答案：C

32. 不属于机电工程项目成本管理原则的是（　　）。

A. 完全成本管理　　B. 全面成本管理　　C. 成本静态监控　　D. 成本动态监控

正确答案：C

33. 降低机电工程项目成本的合同措施不包括(　　)。

A. 建立成本管理体系　　B. 选择适当的合同结构模式

C. 必要的合同风险防控对策　　D. 全过程的合同控制

正确答案:A

34. 在施工过程中负责监督检查,使质量评定准确、真实的是(　　)。

A. 质监部门　　B. 企业主管部门　　C. 监理单位　　D. 设计单位

正确答案:C

35. 以下索赔类别按照索赔目的分类的是(　　)。

A. 延期索赔　　B. 工期索赔　　C. 商务索赔　　D. 施工加速索赔

正确答案:B

36. 机电工程专业注册建造师签章文件中的合同管理文件有(　　)。

A. 工程设备采购总计划表　　B. 工程变更费用报告

C. 工程试运行验收报告　　D. 工程停工报告

正确答案:A

37. 下列关于机电工程施工招投标的说法错误的是(　　)。

A. 对潜在投标人资格的审查和评定,重点是基本审查

B. 开、评标过程中,有效标书少于3家,则此次招标无效,需重新招标

C. 投标人未按规定加密的投标文件,电子招(投)标交易平台应当拒收并提示

D. 在投标截止时间前,除投标人补充、修改或者撤回投标文件外,任何单位和个人不得解密、提取投标文件

正确答案:A

38. 若分包合同和总承包合同发生冲突时,应(　　)。

A. 以总承包合同为准　　B. 以分包合同为准

C. 双方协商解决　　D. 请监理方裁决

正确答案:A

39. 施工作业进度计划是根据(　　)施工进度计划来编制的。

A. 单项工程　　B. 分部工程　　C. 单位工程　　D. 分项工程

正确答案:C

40. 下列关于归档施工文件的说法,不符合归档文件质量要求的是(　　)。

A. 工程文件的内容及其形式必须符合国家有关技术规范、标准和规程

B. 归档文件可以为复印件,但必须加盖单位印章

C. 竣工图可以利用施工图改绘

D. 工程文件使用碳素墨水笔书写

正确答案:B

二、简答题

1. 机电工程总承包管理的主要项目管理内容包括哪些?

答:机电工程总承包管理是总承包对合同约定的项目内容实施的项目管理活动。主要的项目管理内容应包括:任命项目经理,组建项目部,进行项目策划并编制项目计划;实施设计管理,采购管理,施工管理,试运行管理;进行项目范围管理,进度管理,费用管理,设备材料管理,资金管理,质量管理,安全、职业健康和环境管理,人力资源管理,风险管理,沟通与信息管理,合同管理,现场管理,项目收尾等。

2. 机电工程总承包管理策划的内容包括哪些?

答:(1) 明确项目目标,包括技术、质量、安全、费用、进度、职业健康、环境保护等目标。

(2) 确定项目的管理模式、组织结构和职责分工。

(3) 制定技术、质量、安全、费用、进度、职业健康、环境保护等方面的管理程序和控制指标。

(4) 深化设计过程的管理。

(5) 制订资源(人、财、物、技术和信息等)的配置计划。

(6) 制定项目沟通的程序和规定。

(7) 制订风险管理计划。

(8) 制订分包管理计划。

3. 简述机电工程施工进度管理的程序。

答:(1) 根据施工合同的要求确定施工进度目标,明确计划开工日期、计划总工期和计划竣工日期,确定项目分期分批的开竣工日期。

(2) 编制施工进度计划,具体安排实现计划目标的工艺关系、组织关系、搭接关系、起止时间、劳动力计划、材料计划、机械计划及其他保证性计划。分包人负责根据项目施工进度计划编制分包工程施工进度计划。

(3) 进行计划交底,落实责任,并向监理工程师提出开工申请报告,按监理工程师开工令确定的日期开工。

(4) 实施施工进度计划。项目经理应通过施工部署、组织协调、生产调度和指挥、改善施工程序和方法的决策等,采取技术、经济和管理手段来实现有效的进度管理。

(5) 全部任务完成后,进行进度管理总结并编写进度质量管理报告。

4. 简述机电工程施工进度计划编制方法。

答:机电工程施工进度表示方法有横道图、网络图、文字说明、流水作业图表等。常用的有横道图和网络图表示方法。

(1) 横道图进度计划法是传统的进度计划方法,横道图计划表中的进度线(横道)与时间坐标相对应,这种表达方式较直观,易看懂计划编制的意图。

(2) 使用网络图进度计划更有利于明确各工序之间的逻辑关系和判断主要矛盾。网络图包括双代号网络图、单代号网络图、双代号时标网络图和单代号搭接网络图等多种类型和总体网络、局部网络、专业网络等多个层次,可根据具体情况选用。

5. 简述机电工程进度计划的实施过程。

答:机电工程进度计划的实施就是利用项目进度计划指导施工活动,落实和完成计划。项目进度计划逐步实施的进程就是项目逐步完成的过程。

(1) 做好施工进度计划执行准备工作

要保证施工进度计划的落实,首先必须做好准备工作,估计和预测执行中可能出现的问题,做好进度计划执行的准备工作是施工进度计划顺利执行的保证。

(2) 签发施工任务书

编制好月或旬作业计划之后,签发施工任务书使其进一步落实。施工任务书是向班组下达任务、实行责任承包全面管理的综合性文件,它是计划和实施的纽带。

(3) 做好施工进度记录

在计划任务完成的过程中,各级施工进度计划的执行者都要跟踪做好施工记录,实事求是地记载计划中的每项施工的开始日期、工作进度和完成日期,并填好有关图表,为施工项目进度检查分析提供信息。

(4) 做好施工中的协调工作

施工调度是指在施工过程中不断组织新的平衡,建立和维护正常的施工条件及施工程序所做的工作。它的主要任务是督促、检查工程项目计划和工程合同执行情况,调度物资、设备、劳动力,解决施工现场出现的矛盾,协调内外部的配合关系,促进和确保各项计划指标的落实。

6. 简述机电工程施工质量控制的依据与阶段。

答:(1) 控制依据

机电工程施工质量控制的主要依据分为共同依据和专门技术法规性依据。共同依据是指适用于施工阶段且与质量管理有关的、通用的、具有普遍指导意义和必须遵守的基本条件。主要包括:工程建设合同(涉及机电专业的范围)、设计文件、设计交底及图纸会审记录、设计修改和技术变更、国家和政府部门颁布的与质量管理有关的法律和法规性文件(如《建筑法》《建设工程质量管理条例》)等。专门技术法规性依据是指针对机电安装工程不同专业、不同质量控制对象制定的专门技术法规文件。包括规范、规程、标准、规定等,如工程建设项目质量检验评定标准,有关建筑材料、半成品和构配件的质量方面的专门技术法规性文件,有关材料验收、包装和标识等方面的技术标准和规定,施工工艺质量等方面的技术法规性文件,有关新工艺、新技术、新材料、新设备的质量规定和鉴定意见等。

(2) 控制阶段

机电工程施工质量控制应贯彻全面、全过程质量管理与控制的思想,运用动态控制原理，可分为质量的事前控制、事中控制和事后控制三个阶段。以上三大环节不是互相鼓励和截然分开的，它们共同构成有机的系统过程，实质上就是质量管理PDCA循环的具体化，在每一次滚动循环中不断提高，达到质量管理和质量控制的持续改进。

7. 简述设计质量风险包括的主要内容。

答：(1) 项目功能性质量控制

应贯穿于各个分项工程的整个阶段，特别是设计的参数能否在施工中顺利实施并得以体现是非常重要的。

(2) 项目可靠性质量控制

主要是指建设项目建成后，在规定的使用年限和正常的使用条件下，保证使用安全和建筑物以及建筑物内机电专业的管线和设备等系统性能稳定、可靠。

(3) 项目观感质量控制

对于建设工程项目的机电专业而言，应与建筑物的总体风格、装修格局、内部空间环境等适宜、协调，富有文化内涵。

(4) 项目经济性质量控制

建设工程项目设计经济性质量是指不同设计方案的选择对投资的影响。设计经济性质量控制的目的在于强调设计过程的多方案比较，通过兼职工程、优化设计，不断提高建设工程项目的性价比，在满足项目投资要求的条件下，做到物有所值、防止浪费。

(5) 项目施工可行性质量控制

任何设计意图都要通过施工来实现，设计意图不能脱离现实的施工技术水平和装备水平，否则，再好的设计意图也无法实现。

8. 简述设计联络的主要任务。

答：设计联络的主要任务如下：

(1) 了解设计意图、设计内容和特殊技术要求，分析其中的施工重点和难点，以便有针对性地编制施工组织设计，及早做好施工准备；以现有的施工技术和装备水平实施设计有困难时，要及时提出意见、协商修改设计，或通过探讨技术攻关、提高技术和装备水平来增大实施的可能性，同时向设计单位推荐先进的施工新技术、新工艺和新工法，争取通过适当的设计使这些新技术、新工艺和新工法在施工中得到应用。

(2) 了解设计进度，根据项目进度控制总目标、施工工艺顺序和施工进度安排，提出设计出图的时间和顺序要求，对设计和施工进度进行协调，使施工得以连续进行。

(3) 从施工质量控制的角度提出合理化建议，优化设计，为保证和提高施工质量创造更好的条件。

9. 简述机电工程竣工图绘制要求。

答：(1) 绘制竣工图应使用绘图笔或签字笔及绘图工具，不得使用圆珠笔或其他易于褪色的墨水笔绘制；竣工图文字说明应采用仿宋字体，字体的大小应与原图字体的大小一致。

(2) 变更洽商记录的内容必须如实反映到竣工图上，没有变更洽商或其他修改的，可在原施工图上加盖竣工图章作为竣工图;变更洽商不多的,可将变更洽商的内容直接改绘在原施工图上,并在改绘部位注明修改依据,加盖竣工图章形成竣工图;变更洽商较多,不宜在原施工图上直接修改和补充的,可在原图修改部位注明修改依据后另绘竣工图,另绘竣工图也应有图名、图号,原图和另绘竣工图均应加盖竣工图章形成竣工图;一条变更洽商涉及多张图纸的,每张图纸均应作相应修改。

(3) 竣工图可在原设计单位提供的施工图电子文件上经修改后制成,修改处应有明显标识。由施工图电子文件制成的竣工图应有原设计人员的签字;没有原设计人员签字的,须附有原施工图,原施工图和竣工图均应加盖竣工图章。

(4) 在原施工图上改绘,不得使用涂改液、刀刮、补贴等方法修改图纸。竣工图中需增加的内容在原图相关位置无法绘制清楚的,可将修改内容绘制在本图其他空白处,并做好索引说明。若本图纸没有其他空白处时,可在原图变更部位进行索引说明:如具体修改内容见×××图,并新增一张图纸用于绘制补充修改内容,新增图纸要有图名、图号,图名和图号应与原图名和图号相关联。另外,竣工图绘制能以图示说明变更内容的,则不再加写文字说明;如果图示无法说明清楚的,可加写文字说明。

(5) 机电各专业竣工图应包括各部位、各专业深化设计的相关内容,不得漏项和重复。

(6) 竣工图纸目录也应加盖竣工图章,作为竣工图归档。

10. 简述合同交底的内容。

答:(1) 发包人的资信状况;

(2) 投标策略,以及投标报价时成本分析、预计的主要盈亏点;

(3) 不平衡报价策略中不平衡报价的项目;

(4) 合同洽谈过程中考虑的主要风险点,谈判的重点及洽商结果;

(5) 合同订立前的评审过程中提出的主要问题或建议,特别是评审中明确要求进行调整或修改的,但经洽商仍未能调整或修改的条款;

(6) 合同的主要条款,包括质量、工期约定、工程价款的结算与支付、材料设备供应、变更与调整、违约责任、总分包分供方责任划分、履约担保的提供与解除、合同文件隐含的风险以及履约过程中应重点关注的其他事项等。

三、案例题

【案例 1】

某公司总承包方承建一农药厂合成和包装工段的机电工程,在编制两个单位工程的进度计划时,由于分包的土建工程因地基处理原因,机电工程正式开工的日期要比建设项目计划的时间迟。单位工程进度计划被确认后,该公司展开了一系列的施工准备工作,并将计划实施。

问题:

(1) 由于土建工程地基处理原因使两者的计划开工时间不一致,是由于计划编制的什么依据引起的?

(2) 该公司的计划文件应有什么说明?

(3) 该公司编制的单位工程进度计划对施工准备工作起到哪些作用？

(4) 该公司应怎样实施单位工程进度计划？

答：(1) 计划编制的目的是指导实施，使之具有可行性，所以要对依据和条件进行认真了解、仔细研究。土建工程地基处理超过预期时间是直接原因，从编制依据来分析，是计划编制依据中对环境情况和水文地质资料的掌握工作还有所欠缺。

(2) 一般总包方的投标书和总承包合同均会响应建设单位建设项目计划的要求，体现在总包方的施工总进度计划安排中，所以各个单位工程的开工、竣工时间要符合合同约定，若有差异，应在单位工程计划编制说明中作出解释，以客观的理由阐明不一致的原因，则计划便容易被认同，而不作违反合同约定的处理。

(3) 单位工程进度计划是编制该工程后细化了的月、旬(周)作业计划的依据，也是施工准备工作中人力、物资需要量计划的编制依据，可确定大型施工机械进场的时间，对作业安全计划和质量检验计划的编制起着引导作用。

(4) 该公司在实施单位工程进度计划时应按计划运行的客观规律，抓好计划实施前的交底、实施中的进度统计(即计划的检查)和实施中的生产要素调度三项工作，同时，发现偏差要分析，确定是否要对计划作出调整。

【案例2】

某公司分包承建某医院的机电工程，工程内容包括变配电所及其他建筑电气工程、通风与空调工程、给排水工程和锅炉安装工程等。其中，变配电所应提前受电为其他建筑设备的试运转提供条件，由业主方运行管理。安装时由于处理变压器漏油而停工3天，在分承包合同约定的日期与总承包方同步完工，启动整个单位工程的竣工验收。

问题：

(1) 因变配电所已受电，由业主方运行管理，该公司是否可以提前办理竣工验收手续？试说明理由。

(2) 判定变配电所可以验收的依据是什么？

(3) 该医院工程的竣工验收质量标准应遵循什么要求？

(4) 该工程的竣工验收步骤怎么安排？

答：(1) 变配电所是一个独立的专业工程，施工完毕并受电运行，已具备预期功能，可以在征得建设单位同意后，单独办理竣工验收或中间交工手续；从运行管理角度看，运行管理人员的资格认可要由业主或用户向工程所在地供电管理部门办理，还要建立相应的运行管理制度和维护保养制度，早日验收进入规范的运行，有利于安全用电。

(2) 变配电所是否可以竣工验收要依据相关文件进行判定，包括批准过的设计文件(施工图纸、设计说明书、施工过程中的设计变更通知书)、签订的施工合同、设备的技术说明书、施工质量验收规范及质量验收标准。判定的目的是确认工程是否完工、质量是否符合标准和规范要求。

(3) 竣工验收时除对工程内容要进行核实，确认其已经全部完成外，更为关注的是工程质量。对质量的评价，参与验收各方要有共同遵循的验收要求，以免产生歧义，这个验收要求包括：合同约定的工程质量标准、单位工程竣工验收合格标准、单位工程已达到使用条件、建设项目能满足建成后可投入使用的要求。

(4) 该工程竣工验收的步骤依次是自检自验、预验收、复验、竣工验收。前三个步骤由施工单位完成，最终竣工验收由建设单位主持完成。

【案例 3】

某施工单位通过投标承接了由某市政府投资的造纸厂机电安装工程的施工。工程开工一个月后，厂区管道工程施工进行到 70% 时，施工单位发现该厂址地下有一座汉朝古墓，并向监理单位、建设单位报告，经考古专家鉴定为国家级保护文物，根据《中华人民共和国文物保护法》规定，该管道工程必须停止。建设单位向该市领导及有关部门申报，经过论证、协商，决定重新设计再施工。该施工单位已投入了大量的人力、物力和财力，因此决定向建设单位索赔。

问题：

(1) 该项施工索赔能否成立？为什么？

(2) 该施工单位的上述索赔应按什么程序进行？

答：(1) 该项索赔能够成立。因为在施工中遇到地下文物而停止施工是因为建设单位在设计选址上的失误，施工单位应该得到赔偿。

(2) 施工单位索赔程序：

① 该施工单位以书面形式向监理单位提出索赔意向通知。

② 该施工单位应编制详细的索赔文件，文件中应说明该工程的开工时间、工程进度、施工人力投入情况、施工机械设备投入情况，以及与该工程有关的费用投入情况、工程改建的具体原因、该工程的施工承包合同。

③ 该施工单位在向监理单位发出索赔意向通知书后的 28 天内向监理单位提交索赔文件。

④ 索赔文件提交后，请求并催促建设单位在 28 天内给予答复。

⑤ 与监理单位进行充分协商，就索赔事宜达成一致意见。

⑥ 如果经过努力无法就索赔事宜达成一致意见，则施工单位和监理单位可以根据合同约定选择采用仲裁或者诉讼方式解决。

第4章　机电工程项目管理实务

❖ 学习目标

（1）通过学习实际案例，掌握变电所电气设备安装过程中制定质量管理策划方案的原则，以及进行质量控制与质量管理的方法。

（2）了解超高层建筑机电工程施工组织管理。

（3）掌握写字楼机电安装工程实际情况，分析工程的主要特点，找出工程的重难点，并能采取有针对性的实施措施。

（4）在熟练掌握建筑供热与空调系统组成及设备部件的基础上，熟练掌握供热系统和空调系统的运行调节方法，熟悉系统各部分维护保养的方法，能进行供热系统和空调系统日常的运行、维护和管理，能编制并填写相应的运行维护管理文件。

（5）掌握城市综合管廊基本概念、发展历史及分类，结合综合管廊典型工程案例的特点，熟悉城市综合管廊的技术要求。

❖ 学习要求

本章中的知识要点、相关知识、能力目标。

能力目标	知识要点	相关知识	权重	自测分数
基本掌握BIM技术在机电施工项目中的应用	1. BIM并不是一种具体可指的软件工具，实际上它是一种设计与协同工作的技术、流程与模式。 2. BIM技术具有显著的应用特性。 3. 利用BIM技术进行深化设计、管线碰撞检查、施工过程模拟，实现设计施工全过程的可视化监控，并且提高材料管理、成本预测、运营维护的管理水平	1. 美国对BIM标准的定义；我国住房城乡建设部颁布的《2011—2015年建筑业信息化发展纲要》。 2. 建立精确的工程数据模型；使建设过程中的信息获取准确且及时；显著提高项目团队的协同程度；构筑实时的管控模型。 3. 三维建模、碰撞检测、综合排布、净空分析、机电洞口预埋预留、二维出图、机电样板模型展示、复杂节点三维可视化交底、工程量统计、施工进度与工序模拟、模型移动端浏览、运维管理	0.25	
具备超高层建筑机电工程的管理能力	超高层机电工程概况、施工组织管理、安全管理	通风及空调工程施工管理、给排水工程施工管理、电气工程管理、消防工程管理、项目法施工	0.25	

续表

能力目标	知识要点	相关知识	权重	自测分数
能够分析写字楼机电安装工程特点及主要施工措施，具有分析工程重难点并采取对策的能力	1.根据招标文件和招标图纸确定施工任务。 2.基于设计图纸和技术规范文件拟定施工措施。 3.基于工程特点拟定工程重难点及施工对策	1.分部工程含义、电气与暖通识图。 2.施工组织、施工技术。 3.工程体量、分包、工种配合	0.20	
能进行建筑供热与空调系统的开停机；能进行建筑供热与空调系统的运行调节；能进行建筑供热与空调系统的维护保养；编制填写建筑供热与空调系统运行维护和管理文件	1.系统开停机的操作 2.系统运行调节的方法 3.系统维护保养的方法 4.文件的编写	1.开停机程序、启动前的准备、停机后的处理。 2.不同系统的各种调节方式、调节参数。 3.系统各部分的维护保养方法、使用的仪器材料。 4.办公软件的使用、运维文件的内容	0.20	
具有城市综合管廊的基本知识和基本应用的能力	城市综合管廊基本概念、发展历史及分类，了解综合管廊典型工程案例的特点	综合管廊的相关技术规范、施工技术、运行与维护技术等	0.10	

4.1 BIM技术在机电施工项目中的应用

4.1.1 BIM技术简介

伴随着科技创新与信息技术的快速发展，基于BIM技术的施工项目对设计、施工、管理和运营的要求越来越高，其作为一种新兴的计算机建筑建模技术，在我国建筑施工领域得到了广泛应用。

BIM是指建筑信息模型，是Building Information Modeling的缩写，它是在原有CAD技术基础上发展起来的一种多维模型信息集成技术，是一种应用于工程设计建造管理的数字化工具。但是，需要纠正一个常见误区，BIM并不是一种具体可指的软件工具，实际上它是一种与设计协同工作的技术、流程与模式。它是用来形容那些以三维图形为主、面向建筑项目对象的电脑辅助设计，是利用建筑工程的数字展示方式来协助数字信息交流与合作的一种方式。

美国对BIM标准定义为：一个设施（建设工程项目）物理和功能特性的数字化表达；一

个共享的知识资源；一个分享有关这个设施的信息，并为该设施从概念到拆除的全寿命周期中的所有决策提供可靠依据的过程。

随着我国经济蓬勃发展，建筑业也进入快速发展期，大规模城市化进程为新建建筑带来了前所未有的改变，这是助推 BIM 技术发展的重要行业背景。在项目设计越来越复杂，而设计周期短、工期紧张的情况下，传统计算机辅助设计方式面临多重困难。而服务于项目设计、建造、运营维护等整个生命周期的 BIM 技术软件可为项目各参与方提供交流顺畅、协同工作的平台。建筑公司通过使用 BIM 技术，可以在整个流程中将统一的信息创新、设计和绘制出项目，还可以通过真实性模拟和建筑可视化进行更好的沟通，以便让项目各方了解工期、现场实时情况、成本和环境影响等项目基本信息。

我国工程建设行业自 2003 年开始引进 BIM 技术后，相继于“十五”“十一五”期间开始注重 BIM 技术在我国的落地实践，大型的设计院、地产开发商、政府及行业协会等都积极响应，在不同项目上不同程度地使用 BIM 技术，早期的典型应用项目有上海中心大厦、上海世博会、香港地铁、“南水北调”工程等。2011 年 5 月，我国住房城乡建设部颁布了《2011—2015 年建筑业信息化发展纲要》，提出“十二五”期间基本实现建筑企业信息系统的普及与应用，加快 BIM 技术在工程中应用的总体发展目标。据统计机构 Dodge Data & Analytics（前身为 McGraw Hill Construction）公布的调研报告显示，截至 2015 年，BIM 技术在中国的普及程度相对其他发达国家还处于较低水平，但是中国市场对 BIM 技术普及的热情正前所未有地高涨，未来几年，在企业 30%以上的自有项目中应用 BIM 技术的施工单位数量将会增长 1.08 倍，而在设计单位中的增长更将达到 2 倍以上。

BIM 技术具有显著的应用特性，具体如下：

一是可以建立精确的工程数据模型。BIM 集成工程项目的各种信息形成工程数据模型。它能够根据 BIM 技术预测性能，还能够提前发现设计上的不足，或者说能够及时发现安排不恰当的地方。应用 BIM 技术，能够较快地发现设计中的问题，然后提前解决，从而达到优化设计的效果。BIM 技术能够提高流程的可预测性，能够最大程度地节省资金和时间，使得效率得到大大的提升。

二是使建设过程中的信息获取准确且及时。BIM 技术能够直接获取建筑质量、工程进度等信息；进行可视化管理及模拟；节省资金投入，提高文档质量；同步有关建筑性能和使用等信息；提供建筑的物理信息；提供更新记录，便于改善和管理。

三是可以显著提高项目团队的协同程度，提高工程设计与施工效率，规避各类风险。

四是可以构筑实时的管控模型。BIM 技术是实时模型，它能够使用先进技术来获取建筑物全方位的信息，比如设备信息；还能够获得动态信息，比如流动人群、温度等。如果发生紧急问题，BIM 技术能够尽快计算出最优路径，智能疏散人群。

简而言之，BIM 技术通过数字化手段，在计算机中建立出一个虚拟建筑，该虚拟建筑会提供一个单一、完整、包含逻辑关系的建筑信息库。其中，“信息”的内涵不仅仅是几何形状描述的视觉信息，还包含大量的非几何信息，如建筑材料的耐火等级和传热等能耗系数、构件的造价和采购信息等。其本质是一个按照建筑直观物理形态构建的数据库，其中记录了各阶段的所有数据信息。建筑信息模型（BIM 技术）应用的精髓在于这些数据能贯穿项目的整个寿命期,对项目的建造及后期的运营管理持续发挥作用。

BIM 技术能通过计算机建立一个集合了从设计到施工的所有项目信息的建筑三维模型,可以有效地避免和解决目前用 CAD 绘制二维图纸存在的效率低下、图纸错漏不易发现、重复出图、各专业冲突待到施工时才能发现的一系列矛盾,具有可视化、协同性和信息可提取性等特点。

4.1.2 BIM 技术在机电工程的应用简介

随着社会的进步,人们对建筑的安全性、智能化、舒适性和节能等提出了更高的要求,促使机电系统繁多,管线种类也很复杂(主要包括强电、弱电、消防喷淋、综合布线、给水、中水、污废水排放、燃气供应、通风空调、防排烟和采暖供热等),而机电管线安装空间也越来越紧张。尤其是在大型复杂的建筑工程项目设计中,设备管线的布置由于系统繁多、布局复杂,常常出现管线之间或管线与结构构件之间发生碰撞的情况,给施工带来麻烦,影响建筑室内净高,造成返工或浪费,甚至存在安全隐患。为了达到合理布置管线的目的,通常使用传统二维软件(如 CAD)绘制机电综合图纸,并以局部剖面图的辅助方式来解决机电工程管线综合的问题。由于传统的管线综合存在局限性,不能完全保证其管线布局的合理性。采用 BIM 技术,可以大幅度提高管线综合的效率。由于机电施工项目本身的复杂性、特殊性,通过利用 BIM 技术对其进行深化设计、管线碰撞检查、施工过程模拟,可以实现设计施工全过程的可视化监控,并且提高材料管理、成本预测、运营维护的管理水平。运用 BIM 技术,在施工前对建筑和机电设备管线进行三维建模,模拟各种施工条件下的管线布设、预制连接件吊装,提前发现施工现场存在的碰撞和冲突,尽早发现施工过程中可能存在的碰撞和冲突,有利于减少设计变更,提高施工现场的工作效率和降低项目成本。有数据显示,不同专业在建设工程中所占的成本比例也有所变化,机电部分所占的比例呈上升趋势,因而当前 BIM 技术在机电部分应用的价值也越来越得到凸显。建筑工程成本构成随时代变化的趋势如表 4.1 所示。

表 4.1 建筑工程成本构成随时代变化的趋势

专业	1900 年以前	1970 年以后	2000 年以后
基础	15%	15%	15%
建筑	70%	35%	30%
结构	15%	15%	15%
暖通空调	—	25%	25%
电气	—	10%	15%

因为实践落地难度较小、成本效益显著、模型直观便捷,作为目前市场上最成熟的 BIM 技术应用板块,管线综合优化中 BIM 技术的应用已经在国内全面普及,也为各建设参与方深入领会 BIM 技术理念起到了很好的助推作用。

典型的管线综合 BIM 技术模型见图 4.1。图 4.2 所示是 MEP 管道实景图。

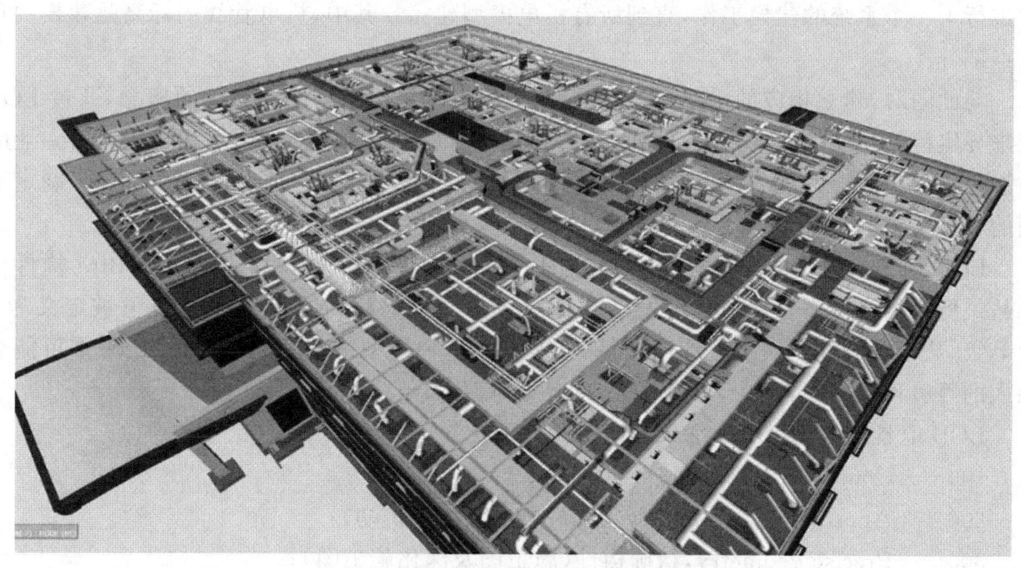

图 4.1　典型的管线综合 BIM 技术模型

图 4.2　MEP 管道实景

4.1.3　三维建模

根据各专业施工图和管线综合平面图，对整个项目进行精确的建模。根据设计单位提供的二维图纸，应用 BIM 技术重新建模，将实体建筑物通过数字技术建立模型，技术人员只需要输入建筑实体的空间位置、尺寸及布局等一系列的信息，避免了重复操作，减轻了绘制负担。

在机电方面的建模工作是运用 Revit MEP 软件。某系统的机电管线和设备建完之后才进行下一个系统的建模工作，直到所有机电模型建完。其中，机电管线的标高是建模的重难点部分。

与此同时，建立相应的土建专业模型，需要重点提出模型精度（LOD）的概念，通过 LOD 值来界定模型建立的详细程度，例如，建筑专业的门窗把手、固定用螺丝钉、机电设备专业的喷淋头、阀门开关是否要在模型中画出来等类似问题，会根据模型应用需求的不同，制定不同的精度要求。

LOD 值表示模型的详细程度，英文为 Level of Development，描述了一个 BIM 构件单元从最低级的近似概念化的程度发展到最高级的演示级精度的步骤。LOD 值被定义为 5 个等级，从概念设计到竣工设计，已经足够来定义整个模型过程。但是，为了给未来可能会插入的等级预留空间，定义 LOD 值为 100～500。

LOD 值具体的等级以及细致程度定义如下：

100——Conceptual，概念化；

200——Approximate geometry，近似构件（方案及扩初）；

300——Precise geometry，精确构件（施工图及深化施工图）；

400——Fabrication 加工；

500——As-built 竣工。

某地下室 LOD 400 机电模型见图 4.3。

图 4.3　某地下室 LOD 400 机电模型

LOD 建模精度标准说明见表 4.2。BIM 技术建模详细等级建议如表 4.3 所示。

表 4.2　LOD 建模精度标准说明

精度标准	建 模 要 求	模型实例
LOD 100	等同于概念设计，此阶段的模型通常为表现建筑整体类型分析的建筑体量，分析包括体积、建筑朝向、每平方造价等	

续表 4.2

精度标准	建模要求	模型实例
LOD 200	等同于方案设计或扩初设计，此阶段的模型包含普遍性系统，包括大致的数量、大小、形状、位置以及方向，通常用于系统分析以及一般性表现目的	
LOD 300	模型单元等同于传统施工图和深化施工图层次。此模型已经能很好地用于成本估算，以及包括碰撞检查、施工进度计划及可视化在内的施工协调。LOD 300 模型应当包括业主在 BIM 技术提交标准里规定的构件属性和参数等信息	
LOD 400	此阶段的模型被认为可以用于模型单元的加工和安装。此模型更多地被专门的承包商和制造商用于加工和制造项目的构件，包括水电暖系统	
LOD 500	最终阶段的模型表现了项目竣工的情形。该模型将作为中心数据库整合到建筑运营和维护系统中去。LOD 500 模型将包含业主在 BIM 技术提交说明里制定的完整的构件参数和属性	

表 4.3　BIM 建模详细等级建议表

	方案阶段	初设阶段	施工图阶段	施工阶段	运营阶段
	LOD 值	LOD 值	LOD 值	LOD 值	LOD 值
给排水专业					
管道	100	200	300	300	300
阀门	100	200	300	300	300
附件	100	200	300	300	300
仪表	100	200	300	300	300

续表 4.3

		方案阶段	初设阶段	施工图阶段	施工阶段	运营阶段
		LOD 值	LOD 值	LOD 值	LOD 值	LOD 值
给排水专业						
卫生器具		100	200	300	400	400
设备		100	200	300	400	400
暖通专业						
风管道		100	200	300	300	300
管件		100	200	300	300	300
附件		100	200	300	300	300
末端		100	200	300	300	300
阀门		100	100	300	300	300
机械设备		100	100	300	400	500
水管道		100	200	300	300	300
设备		100	100	300	400	500
仪表		100	100	300	400	500
机电专业(强电)						
供配电系统	配电箱	100	200	400	400	400
	电度表	100	200	400	400	400
	变配电站内设备	100	200	400	400	400
电力、照明系统	照明	100	100	400	400	400
	开关插座	100	100	300	300	300
线路敷设及防雷接地	避雷设备	100	100	300	400	400
	桥架	100	100	300	400	400
	接线	100	100	300	400	400
机电专业(弱电)						
火灾报警及联动控制系统	探测器	100	100	300	400	400
	按钮	100	100	300	400	400
	火灾报警电话	100	100	300	400	400
	火灾报警	100	100	300	400	400

续表 4.3

		方案阶段	初设阶段	施工图阶段	施工阶段	运营阶段
		LOD 值	LOD 值	LOD 值	LOD 值	LOD 值
机电专业(弱电)						
线路线槽	桥架	100	100	300	400	400
	接线	100	100	300	400	400
通信网络系统	插座	100	100	400	400	400
弱电机房	机房内设备	100	200	400	500	500
其他系统设备	广播设备	100	100	300	400	500
	监控设备	100	100	300	400	500
	安防设备	100	100	300	400	500

4.1.4 碰撞检测

根据美国建筑行业研究院于 2007 年颁布的美国国家 BIM 技术标准，建筑业的无效工作(浪费)高达 57%。BIM 技术就是解决建筑业资源浪费，建立建筑业低碳经济时代的有效方法。美国斯坦福大学在总结 BIM 技术价值时发现，使用 BIM 技术可以消除 40% 的预算外变更，通过及早发现和解决冲突可降低 10% 的合同价格。碰撞检查则是利用 BIM 技术消除变更与返工的一项主要工作。

工程中实体相交定义为碰撞，实体间的距离小于设定公差，影响施工或不能满足特定要求也定义为碰撞，为区别二者，分别命名为硬碰撞和间隙碰撞。硬碰撞，是指实体在空间上存在交集，这种碰撞类型在设计阶段极为常见，发生在结构梁、空调管道和给排水管道三者之间；间隙碰撞，是指实体与实体在空间上并不存在交集，但两者之间的距离 d 比设定的公差 T 小则被认定为碰撞。该类型碰撞检测主要出于安全、施工便利等方面的考虑，相同专业间有最小间距要求，不同专业之间也需设定最小间距要求，同时还需检查管道设备是否遮挡墙上安装的插座、开关等。

对于大型复杂的工程项目，采用 BIM 技术进行碰撞检查有着明显的优势及意义。在此过程中可发现大量隐藏在设计中的问题，而在传统的单专业校审过程中很难被发现。在 BIM 技术三维模型的基础上，进行建筑、结构、机电、装饰等各专业深化设计，并随工程进展绘制土建—机电—装修综合图，通过各专业三维图叠加、综合可做到三维可视化，可以运行 BIM 技术模型的碰撞检查功能，对项目的土建、管线、设备等进行碰撞检查，可以发现视觉上难以直接发现的碰撞、干涉等，并且导出碰撞报告，及时发现综合图中各专业之间的碰撞、错、漏、缺等问题，并根据 BIM 技术模型提供碰撞检测报告，及时解决，以实现图纸设计零冲突、零碰撞，完成机电深化应用。可避免施工过程中的返工、停工等现象发生，大大减少设计变更，确保施工进度。

碰撞检查流程的主要工作分为以下五个阶段：

(1) 土建、安装各个专业模型提交；

(2) 模型审核并修改；

(3) 系统后台自动碰撞检查并输出结果，撰写并提供碰撞检查报告；

(4) 根据碰撞报告修改优化模型；

(5) 重复以上工作，直到无碰撞为止。

碰撞检测的办法，则是依托成熟的BIM应用软件载入BIM技术模型来实现，当前主流的碰撞检测软件有Autodesk公司出品的Navisworks系列产品。该软件产品能读取多种格式的BIM技术模型，然后选定需要做检测的模型类别，通常按照专业以及构件类型来区分，比如结构梁与风管、风管与桥架；也支持多种组合类型之间的碰撞检测，选好分类后再设定符合设计规范和施工规范的碰撞规则，然后点击“运行测试”，软件既可以自动检测出碰撞点，导出碰撞报告，也可以在软件环境下查看碰撞位置以及碰撞构件的相关信息。针对碰撞构件，软件将自动用不同颜色予以标识，方便查阅。

图4.4所示是主流碰撞检测软件Navisworks。

图4.4 碰撞检测软件Navisworks

图 4.5 所示是进行碰撞规则设置。

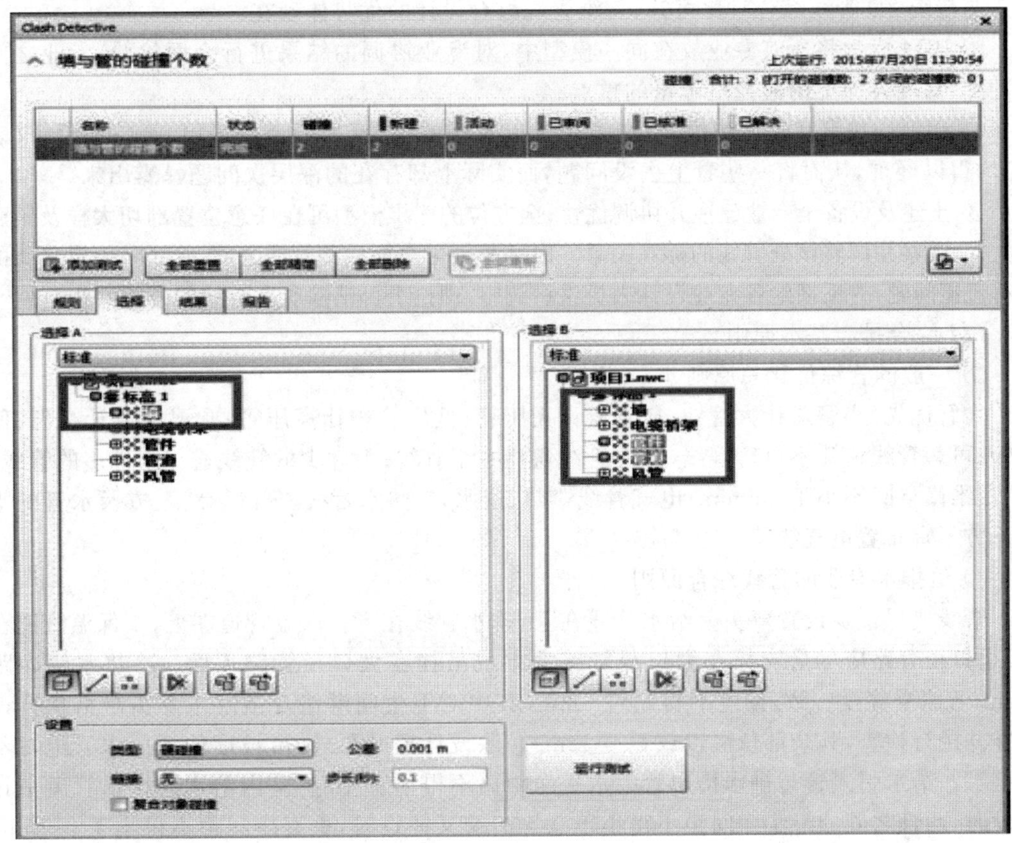

图 4.5　碰撞规则设置

4.1.5　综合排布

(1) 综合排布简介

综合排布,也称为管综优化。机电全专业模型的建立解决了机电工程管线综合、深化设计的难题,最大限度地满足了项目的净高要求。现代建筑往往具有娱乐、舒适、美观等多重属性。综合管线初步定位及各专业之间无明显不合理的交叉;保证各类阀门及附件的安装空间;综合管线整体布局协调合理;保证合理的操作与检修空间,就决定了机电施工既要保证安全无冲突,又要考虑美观和空间需要。BIM 技术能够通过虚拟进行实时调整并查看效果,保证一次性提出最优的深化设计方案,减少返工和重复施工,提高了施工效率,并且能保障施工进度和施工综合质量,满足业主方的要求,解决施工难题。

优化排布后的综合管线模型,解决了因管线冲突引起的设计变更和材料浪费,可以在三维环境下观察管线之间的排布关系,并可以任意生成所需要位置的剖切图,通过测量获得管线的准确安装位置,生成的 BIM 深化施工图可成为施工单位现场安装的有效参考依据。此外,依据管线模型规划各区域各系统管线的安装时间和顺序,使得各施工部门有序组织工序穿插,按计划实施,保障工期,提升整个机电系统的安装质量。

(2) 综合排布与传统 2D 管线综合对比

与传统 2D 管线综合对比可知,三维管线综合设计的优势体现在:

① BIM 模型将所有专业放在同一模型中,对专业协调的结果进行全面检验,专业之间的冲突、高度方向上的碰撞是考量的重点。

② 模型均按真实尺度建模,传统表达予以省略的部分(如管道保温层、阀门把手,仪表等)均得以展现,从而将一些看上去没问题,而实际上却存在的深层次问题暴露出来。

③ 土建及设备全专业建模并协调优化,全方位的三维模型可在任意位置剖切大样及轴测图大样,观察并调整该处管线的标高关系。BIM 软件可全面检测管线之间、管线与土建之间的所有碰撞问题,并反馈给各专业设计人员进行调整,理论上可消除所有管线的碰撞问题。

(3) 综合排布基本原则

① 一般的管综优化总原则

大管优先,小管避让大管;有压管避让无压管;低压管避让高压管;常温管避让高温、低温管;可弯管线避让不可弯管线、分支管线避让主干管线;附件少的管线避让附件多的管线,安装、维修空间不小于 500mm;电气管线避热、避水,在热水管线、蒸汽管线上方及水管的垂直下方不宜布置电气线路。

② 给排水专业的管线综合原则

管线要尽量少设置弯头。给水管线在上,排水管线在下。保温管道在上,不保温管道在下,小口径管路应尽量支撑在大口径管路上方或吊挂在大口径管路下面。冷热水管净距 15cm,且水平高度一致,偏差不得超过 5mm(其中对卫生间淋浴及浴缸水龙头严格执行该标准并进行检查,其余部位可以放宽至 1cm)。除设计提升泵外,带坡度的无压水管绝对不能上翻。给水引入管与排水排出管的水平净距离不得小于 1m。室内给水与排水管道平行敷设时,两管之间的最小净间距不得小于 0.5m;交叉铺设时,垂直净间距不得小于 0.15m。给水管应铺设在排水管上面,若给水管必须铺设在排水管的下方时,给水管应加套管,其长度不得小于排水管管径的 3 倍。喷淋管尽量选在下方安装,与吊顶间距保持至少 100mm 的距离。各专业水管尽量平行敷设,最多出现两层上、下敷设。污水、雨水、废水排水等自然排水管线不应上翻,其他管线应避让重力管线。给水 PP-R 管道与其他金属管道平行敷设时,应有一定保护距离,净距离不宜小于 100mm,且 PP-R 管宜在金属管道的内侧,桥架在水管的上层或水平布置时要留有足够空间。水管与桥架层叠铺设时,要放在桥架下方。管线不应该遮挡门、窗,应避免通过电机盘、配电盘、仪表盘上方。管线外壁之间的最小距离不宜小于 100mm,管线阀门不宜并列安装,应错开位置,若需并列安装,净距不宜小于 200mm。管径与墙面净距之间的关系如表 4.4 所示。

表 4.4 管径与墙面净距之间的关系表

管径范围	与墙面的净距(mm)
$D \leqslant DN32$	≥25
$DN32 \leqslant D \leqslant DN50$	≥35
$DN75 \leqslant D \leqslant DN100$	≥50
$DN125 \leqslant D \leqslant DN150$	≥60

③ 暖通专业的调整原则

一般情况下应保证无压管的重力坡度，无压管放在最下方。风管和较大的母线桥架，一般安装在最上方；安装母线桥架后，一般将母线穿好。风管与桥架之间的距离应不小于100mm。对于管道的外壁、法兰边缘及热绝缘层外壁等管路最突出的部位，距墙壁或柱边的净距应不小于100mm。

通常，风管顶部距离梁底50～100mm的间距。如遇到空间不足的管廊，可与设计师沟通，将断面尺寸改小，便于提高标高。暖通的风管较多时，一般情况下排烟管应高于其他风管；大风管应高于小风管。两个风管如果只是在局部交叉，可以安装在同一标高，交叉的位置处小风管绕大风管。空调水平干管应高于风机盘管。冷凝水应考虑坡度，吊顶的实际安装高度通常由冷凝水的最低点决定。

管道的平行净距、交叉净距关系见表4.5。

表4.5 管道的平行净距、交叉净距关系

管道类别		平行净距(m)	交叉净距(m)
一般工艺管道		0.4	0.3
易燃易爆气体管道		0.5	0.5
热力管道	有保温层	0.5	0.3
	无保温层	1.0	0.5

④ 电气专业通常管线综合原则

电缆线槽、桥架宜高出地面2.2m以上。线槽和桥架顶部距顶棚或其他障碍物不宜小于0.3m。电缆桥架应敷设在易燃易爆气体管和热力管道的下方，当设计无要求时，与管道的最小净距应符合以下要求：

在吊顶内设置时，槽盖开启面应保持80mm的垂直净空，与其他专业之间的距离最好保持在100mm及以上。电缆桥架与用电设备交越时，其间的净距不小于0.5m。两组电缆桥架在同一高度平行敷设时，其间的净距不小于0.6m，桥架距墙壁或柱边净距不小于100mm。电缆桥架内侧的弯曲半径不应小于0.3m。电缆桥架多层安装时，控制电缆间不小于0.2m，电力电缆间不小于0.3m，弱电电缆与电力电缆间不小于0.5m，如有屏蔽盖可减少到0.3m，桥架上部距顶棚或其他障碍不小于0.3m。

电缆桥架不宜敷设在腐蚀性气体管道和热力管道的上方及腐蚀性液体管道的下方。通信桥架距离其他桥架的水平间距至少为300mm，垂直距离至少为300mm，防止其他桥架的磁场干扰。桥架上下翻时要放缓坡，桥架与其他管道的平行间距不小于100mm。桥架不宜穿楼梯间、空调机房、管井、风井等，遇到后尽量绕行。强电桥架要在靠近配电间的位置安装，如果强电桥架与弱电桥架上下安装时，应优先考虑将强电桥架放在上方。

(4) 管线碰撞优化调整

管线碰撞优化调整实例如图4.6(a)、4.6(b)所示。可提高电缆桥架标高，让电缆桥架从排风管道上部排布，解决风管与桥架间的位置冲突问题；提高加压送风管道的标高，解决与补风管道的碰撞问题。

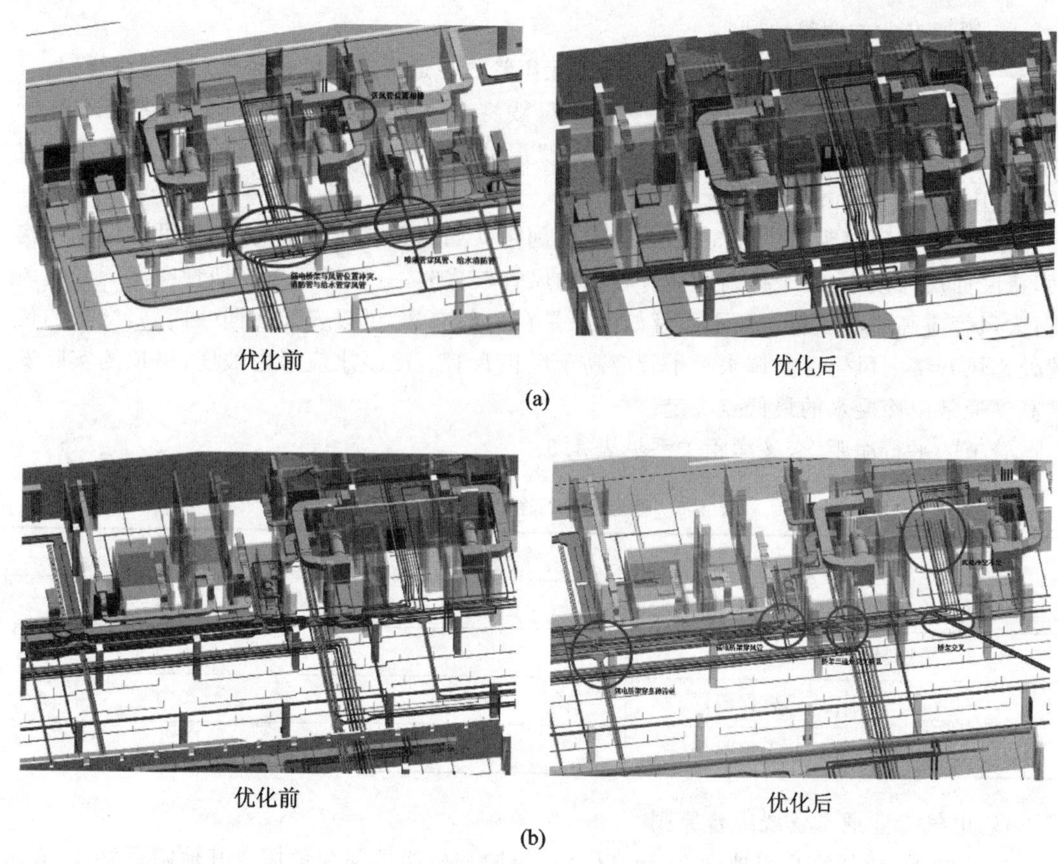

优化前　优化后

(a)

优化前　优化后

(b)

图 4.6　管线碰撞优化调整实例

4.1.6　净空分析

在完成机电管线的综合优化排布，并明确业主的综合优化目标之后，通过绘制净空分析图，对整个项目的各个部分的净空进行针对性的检查。

重点检查的部位包括：坡道、设备运输通道是否满足净空要求；管线密集区域是否满足净空要求；大型管线经过区域是否满足净空要求；重力排水管道经过区域是否满足净空要求；楼梯间、入户门厅前室等关键区域是否满足净空要求；车道车位等区域是否满足净空要求。绘制完成的分色图还可作为二次精装设计的参考。最终完成净空优化后的分色图，清晰表达了建筑各区域净空状态，实现了净空控制目标，消除了业主对净空不足的顾虑。

某项目净空分析图如图 4.7 所示。对部分节点优化后的成果如图 4.8 所示。

依托 BIM 软件以及插件，基于 BIM 技术的净空分析效率高、数据详细、出图便捷、指导性强，对提升建筑品质和节省成本具有革命性意义。在 BIM 主流软件 Revit 软件环境下，亦能够单独完成净空分析。以某项目的机电管线为例，最低净空标高要求满足 2200mm。在 Revit 中先把此区域的净空分析图绘制出来，再截取此区域的三维模型图，最后整合根据项目需要所生成的文档。

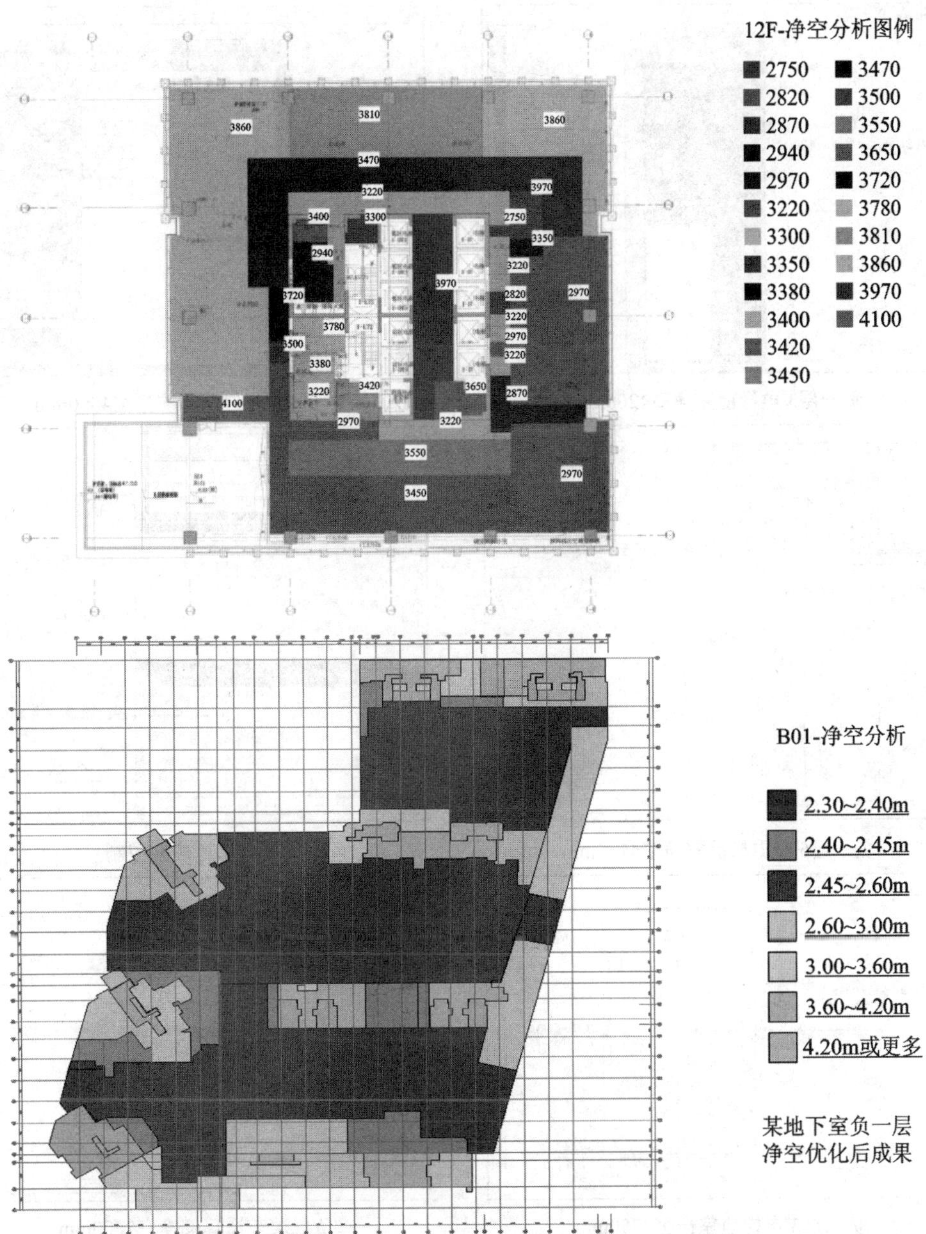

图 4.7　某项目净空分析图例

4.1.7　机电洞口预埋预留

机电安装中，电气管线的预留预埋是整个工程项目的重要部分，对工程的施工质量和稳定性能有着重要的影响。电气管线的敷设与电气设备的使用情况、运行效果密切相关，与工程的安全稳定运行也有重要的关系，因此，通过提高电气管线的敷设技术可以提高设备的利

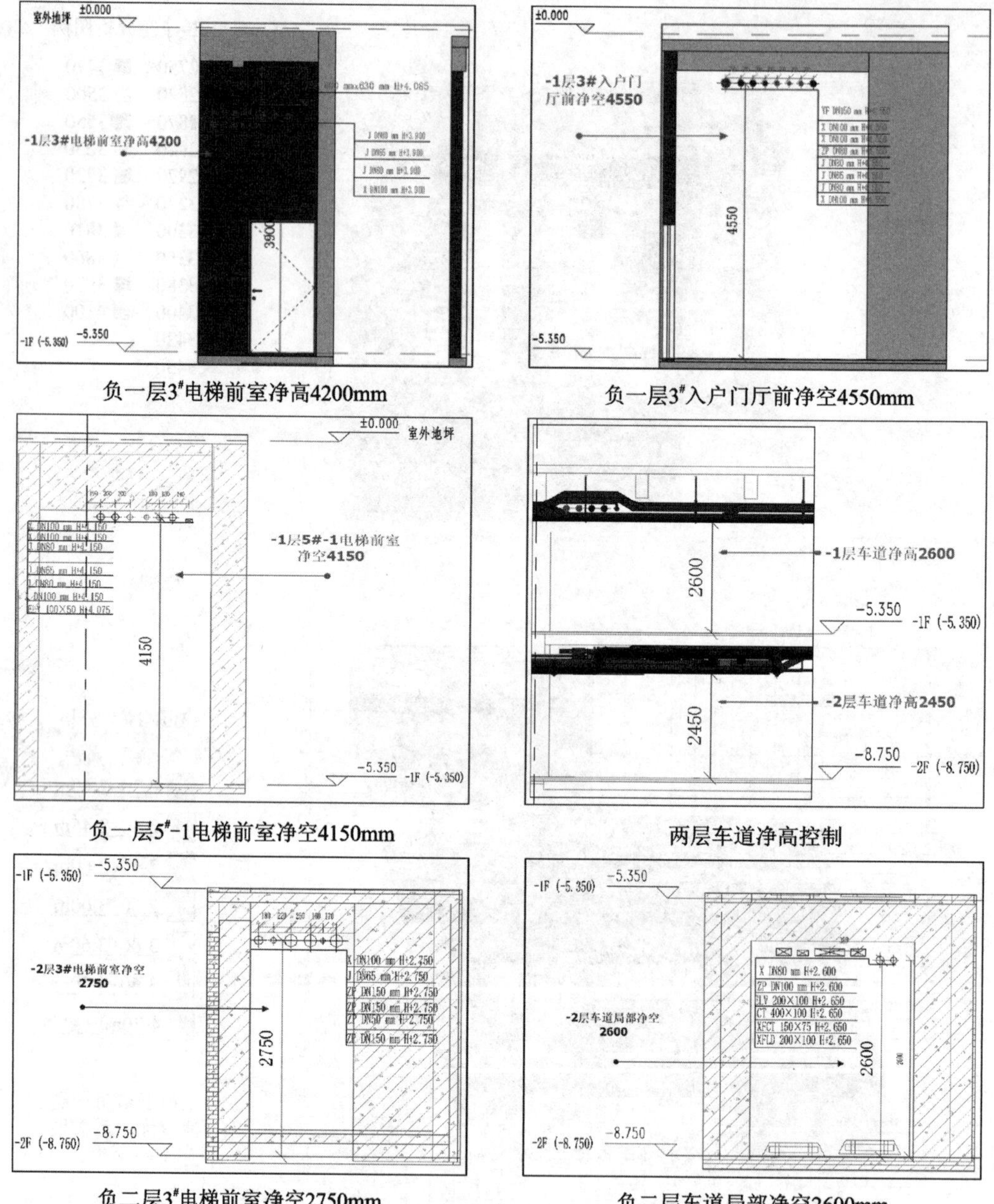

负一层3#电梯前室净高4200mm　　负一层3#入户门厅前净空4550mm

负一层5#-1电梯前室净空4150mm　　两层车道净高控制

负二层3#电梯前室净空2750mm　　负二层车道局部净空2600mm

图 4.8　部分节点优化后的成果

用率,保证建筑物的正常运行,维持居民正常的生活秩序。另外,预留预埋项目阶段的投资管理是影响工程质量提升的重要因素。所谓投资管理,就是指决定和选择投资行为方案的整个管理过程。在建议书的编制阶段,我们认为预留预埋项目阶段是十分重要的,是决定项目地点、地区、设备的选用及生产工艺、标准的统筹性工具。详细的可行性研究阶段及初步可行性研究阶段对机电安装中电气管线的预留预埋项目在技术方面以及市场管理方面有着十分重要的意义。

初步设计阶段是机电安装中电气管线的预留预埋项目中最为关键的阶段，同样也是整个项目设计构思基本上能够比较容易形成的一个阶段。这就需要我们按照实事求是的态度根据实际的情况具体分析，然后进行相应的设计，以此来评价该项目的经济性以及管理上的合理性。项目的管理以及预留预埋定位是机电安装中电气管线预留预埋的主要部分，另外还包括勘察资料、说明以及项目建设过程中的一览表等。因此，在实际的预留预埋过程中一定不能突破工程设计的概算。所以，在项目工程的最初设计阶段，工作方法主要包括：进行标准设计的推广以及采用优秀的设计标准，应用机电安装中电气管线的预留预埋方法和原理来进行设计目标关系的协调。通过应用先进的技术来对影响电气管线的预留预埋因素进行分析，提出控制和降低成本的措施，从而可以完善技术方法和手段，实现项目管理的设计和优化等。

所谓电气管线的预留预埋实施阶段，是一个活动化的过程，已经成为了真正需要大量投资的阶段。在整个过程中，如果电气管线的预留预埋自身发生了变更，或者是相关建设单位违约索赔，或者是企业自身疏于审核等都会直接导致项目管理程度达不到预期的目标。所以，在电气管线的预留预埋实施过程中，合理的管理已经成为实现电气管理预留预埋价值最主要和关键的阶段。因此，无论是哪一方面出现变更都要出示相关的书面证明材料，比如影响电气管线的预留预埋计算书以及增减工程量的计算书等。当各机电专业的深化平面施工图确定之后，根据调整之后的管线路径，对需要穿过的结构以及建筑墙体，就可以通过一些建模软件的插件在墙体上开洞，最后从软件里导出预留预埋的平面定位图。根据需要，可以出具穿线管的预埋施工图，电箱、电线盒的预埋施工图，砌筑墙内的电气管线预埋图以及现浇混凝土楼板上的接线盒预埋图。除此之外，还可以对设计图上预留的结构洞口进行校审，确定其最终的预留位置。

部分区域预留洞展示如图 4.9 所示。

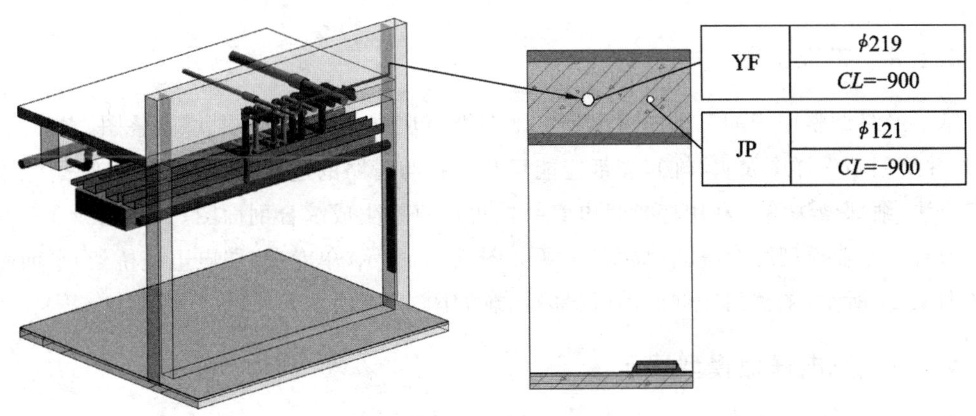

负一层2#- 入户门厅处预留洞

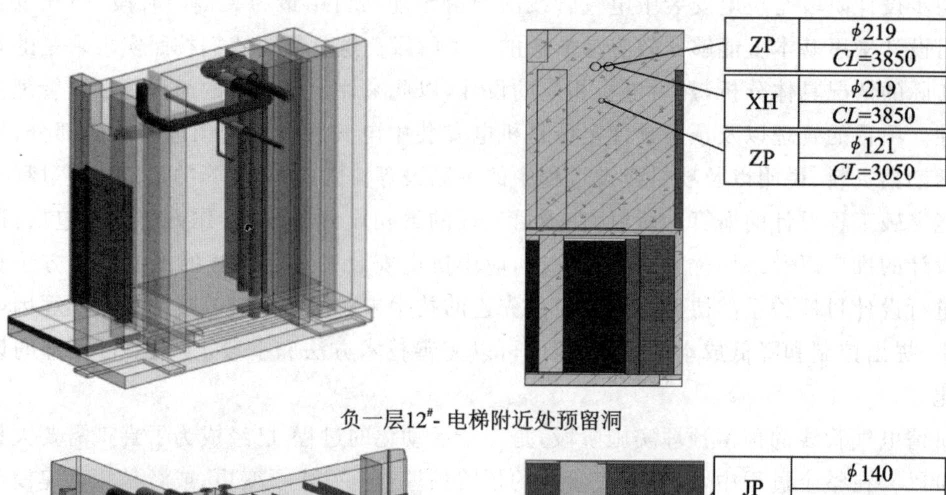

负一层12#-电梯附近处预留洞

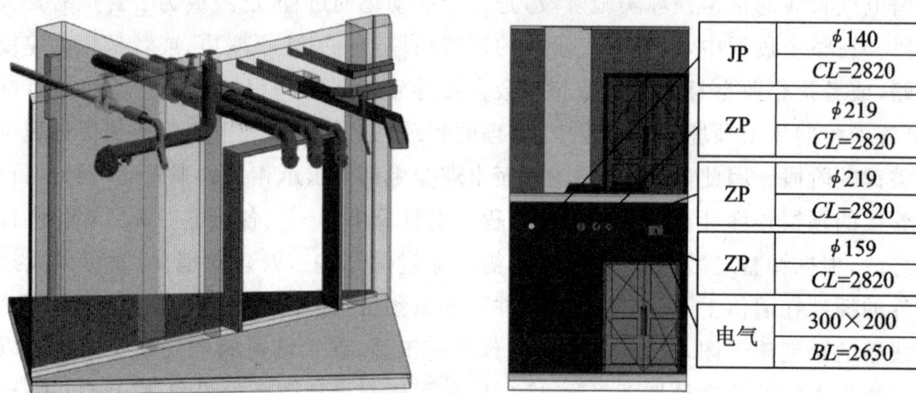

负二层4#-入户门厅处预留洞

图 4.9　部分区域预留洞展示

4.1.8　二维出图

基于最终调整完毕的三维模型出具二维图纸，包含单专业平面图、综合叠图、立面图、剖面图，并绘制施工详图及大样图，图纸应能反映设备与管路的连接型式、设备基础做法、设备固定方法、细部做法等。利用综合机电管线图可以直接生成综合剖面图。

项目全专业模型综合叠图(局部)示意如图 4.10 所示，单专业(弱电电缆桥架)平面图示意如图 4.11 所示，主楼门厅剖面图(局部)示意如图 4.12 所示。

4.1.9　机电样板模型展示

工程质量样板引路是工程施工质量、进度管理的一种行之有效的做法，鉴于当前建筑施工一线作业人员大多为农村富余劳动力，文化程度和职业技能不高，以及一般住宅项目标准层较多的现状，整个工程推行工程样板引路这一做法，使之成为施工项目质量、进度管理的一项措施，有利于加强对工程施工重要工序、关键环节的质量控制，消除工程质量通病，提高工程质量的整体水平。能够加强与土建、装修、其他专业机电施工单位的沟通配合，推进整

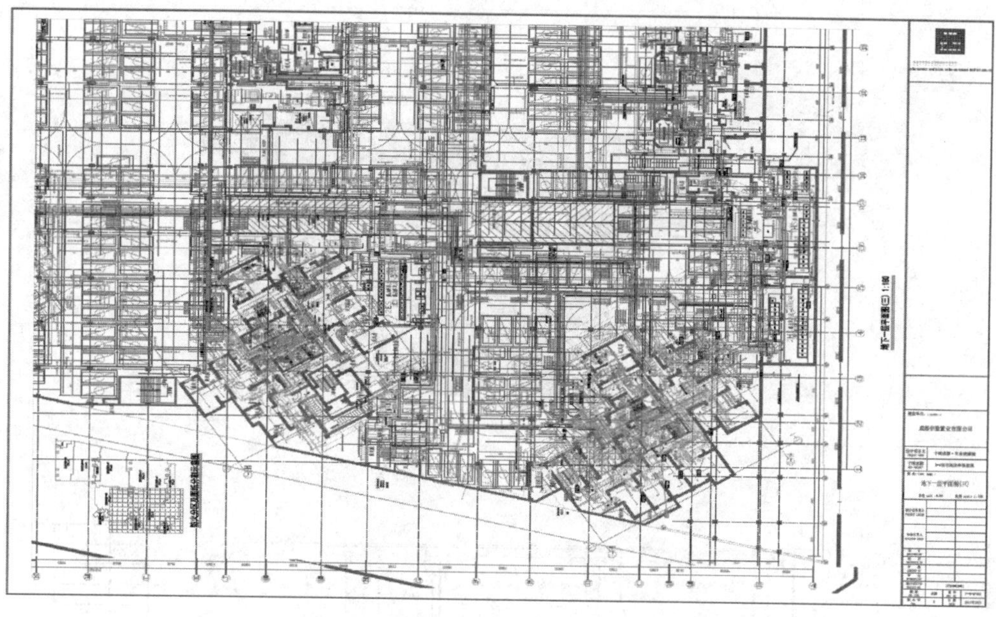

图 4.10　项目全专业模型综合叠图(局部)示意

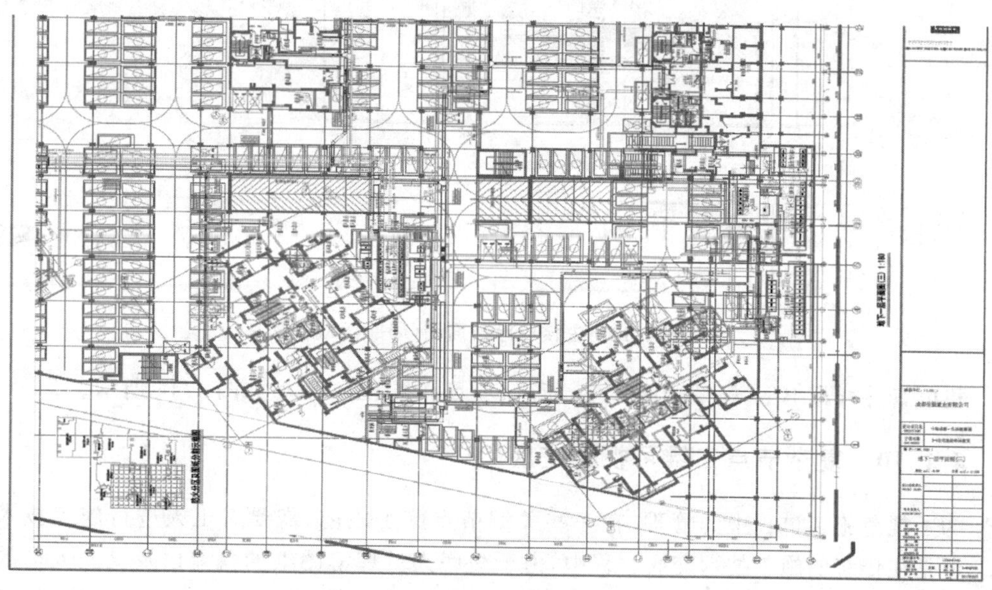

图 4.11　单专业(弱电电缆桥架)平面图示意

体工程的进度。

在机电安装施工中,实施样板引路制度就显得额外重要了。为了降低施工成本,针对一些量大面广的分项工程,在开始大面积施工前做出示范样板模型,如样板间、样板层、样板段等,之后将模型移置于移动端上对工人进行技术交底,统一操作要求、明确质量目标、提高工序的操作水平、确保工序质量及施工速度。

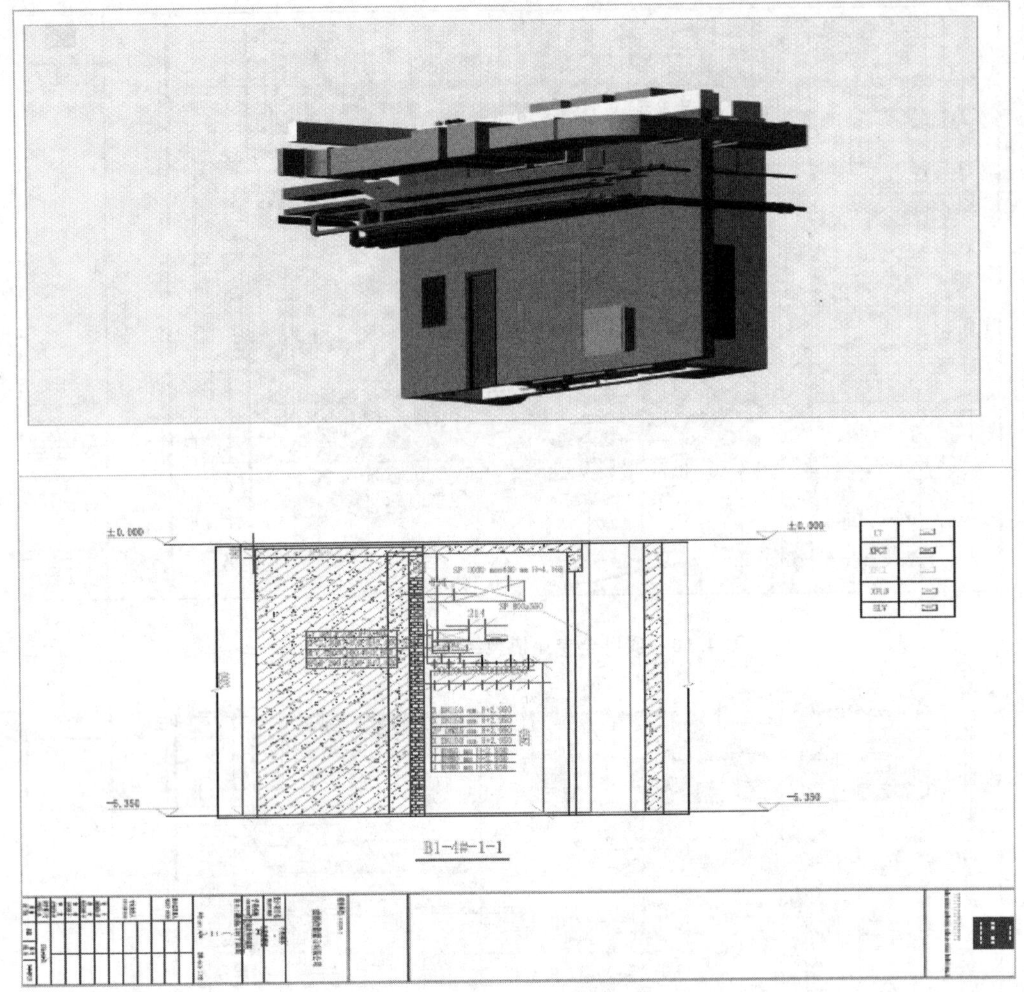

图 4.12 主楼门厅剖面图(局部)示意

机电管井样板 BIM 模型如图 4.13 所示,项目样板 BIM 模型如图 4.14 所示。

4.1.10 复杂节点三维可视化交底

为了规范施工过程中的管理,在一些关键节点施工之前,需要对工人进行施工技术交底。但是在传统的施工技术交底过程中,由于交底人员理解图纸的偏差以及交底人员的理解不到位,施工交底的意义常常没有体现出来,后期又会出现施工偏差等问题,严重的可能会出现安全问题。这时二维图纸交底的弊端就显现出来了,而在机电安装施工中,管线错综复杂,有些复杂节点的二维图纸难以表达清晰,就更别谈技术交底了。

BIM 模型本质上是一个以三维图形为载体的数据库。通过这个大型“数据库”,技术交底就变得简单许多,避免了因人员沟通等问题造成的误解,极大地提高了沟通效率,减少了因理解错误造成的返工。

精确的三维模型辅助施工前技术交底如图 4.15 所示。

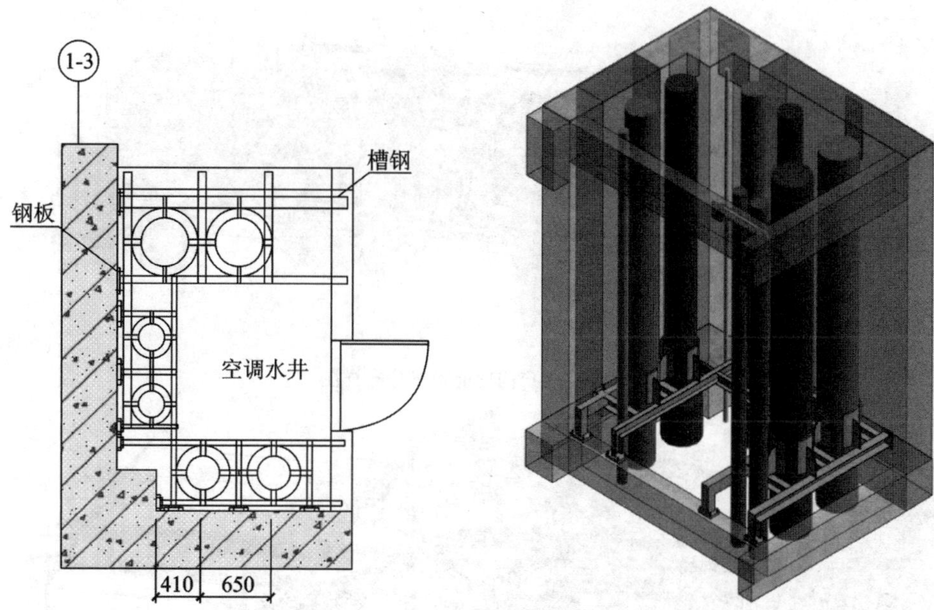

图 4.13　机电管井样板 BIM 模型

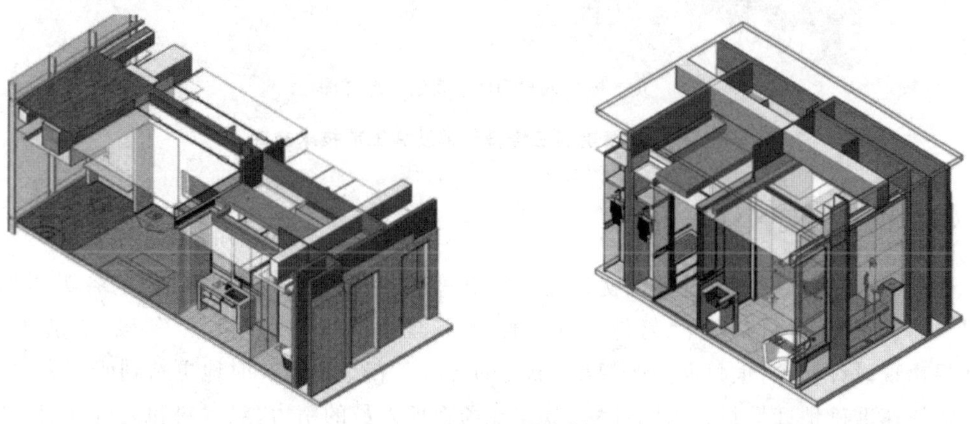

图 4.14　项目样板 BIM 模型

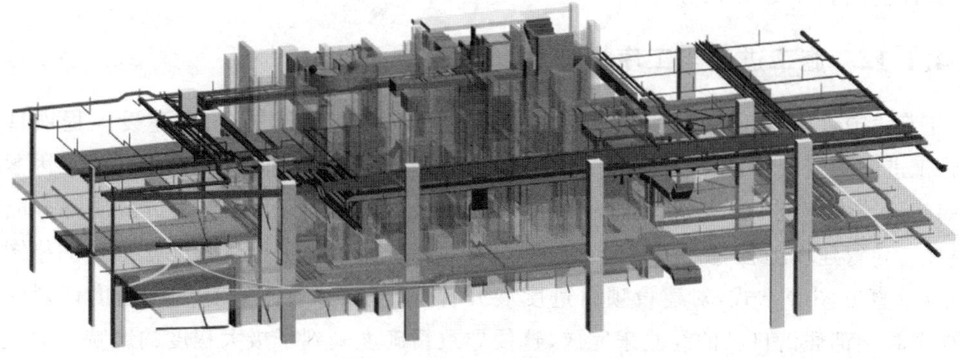

负一层5-2#-机房顶外侧管线分布详图

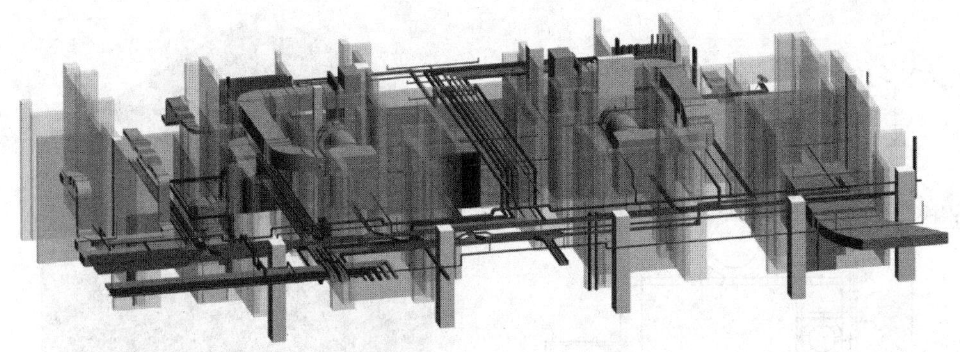

负一层3#-入户门厅前管线分布详图

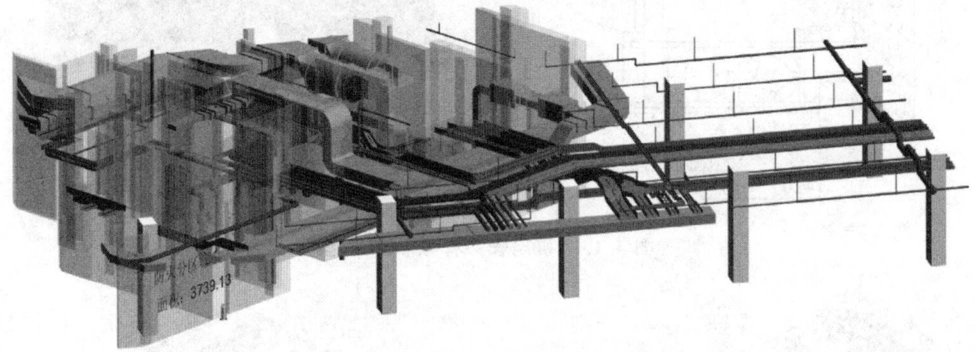

负一层4#-入户门厅前管线分布详图

图 4.15　精确的三维模型辅助施工前技术交底

4.1.11　工程量统计

建立 BIM 信息模型的过程也就是完善数据库的过程，利用数据库导出的各类明细表，可以快速、准确地对材料用量、管件设备个数、不同规格材料进行分类汇总等。在施工过程中如果出现设计变更，也只需修改模型，统计的各种工程量都会实时地更新到明细表中。这样就能快速准确地计提材料采购计划、节省现场管理人员的精力，对材料和人员计划的安排都有很大作用，极大地提高了机电工程施工管理的效率。

管件明细表如图 4.16 所示。

4.1.12　施工进度与工序模拟

随着我国建筑行业的不断发展，建筑施工动态管理越来越复杂，在建设工程项目管理中，施工进度的管理一直都是管理工作的难点，由于受到施工期间内在因素与外在因素的影响（如施工技术与施工工艺等方面的内在因素，以及天气、管理水平与人员素质等方面的外在因素），导致建设工程施工工期经常被延误。而传统的施工进度管理方法通过网络图与横道图以及直方图等方式，对建设项目进度展开管理，但项目管理者在编制进度计划的过程中，很多时候都凭借自己的经验来完成，这便导致精确度受到了极大程度的影响。为此，传

名称	类型	长度	尺寸	合计
带配件的电缆桥架	XFCT-消防槽盒	7.45 m	800 mm×200 mm	1
带配件的电缆桥架	XFCT-消防槽盒	2.13 m	800 mm×200 mm	1
带配件的电缆桥架	XFCT-消防槽盒	0.90 m	800 mm×200 mm	1
带配件的电缆桥架	CT-电缆槽盒	0.70 m	800 mm×200 mm	1
带配件的电缆桥架	CT-电缆槽盒	1.20 m	800 mm×200 mm	1
带配件的电缆桥架	CT-电缆槽盒	5.35 m	800 mm×200 mm	1
带配件的电缆桥架	XFCT-消防槽盒	4.10 m	800 mm×200 mm	1
带配件的电缆桥架	XFCT-消防槽盒	2.36 m	800 mm×200 mm	1
带配件的电缆桥架	XFCT-消防槽盒	1.75 m	800 mm×200 mm	1
带配件的电缆桥架	XFCT-消防槽盒	17.48 m	600 mm×200 mm	1
带配件的电缆桥架	XFCT-消防槽盒	1.35 m	600 mm×200 mm	1
带配件的电缆桥架	XFCT-消防槽盒	3.74 m	600 mm×200 mm	1
带配件的电缆桥架	CT-电缆槽盒	4.18 m	600 mm×200 mm	1
带配件的电缆桥架	XFCT-消防槽盒	2.66 m	600 mm×200 mm	1
带配件的电缆桥架	XFCT-消防槽盒	4.38 m	600 mm×200 mm	1
带配件的电缆桥架	XFCT-消防槽盒	1.31 m	600 mm×200 mm	1
带配件的电缆桥架	XFCT-消防槽盒	1.94 m	600 mm×200 mm	1
带配件的电缆桥架	XFCT-消防槽盒	1.15 m	600 mm×200 mm	1
带配件的电缆桥架	CT-电缆槽盒	2.35 m	600 mm×200 mm	1
带配件的电缆桥架	XFCT-消防槽盒	12.53 m	600 mm×200 mm	1
带配件的电缆桥架	CT-电缆槽盒	13.17 m	600 mm×200 mm	1
带配件的电缆桥架	CT-电缆槽盒	44.55 m	600 mm×200 mm	1
带配件的电缆桥架	CT-电缆槽盒	1.75 m	600 mm×200 mm	1
带配件的电缆桥架	CT-电缆槽盒	4.40 m	600 mm×200 mm	1

电缆桥架明细表

名称	长度	合计
多页加压送风口	600 mm×1600 mm	1
多页加压送风口	600 mm×1600 mm	1
多页加压送风口	600 mm×1600 mm	1
多页加压送风口	600 mm×1600 mm	1
多页加压送风口	600 mm×1250 mm	1
多页加压送风口	600 mm×1250 mm	1
多页加压送风口	600 mm×1250 mm	1
多页加压送风口:39		1
多页排烟口	500 mm×800 mm	
多页排烟口	500 mm×800 mm	1
多页排烟口	500 mm×800 mm	1
多页排烟口	500 mm×400 mm	1
多页排烟口	500 mm×400 mm	1
多页排烟口	1000 mm×800 mm	1
多页排烟口	1000 mm×800 mm	1
多页排烟口	1000 mm×800 mm	1
多页排烟口	500 mm×400 mm	1
多页排烟口:9		1
格栅风口	200 mm×200 mm	1
格栅风口	500 mm×500 mm	
格栅风口	500 mm×500 mm	1
格栅风口	320 mm×320 mm	1
格栅风口	320 mm×320 mm	1
格栅风口	200 mm×200 mm	1
格栅风口	200 mm×200 mm	1
格栅风口	200 mm×200 mm	1
格栅风口	200 mm×200 mm	1

风道末端明细表

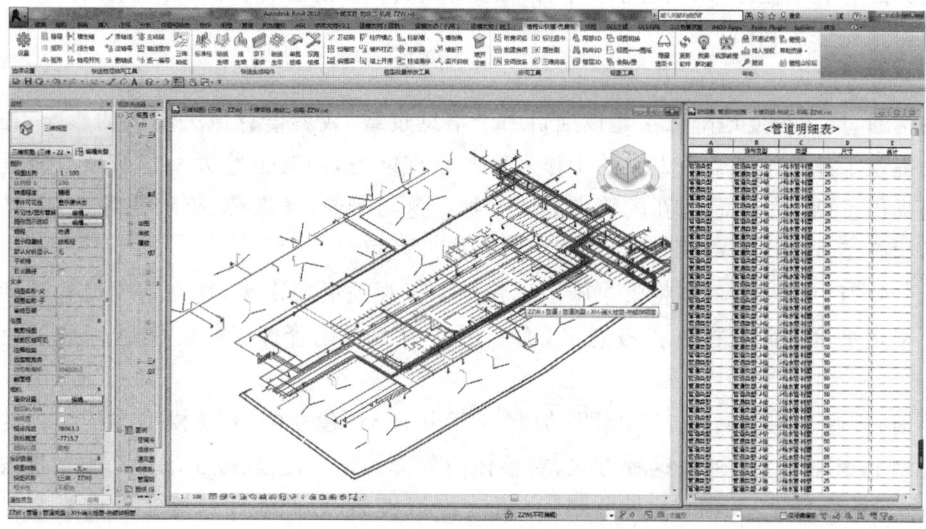

图 4.16　管件明细表

统的进度管理方式已经无法与现代建设需求相适应，在这个背景之下，BIM 施工进度模拟的出现极大地缓解了传统进度管理方式与现代建设需求之间的不适应问题。4D 施工进度模拟期间，主要将 BIM 技术作为主要工具，通过相关软件建立建筑、结构与机电设备的 BIM 模型与施工进度相关文件，对施工过程与施工场地布置情况进行动态演示，这不仅能够将整个施工过程更为直观地展示出来，确保能够对施工过程展开可视化管理工作，同时也实现了 4D 施工进度的模拟目标，为那些大型建设项目的管理提供更多的管理途径。

4D 技术主要对进度相关事件信息与动态 3D 模型连接所产生的 4D 施工进度展开相应的模拟，换而言之，利用计算机软件逐渐地建立相应的 3D 模型，同时还可借助各种可视化的设备来虚拟描述项目，并附加时间维度，利用 WBS 关联施工进度计划，将施工期间的每一个工作以及建筑构件虚拟建造过程都能够以可视化的形式展示，从而使得施工进度管理工作能够更加有效地实施。

运用 BIM 技术，可虚拟化呈现整个施工过程和最后成果，能有针对性地规避一些施工风险，减少不必要的返工带来的人力、物力消耗，极大降低了管理成本和安全风险；运用这一技术模拟施工方案，可确定最优工序和最优施工方案，从而达到时间和资源最优化配置的目标，还能提前发现施工过程中可能出现的问题，采取针对性的措施予以提前解决；复杂的施工方案通过三维模型呈现，更加通俗易懂，技术管理者和施工人员可快速有效地掌握各项施工工序。

与传统的施工进度管理方式相比，以 BIM 技术为基础的 4D 施工进度模拟拥有以下的特点和优势：

(1) 通过 4D 模拟，不仅能够对整个项目的施工过程进行模拟，同时还可以模拟复杂技术方案的施工过程与施工进度，以此来实现施工方案的可视化交底。这能够有效避免由于语言文字与二维图纸交底所导致的理解上出现的分歧与信息上出现的错漏。

(2) 能够实现 3D 参数化模型和 Project 文件中数据的对接，这保证了施工现场管理和施工进度能够在时间与空间上协调一致，在帮助项目管理人员合理安排施工进度与施工场地布置方面有着积极意义，同时依据进度要求对人、材、机等各种资源展开优化分配，使得资源能够得到充分的利用。

(3) 通过该项技术的应用，建筑信息的交流层次得到了有效的提升，同时也方便了参与各方的沟通，极大程度地降低了建设项目由于信息过载，或者信息流失量大的影响，在极大程度上提升了建筑施工管理人员的工作效率与管理能力，同时也给大型建筑项目管理工作的实施提供了创新的途径与新的管理方法支撑。这与李凯、黄振邦、于培德等在《BIM 技术在钢结构施工方案优选中的应用》一文中的观点极为相似。

(4) 在 4D 模拟中，可以将整个施工过程更为直观地展现出来，这在为项目管理者提供三维可视化平台方面发挥着积极意义，为施工期间可视化管理工作的实施创造了更大的机遇。

当前，普遍采用 Navisworks 软件加载打开由 Revit 建立的 BIM 模型与传统用的施工进度计划 Project 文件，通过这种方式，对整体与局部的施工过程、施工场地布置情况等进行动态演示，通过 Navisworks 软件监测 4D 进度模拟模型，以此对建筑施工进度模拟模型与价值展开研究，并对其进行深化与运用。4D 进度模拟如图 4.17 所示。

图 4.17　4D 进度模拟

在项目进行具体施工建造之前，通过建立 BIM 模型，把施工计划、数据、现场环境、方案等纳入模型之中，运用 BIM 软件进行施工模拟，可以对施工现场进行现场视频检测，大大减少建筑质量问题、安全问题，减少返工和整改。传统 2D 模式下很难进行方案与实际情况的实时对比。通过 BIM 建立 3D 数字化信息模型，可以结合工程中的实际数据对工程实时进展与理论进展进行动态对比、考察，通过比对考察理论化与实际的差距和不合理性，通过 BIM 3D 信息模型的对比，可以使业主方对施工过程及时掌握，对项目中的建筑物相关功能进行进一步的评估，从而提早作出反应，对可能发生的情况进行及时的处理、合理的调整。

基于 BIM 的施工模拟可以改善项目参与各方的沟通环境。无论是施工方、监理方还是业主方都非常关心项目在施工中会出现的各类问题，以及信息传递的速度与准确性，而这点在传统的施工模式中很难兼顾。通过基于 BIM 的施工模拟，可以对进度、成本等进行逐一动态模拟，让各方快速获得信息；还可以通过施工模拟进行施工中的工序、工法、工程量、物料应用、人力成本、资源分配等细部模拟，大幅改善传统的浪费与施工方案制定缺乏指导性等问题，即便是非工程行业出身的业主领导，也可以对工程项目的各种问题和情况了如指掌。

同时，通过对项目进行施工模拟，再配合渲染与漫游，不但可以展示出贴近真实的现场感，还因为 BIM 模型中包含了建筑项目构件等诸多信息，可以让业主在进行销售的时候，给客户以临场的感受和视觉冲击；而对于施工方来说，通过基于 BIM 的施工模拟不但可以为后期的具体实施提供强大的数据支持，还可以在招投标阶段提高中标概率。

4.1.13　模型移动端浏览

在项目现场管控中实现 BIM 模型的轻量化管理，将模型导入 Fuzor、BIM 360 等管理平台，使手机端或平板电脑端能够随时随地查看并进行问题反馈管理。通过 BIM 技术与 3D 激光扫描、视频、图片、GPS、移动通信、RFID(射频识别技术)、互联网等技术的集成，可以实现对现场的构件、设备以及施工进度和质量的实时跟踪。模型在经过轻量化处理之后能够在移动端上进行浏览。施工管理人员去往现场时不需要带着大量的图纸，只需把模型放至移动端(手机或平板电脑)，带往现场实地查看对比。这不仅方便了施工管理人员，在项目负责人来现场查看时，还能清晰地看到实际施工情况与模型的对比。

图 4.18 所示是在 iPad 端浏览 BIM 模型，图 4.19 所示是在手持设备上查看模型反馈现场场景，图 4.20 所示是施工员通过手机录入现场施工进度，图 4.21 所示是在项目现场设置 BIM 工作站。

图 4.18　在 iPad 端浏览 BIM 模型

图 4.19　在手持设备上查看模型反馈现场问题

图 4.20　施工员通过手机录入现场施工进度

图 4.21　在项目现场设置 BIM 工作站

4.1.14　运维管理

BIM 运维的通俗理解即为将 BIM 技术与运营维护管理系统相结合，对建筑的空间、设备资产等进行科学管理，对可能发生的灾害进行预防，降低运营维护成本。具体实施过程中，通常将物联网、云计算技术等与 BIM 模型、运维系统及移动终端等结合起来应用，最终实现设备运行管理、能源管理、安保系统管理、租户管理等。

BIM 的动态化是当下比较热门的一个提法，即让 BA（楼宇自控）走进 BIM，让 BIM 动起来。只有形成一个动态的 BIM 环境，才能使 BIM 在运维上发挥作用。我们不是要一个动画三维图，而是要让 BIM 涵盖动态化数据。BIM 运维与常见物业运维的结合应用非常广泛，简单介绍如下：

(1) 全楼空调的管理

对于一个复杂而庞大的建筑，我们要随时了解其空调系统的运行状态，利用 BIM 模型就非常直观，从整体研究空调运行策略、气流、水流、能源分布具有重大的意义。对于使用 VAV 变风量空调系统及多冷源的计算机中心等项目来说，实用意义就更大。我们可方便了解到冷机的运行、类型、台数、板换数量、送出水温、空调机（AHU）的风量、风温及末端设备的送风温（湿）度、房间温（湿）度均匀性等几十个参数，方便运行策略研究、节约能源，同时对水泵启停、阀门的开启度、各管线的水温和流量可进行直观的监视。

(2) 智能照明

现在大多数项目都具有智能照明功能，利用 BIM 模型可对现场进行管理，尤其是大堂、中庭、夜景、庭院的照明再现，为物业人员提供了直观方便的环境。

(3) 动态 BIM 的软、硬件条件

为了得到动态 BIM 的应用，在软件上，BA（楼宇自控）得到的所有监测信息中重要信息必须接入 BIM 模型中。这一点在弱电楼控系统采购时必须要求软件系统提供商保证提供数据接口，可使数据接入 BIM 模型；配置二维码、RFID 卡；移动平板电脑等。

(4) 工程应急处置

引用一个跑水应急处理实例——市政自来水外管线破裂，水从未完全封堵的穿管进入楼内地下层，尽管有的房间有漏水报警，但水势较大，且从管线、电缆桥架、未作防水的地面向地下多层漏水，虽然有 CAD 图纸，但地下层结构复杂，上下对应关系不直观，从而要动用大量人力对配电室电缆夹层、仓库、辅助用房等进行逐一开门检查。如果能将漏水报警与 BIM 模型相结合，我们就可在大屏上非常直观地看到浸水的平面和三维图像，从而制定抢救措施，减少损失。

(5) 重要阀门位置的显示

标准楼层水管及阀门的设计和安装都有相应的规律，可方便找到水管开裂部位并关断阀门。但是在大堂、中庭等处，由于空间变化大，水管阀门在施工时常有在哪方便就安装在哪的现象。如某项目因极端冷天致使大门入口风幕水管冷裂，反复寻找阀门，最后在二层某个角落才找到。这里虽存在基础管理的缺陷，但如有 BIM 模型显示，则阀门位置一目了然，处理会快很多。

(6) 入户管线的验收

一个大项目市政有电力、光纤、自来水、中水、热力、燃气等几十个进楼接口，在封堵不良且验收不到位时，一旦外部有水（如市政自来水管爆裂、雨水倒灌），就会进入楼内。利用 BIM 模型可对地下层精准定位、验收，方便封堵，质量也可易于检查，减小事故发生的概率。

(7) 火灾应急处置水平的提高

对火灾的应急处置使BIM模型成为最具优势的典型应用,包括消防电梯和应急疏散。按目前规范,普通电梯不能作为消防疏散用,消防电梯仅供消防队员使用。而有了BIM模型及其前述的动态功能,就有可能使电梯在消防应急救援,尤其是超高层建筑消防应急救援中发挥重要作用。要达到这一目的所需的条件包括:

① 具有防火功能的电梯机房、有防火功能的轿厢、双路电源(采用阻燃电缆),或柴发、UPS(EPS)电源;

② 具有可靠的电梯监控,含音频、视频、数据信号及电梯机房的视频信号,烟感、温感信号;

③ 在电梯厅及电梯周边房间具有烟感传感器及视频摄像头;

④ 可靠的无线对讲系统(包括基站的防火、电源的保障等条件),或大型项目驻地消防队专用对讲系统;

⑤ 在中控室或应急指挥大厅、数据中心ECC大厅等处的大屏幕;

⑥ 可靠的全楼广播系统;

⑦ 电梯及环境状态与BIM模型的联动软件。

当火灾发生时,指挥人员可以在大屏前凭借对讲系统或楼(全区)广播系统、消防专用电话系统,根据大屏显示的起火点(此显示需是现场视频动画后的图示)、蔓延区及电梯的各种运行数据指挥消防救援专业人员(每部电梯由消防人员操作),帮助群众乘电梯疏散至首层或避难层。哪些电梯可用,哪些电梯不可用,在BIM图上可充分显示,帮助指挥人员决策。这一方案已获得消防部门认可,共同研究其可行性。

对于疏散引导,在大多数不具备乘梯疏散的情况下,BIM模型同样发挥着很大作用。凭借上述各种传感器(包括卷帘门)及可靠的通信系统,引导人员可指挥人们从正确的方向由步梯疏散,极大地提高了火灾抢险的救援率。

同时还可以疏散预习,例如在大型的办公室区域,我们可为每位办公人员的个人电脑安装不同地址的3D疏散图,标示出模拟的火源点,以及最短距离的通道、步梯疏散的路线,平时对办公人员进行常规的训练和预习。

(8) 安防能力的提高

包含可疑人员的定位、人流量监控和重要接待的模拟,都可以在基于BIM技术和BIM模型的运维平台上实现模拟,例如进入BIM模型的大屏中。试想当我们站在大屏前,看着大屏中一个红点左右上下移动、走楼梯、乘电梯,时刻都在我们的视线之中。当然,这一系统不但要求BIM模型的配合,更要有多种联动软件及相当高的系统集成才能完成。

人流量监控(含车流量)利用视频系统+模糊计算,可以得到人流(人群)、车流的大概数量,这就使我们可在BIM模型上了解建筑物各区域出入口、电梯厅、餐厅及展厅等区域以及步梯、步梯间的人流量(人数/m^2)。当每平方米大于5人时,发出预警信号,大于7人时发出警报,从而作出是否要开放备用出入口、投入备用电梯及人为疏导人流以及车流的应急安排。这对安全工作是非常有用的。

对于重要接待的模拟,利用BIM模型在大屏上,我们可以和安保部门(或上级公安、安全、警卫等部门)联合模拟重要贵宾（VVIP）的接待方案,确定行车路线、中转路线、电梯运行等方案。同时,可确定各安防值守点的布局,这对重要项目、会展中心等具有实用价值。利用BIM模型模拟接待方案对大型活动整体安保方案的制定也会有很大帮助。

除上所述,BIM技术在物业管理上的其他应用也大多与机电设备工程密切相关,例如预留维修更换设备的条件。利用BIM模型很容易模拟设备的搬运路线,我们要认真分析,对今后10年甚至20年需更换的大型设备,如制冷机组、柴发、锅炉等提供管道可拆装、封堵、移位的预留条件。例如大型清洁维修设备的模型,利用BIM模型可对较小空间中要使用的大型清洁设备,如蜘蛛车、液压升降车等进行模拟,为采购提供依据。再例如,在“去天花功能”概念中,由于BIM模型的建立,在现场拿着平板电脑,调出房间图纸,选择“去天花功能处理”(涂层透明化),这时整个天花板从图像中去掉,甚至连四壁墙的装修也去掉,天花板内、装修内的设备、管线、电线看得一清二楚,为改造、检修提供了极大方便。BIM模型直观、准确,使各种机电设备、管线、风道、建筑布局一目了然,而且动态信息、人流、车流、设备运行参数又可以动画方式演绎出来。这些信息正是我们培训运维技工、安保人员以及各类服务人员的极好教材。因此,充分利用这些教材进行培训,又成为BIM模型的重要应用内容。

(9) BIM技术在运维方面的应用是基于一定的条件以及BIM模型的维护

① BIM技术运维应用的条件

需要2～3台高性能服务器(及UPS电源)。

BA与BIM模型的接口,即要求楼控供应商(如霍尼韦尔、江森及西门子等)同意并按接口协议将BA系统的监控数据(含电梯视频、音频、数据的监测信号)接入BIM模型中;针对运维管理充分考虑BIM技术的建模精度,BIM技术应用的专有平台软件可以适当简化(尤其是导视、导人、导车等系统),降低对硬件的要求等。

消防:烟感、温感、卷帘及其他联动系统的信息可接入BIM技术;安防高清摄像机可将视频(火灾、人流密度、VVIP动线等)动画化。

按位置接入BIM模型中;一个较大的清晰的显示大屏可设在项目中控室、应急指挥中心、数据中心的ECC大厅、决策室。建议采用单珠LED p1.5～p2大屏,其对比度、亮度、色度都优于传统的拼接屏。

较强功能的楼内及园区(室外)应急广播系统;以上监控机房、指挥中心、电梯、电缆、电源等具有较高的防火等级。

② BIM模型的维护

BIM模型的建立比CAD图纸困难得多,再把各项应用集成起来发挥作用,就要付出更大的努力。因此,我们首先要确保初始BIM模型的准确性、各项参数的准确性,尤其是各项机电设备、管线位置、规格的准确性。其次在日后的运行中,在改造、维修时还要不断及时修正各参数的符合性,否则时间一长,BIM模型就失真了。我们建议在大型项目的运维资金中,留出BIM模型维护的费用,整个系统最好与专业BIM公司签约,由其对系统进行维护。

图4.22是利用BIM模型进行管线运维管理的示意图,图4.23是基于BIM模型的物业运维平台。

图 4.22　利用 BIM 模型进行管线运维管理

图 4.23　基于 BIM 模型的物业运维平台

4.2　某大厦机电工程施工组织管理实务

4.2.1　工程概况

4.2.1.1　工程简介

某大厦位于××CBD 黄金圈核心区，是一幢集智能办公、全球会议中心、白金五星级酒店、高端国际商业大楼、360°高空观景台等多功能于一体的地标性国际 5A 级商务综合体。其占地面积约 $2.81\times10^4 m^2$，总建筑面积 $3.6\times10^5 m^2$，其中，地上建筑面积 $272652.53m^2$，设置了 1300 个机械式停车位，建筑高度 438m，地下 4 层(局部 5 层)，地上层数为 88 层。其中，地下 4 层为酒店配套设施、人防、商业、货运、停车及设备区；1～2 层为入口大厅，裙楼为商业及餐饮、宴会会议、观光入口；3～4 层为会议中心，6～30 层为高级办公区，32～62 层为酒店式公寓；63 层以上为酒店客房及观光区，尤其是 87 层、88 层的观光廊极具特色，其超大环廊能容纳 200 人在标高 410m 的高空俯瞰城市。

该大厦具有 $9000m^2$ 的大厦幕墙，由 10935 块独立"会呼吸"的板块组成，每块板块立面上下整体呈弯弧形，这种设计能最大限度地接受阳光照射，尽量降低能耗。每块板块均能自由开合，为大厦通风换气。另外，大厦还安装了太阳能电池板，提供光伏发电和太阳能热水。

4.2.1.2　建筑概况

该大厦建筑概况见表 4.6。

表 4.6　某大厦建筑概况

工程名称	某综合机电专业分包工程(一标段)
建设单位	某大厦开发投资有限公司
设计单位	××建筑设计研究院有限公司
监理单位	北京××国际工程管理咨询有限公司
施工总承包单位	××集团有限公司
机电总承包单位	××集团有限公司
质量/安全监督部门	××市质量技术监督局
机电设计顾问单位	××工程咨询(上海)有限公司
工程开工/竣工日期	2009 年开工，竣工时间待定
机电工程开工/完工日期	2012 年 4 月开工，完工时间待定
建筑高度/楼层数/总建筑面积	438 (m)/ 88(层)/355760(m^2)
建筑结构形式	巨柱框架＋核心筒＋伸臂桁架
工程地址	某中央商务区

4.2.1.3 机电工程概况

(1) 通风及空调工程

① 空调系统

办公部分区域采用全空气变风量空调系统，内区设置单风道变风量末端，外区设置四管制风机盘管；办公高区部分区域（25～30 层）采用主动式冷梁；酒店客房、公寓、商铺等小空间用房采用四管制风机盘管加新风系统的形式；商业楼、宴会厅、大堂等大空间用房采用全空气定风量空调系统。

同时，设置集中蒸汽锅炉房，蒸汽用于生活热水系统、空调热水系统及空调系统的加湿。主楼酒店区域 63 层以上设置独立的冷源系统，其他区域另外设置冷源系统。商场、办公、酒店式公寓和酒店客房设置两套独立的循环冷却水系统。

② 通风系统

酒店客房、公寓、办公区域卫生间排风系统采用集中形式，通过门缝或与其他室内空间连通的连通管进行自然补风，并与室外新风系统结合采取全热回收措施。商业、会议、餐饮等区域卫生间排风系统各自独立、分散设置，通过机械排风风机直接排至室外，通过与其他室内空间连通的连通管对该空间进行自然补风。

③ 消防排烟系统

包括机械排烟、消防加压送风防烟系统及补风系统。地下汽车库、变配电房、水泵房每层设置两套排烟系统，风管穿越防火分区处均设防火阀。

(2) 给排水工程

① 给水系统

a. 裙房及地下 1 层规划商业区采用变频恒压供水方式，在地下 4 层水泵房内设置单独的生活水箱；地下 1 层酒店洗衣机房采用恒压变频供水方式，在地下 4 层单独设置净水处理装置及净水储水池。

b. 办公低区 6～17 层采用变频泵恒压供水，办公高区 19～30 层采用水泵-水箱联合供水方式。

c. 酒店式公寓及酒店客房采用串联式水泵-水箱供水方式，由水泵提升至设备层水箱后由水箱供水。

d. 办公及裙楼卫生间的洗手盆热水采用分散式制备方式，由电加热热水器供给；塔楼公寓区和酒店区、酒店后勤区和宴会厅采用热水集中制备方式，由半容积式热交换器换热后供给。

② 排水系统

排水系统包括污水、废水、透气管、雨水系统，本系统采用雨、污、废分流排水。裙房屋面雨水采用虹吸雨水排放系统，雨水收集后排至地下 3 层雨水处理站，塔楼屋面采用重力雨水排放系统，使用 87 型雨水斗。污水管收集卫生间粪便，通过污水立管及排出管排至室外化粪池；废水管主要收集卫生间、空调机房、水设备房等的废水，通过废水立管及排出管排至室外污水检查井；地下室的废水通过地下集水坑用排污泵排至室外。

地下室车库用水、绿化用水及景观用水采用中水供给，中水水源为收集的裙楼雨水，在地下3层设置中水处理设备，市政供水作为备用。办公区6～30层及裙楼冲厕采用中水供水，中水水源为酒店及酒店式公寓收集的生活废水，在31层设置中水处理设备。

(3) 电气工程

电气工程包括柴油发电机安装，电力变压器安装，盘柜安装，电缆桥架及封闭母线安装，电缆敷设，电气配管、配电箱(盒)安装，开关、插座、灯具安装，防雷接地安装等。

① 高低压系统

10kV配电系统：

a. 塔楼地下1层设置一座10kV专用中心配电室、一座10kV酒店专用配电室，塔楼5层设置一座10kV办公专用配电室，塔楼31层设置一座10kV公寓专用配电室。

b. 车库10kV/0.4kV变配电室、商业10kV/0.4kV变配电室以及高压冷冻机的10kV电源都由10kV专用中心配电室直接引来。

10kV/0.4kV变配电室设置：

a. 塔楼地下1层车库10kV/0.4kV变配电室，内设2000kVA变压器两台，为南区地下车库、南区地下商业、塔楼地下2层～地下3层公寓后勤用房、地下3层公用机房等区域的用电设备服务。

b. 塔楼地下1层商业10kV/0.4kV变配电室，内设2000kVA变压器两台，为北区地下车库、北区地下商业、裙房商业以及柴油发电机房等区域的用电设备服务。

c. 塔楼5层低区办公10kV/0.4kV变配电室，内设1000kVA和800kVA变压器各两台，为塔楼4～17层低区办公区域的用电设备服务。

d. 塔楼18层高区办公10kV/0.4kV变配电室，内设1250kVA和1000kVA变压器各两台，为塔楼18～30层高区办公区域的用电设备服务。

e. 塔楼31层低区公寓10kV/0.4kV变配电室，内设800kVA变压器四台，为塔楼31～46层低区公寓区域的用电设备服务。

f. 塔楼47层高区公寓10kV/0.4kV变配电室，内设800kVA变压器四台，为塔楼47～63层高区公寓区域的用电设备服务。

g. 塔楼地下1层酒店10kV/0.4kV变配电室，内设1600kVA变压器两台，为地下室和裙房酒店区域的用电设备服务。

h. 塔楼75～78层酒店10kV/0.4kV变配电室，内设1250kVA变压器四台、1000kVA变压器两台，为塔楼63层及以上酒店区域的用电设备服务。

② 低压配电系统

系统电压为220V/380V，采用放射式与树干式相结合的方式供电。对于单台容量较大或重要负荷采用放射式供电；对于照明及一般负荷采用树干式与放射式相结合的方式。

③ 应急照明系统

a. 应急电源：选用两台1600kVA高压柴油发电机组作为酒店专用应急电源；选用一台1250kVA高压柴油发电机作为公寓专用应急电源；选用两台1600kVA低压柴油发电机作为地下室车库、地下室机房、办公以及商业的应急电源；预留三台1000kVA低压柴油发电机作为特殊用户的备用电源。

b. 公共区域的中央电池供电数字点式监控智能消防应急疏散照明指示灯系统。消防水泵房等发生火灾时需坚持工作的机房的备用照明采用单灯带蓄电池形式。

c. 各弱电系统、消防中心等分别随设备配置UPS电源。

d. 消防智能应急疏散指示逃生系统采用集中控制型应急标志灯，控制线路同电源线分管敷设，电源由应急照明回路供电。

④ 照明控制系统

采用TLC 3000系列智能控制模块，控制模块安装于受控的配电箱内，主要对公共区域的照明用电实行智能分段控制，以达到节能目的。

⑤ 防雷接地系统

采用联合接地，包括防雷接地、工作接地、保护接地。

(4) 消防工程

① 消火栓系统

室内消火栓系统为重力式三级串联消防系统。

② 自动喷淋灭火系统

喷淋系统为重力式三级串联消防系统，与消火栓系统合用重力消防水箱和输水管，在喷淋报警阀前系统分开；78层以上的喷淋系统为临时高压系统，设置一组喷淋泵（与大空间智能灭火系统合用）。在地下室停车库（地下2层～地下4层）使用自动喷水-泡沫联用系统，塔楼88层观光廊及裙房商业中庭上空设置大空间智能型主动喷水灭火系统。

4.2.2 施工组织管理

为实现本工程建设的优质、高速、安全、文明、低耗的目标，将采用项目法施工的管理体制。

4.2.2.1 施工管理体制的设置原则

(1) 形成有一定权威性的统一指挥，协调各方面的关系，确保工程按要求顺利完成。

(2) 根据本工程规模、技术复杂程度等因素建立管理组织。

(3) 采用项目管理体制的同时，以经济合同手段辅助部分行政手段，明确各方面责、权、利。

4.2.2.2 项目法施工

在本工程施工中实施项目法施工的管理模式，组建本工程的项目经理部，对工程施工全过程的进度、质量、安全、成本及文明施工等负全责。项目经理部要以工程项目管理为核心，以优质、高速、安全、文明为主轴，加强动态、科学管理，优化生产要素，精心施工，大力推广先进施工技术，在达到质量优良的同时，力争提前完成施工任务。在推行项目法施工的同时，从文件控制、材料采购到产品标识、过程控制等过程中，切实执行ISO 9002标准和公司质量保证体系文件，达到优质、高效的目标。

项目经理对工程项目行使计划、组织、协调、控制、监督、指挥职能，全权处理项目事务，其下设技术组、经营组及材料设备组。项目经理部对公司实行经济责任承包制，通过岗位目标责任制和行为准则来约束项目内部工程技术管理人员，共同为优质、安全、快速、低耗地完成项目任务而努力工作。

4.2.2.3　组建项目经理部

项目经理部由决策层、管理层组成。决策层由项目经理、项目副经理、项目总工程师、商务经理组成，管理层由技术部、深化设计部、工程部、机电施工协调部、物资设备部、商务合约部、质量管理部、安全管理部、综合办公室等部门组成。项目经理由取得国家相关资质的本企业员工担任，由项目经理选聘技术、管理水平高的技术人员、管理人员、专业工长来组建项目部；在建设单位、监理单位和公司的指导下，其负责对本工程的工期、质量、安全、成本等实施计划，同时组织、协调、控制和决策，对各生产施工要素实施全过程的动态管理。

项目经理部对工程项目进行计划管理，计划管理主要体现为工程项目综合进度计划和经济计划。

综合进度计划包括：施工总进度计划，分部分项工程进度计划，施工进度控制计划，设备供应进度计划，竣工验收和试生产计划。

经济计划包括：劳动力需用量及工资计划，材料计划，构件及加工半成品需用量计划，施工机具需用量计划，工程项目降低成本措施及降低成本计划，资金使用计划，利润计划等。

作业层人员的配备：施工人员均挑选有丰富施工经验和劳动技能的正式职工和合同职工，分工种组成作业班组，挑选技术过硬、思想素质好的正式职工带班。

为保证项目部管理层指令畅通有效，工作安排采用“施工任务书”的形式，要求签发人和执行人签字，项目经理层作为执行的监督者。施工任务书的工作内容完成后由签发人封闭并签字，如未能封闭，必须找出原因并对执行人进行处罚。项目组织机构图如图4.24所示。

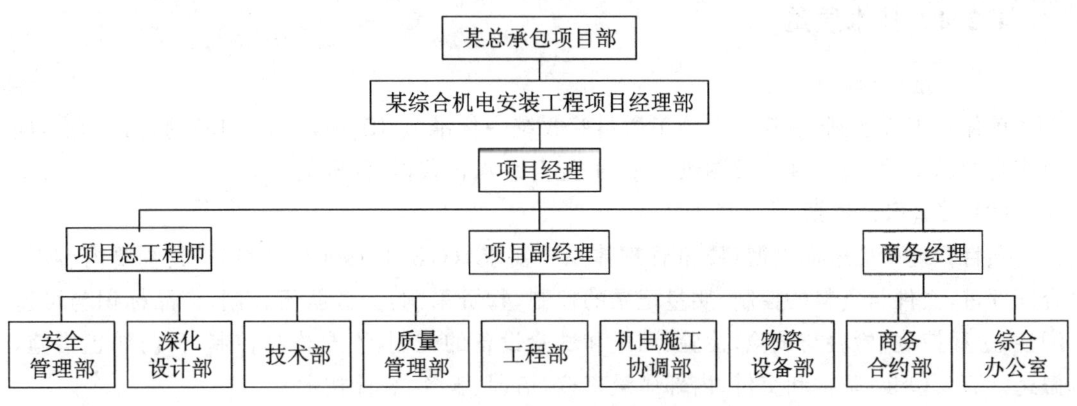

图4.24　项目组织机构图

4.2.3　工程难点

该工程作为地方标志性建筑，具有施工面积大、机电系统复杂、分包单位众多、超高层施工周期较短等特点。施工管理的重点和难点是：

(1) 施工协调与配合要求高

机电安装工程自行施工部分包含通风、电气、给排水、消防系统，协调配合专业包括弱电、电梯、视听音响、泛光照明等系统，系统多且复杂，各专业工序衔接和交叉作业点多。

(2) 工程质量要求高

作为地方标志性建筑之一,社会影响大,业主对工程质量要求高,以获得“鲁班奖”为目标。各专业工序衔接和交叉作业点多,质量控制难度大。

(3) 深化设计难度大

机电系统复杂,子系统多,业主指定机电专业分包多。设备及相关管线相对集中,造成管线综合布置复杂。

(4) 调试难度大

既有常规的通风、电气、给排水、消防系统,又有弱电、电梯、视听音响、泛光照明等系统的联动调试,调试技术要求高,组织联动调试实施难度大,尤其是塔楼部分功能分区多,增加了调试的难度;空调专业水力平衡、多模式、高精度调试及水蓄冷、冷梁空调系统调试难度大。

(5) 大型设备吊装运输难度大

部分变配电、空调设备及管道外形尺寸大、自重大(其中锅炉 4 台,单台最大自重约 12t;制冷机组 4 台,单台最大自重近 38t)。

(6) 材料垂直运输难度大

机电材料数量非常多,垂直运输量大;部分材料尺寸大,吊运难度高(工程共计有管道 26 万余米,水管最大管径达 *DN*800;使用型钢约 250t,风管约 14 万平方米,分体空调机、多联体空调机组、风机盘管等共计 3000 余台)。

4.2.4 技术质量

(1) 质量目标

确保本工程达到《建筑工程施工质量验收统一标准》(GB 50300—2013)的合格标准,同时满足招标文件、技术规范及图纸要求,并配合总承包获得“鲁班奖”。

(2) 质量保证体系

项目管理中应全面贯彻《质量管理体系　要求》(GB/T 19001—2016),其主要内容有:合同评审,文件与资料的控制,质量记录的控制,物资采购,劳务队伍控制,产品标识与可追溯性,过程控制,检验与试验,检验、测量和试验设备的控制,不合格品控制,预防纠正措施,搬运、贮存、包装、防护和交付,内部质量审核,培训、服务、统计技术。

4.2.5 施工安全

(1) 安全生产目标及承诺

确保本工程责任事故死亡率为零,确保无重大安全生产事故。

(2) 安全生产管理体系

项目部建立的工程安全管理体系符合国家《职业健康安全管理体系　要求》(GB/T 28001—2011)和建设工程文明施工管理办法的要求。

本工程制定的安全管理体系包括为制定、实施、实现、评审和保持职业健康安全方针所需的组织结构、策划活动、职责、惯例、程序、过程和资源。

根据体系要求，在建立和实施体系的过程中，有效地识别职业健康安全影响因素；评价并确定重大的安全危险影响清单；确定控制的目标、措施与管理方案；对目标的实施进行有效的监测；定期评价安全体系的改进情况。

4.2.6 深化设计

(1) 机电深化设计思路

首先，机电各专业对设计院的施工图进行初步深化，结合施工工艺要求，绘制初步深化设计图。然后，在总承包深化设计部的组织下，由机电深化设计部牵头，其他专业施工单位配合，结合结构、建筑、装饰等专业图纸，利用BIM系统综合协调、平衡各专业机电管线；合理布置、精确定位，绘制出机电管线综合平面图、剖面图及详图、预留预埋图、设备基础条件图、机电末端器具综合布置图等深化设计图纸。

(2) 机电深化设计基本原则

机电深化设计基本原则见表4.7。

表4.7 机电深化设计原则

序号	基本原则	注意事项
1	严格执行设计规范	深化设计需严格遵守相关设计规范
2	不改变设计意图	深化设计人员应熟悉施工图，认真听取原设计人员的系统介绍，仔细分析设计意图，在充分了解设计思想的基础上进行深化设计工作
3	不降低设计标准	深化设计不能随意变更原设计选用的设备、材料，确有更改时应征得业主、原设计人员书面同意
4	不影响使用功能	深化设计不能改变或影响使用功能，同时应特别注重人性化设计，方便使用与维护
5	方便现场施工	设计人员应熟悉各种施工工艺及各项操作步骤，充分考虑现场施工所需空间，保证深化设计图纸的可操作性
6	不影响美观	机电管线的布置在满足规范和使用功能的前提下，应整齐美观、布置合理

(3) 机电深化设计工作重点

机电管线综合平衡深化设计重点部位主要包括：地下室地下3层、地下2层、地下1层、地下1层夹层，塔楼1～4层、5层、18层、31层、47层、63层，裙楼1～4层等楼层，另外还有核心筒竖井、各设备间等部位。这些区域设备及管道非常集中，各专业的管线交叉多，管道截面尺寸大，设计协调工作量大。

深化设计过程中采用BIM系统，对各专业管线进行综合协调及设计复核，保证深化设计图纸正确无误、施工方便。

4.3 某综合写字楼机电安装工程实务

建筑机电安装工程施工中最主要的部分是机电系统、给排水系统、弱电系统工程的施工要点、施工程序等。机电安装工程的施工活动覆盖了设备采购、安装、调试运行、竣工验收等阶段。

本节所述案例项目地处繁华地段，周边居住小区多，工程体量大、工期紧、施工任务重，加之项目中的工程机电系统设计齐全，机电分包多、交叉作业多、精装修标准高、对深化设计要求高，需要协调和全面部署的工作量巨大，必须根据工程特点与施工难点采取针对性措施，才能保证施工的顺利进行，因此较有代表性。

4.3.1 工程概况

4.3.1.1 工程建设概况

工程建设概况见表 4.8。

表 4.8 工程建设概况

<table>
<tr><th colspan="2">项　目</th><th colspan="5">内　容</th></tr>
<tr><td colspan="2">项目名称</td><td colspan="5">××综合写字楼强电及暖通空调系统供应及安装分包工程</td></tr>
<tr><td colspan="2">建设单位</td><td colspan="5">昆明××地产有限公司</td></tr>
<tr><td colspan="2">顾问单位</td><td colspan="5">××设计院/××国际有限公司</td></tr>
<tr><td colspan="2">结构设计顾问</td><td colspan="5">××有限公司</td></tr>
<tr><td colspan="2">机电设计顾问</td><td colspan="5">××工程顾问有限公司</td></tr>
<tr><td colspan="2">规划设计顾问</td><td colspan="5">××建筑事务所</td></tr>
<tr><td colspan="2">交通设计顾问</td><td colspan="5">香港××交通咨询公司</td></tr>
<tr><td colspan="2">机电综合施工图设计及制作服务顾问</td><td colspan="5">上海市××设计研究院有限公司</td></tr>
<tr><td colspan="2">工料测量师</td><td colspan="5">××工程咨询有限公司</td></tr>
<tr><td colspan="2">项目地点</td><td colspan="5">项目位于昆明市盘龙区，建设范围北至东风路、西至北京路、南至尚义街、东至尚义巷</td></tr>
<tr><td colspan="2">建筑功能</td><td colspan="5">办公、商业、餐饮</td></tr>
<tr><td rowspan="3">建筑面积</td><td rowspan="2">总建筑面积</td><td rowspan="2">610000m²</td><td>总建筑用地面积</td><td>约 56000m²</td><td rowspan="2">地上建筑面积</td><td rowspan="2">401000m²</td></tr>
<tr><td>61 层楼面高度</td><td>291.5m</td></tr>
<tr><td>办公楼</td><td colspan="2">写字楼装饰面高度</td><td>349m</td><td>总面积</td><td>226800m²</td></tr>
</table>

4.3.1.2 空调水工程概况

空调水工程的概况，见图 4.25。

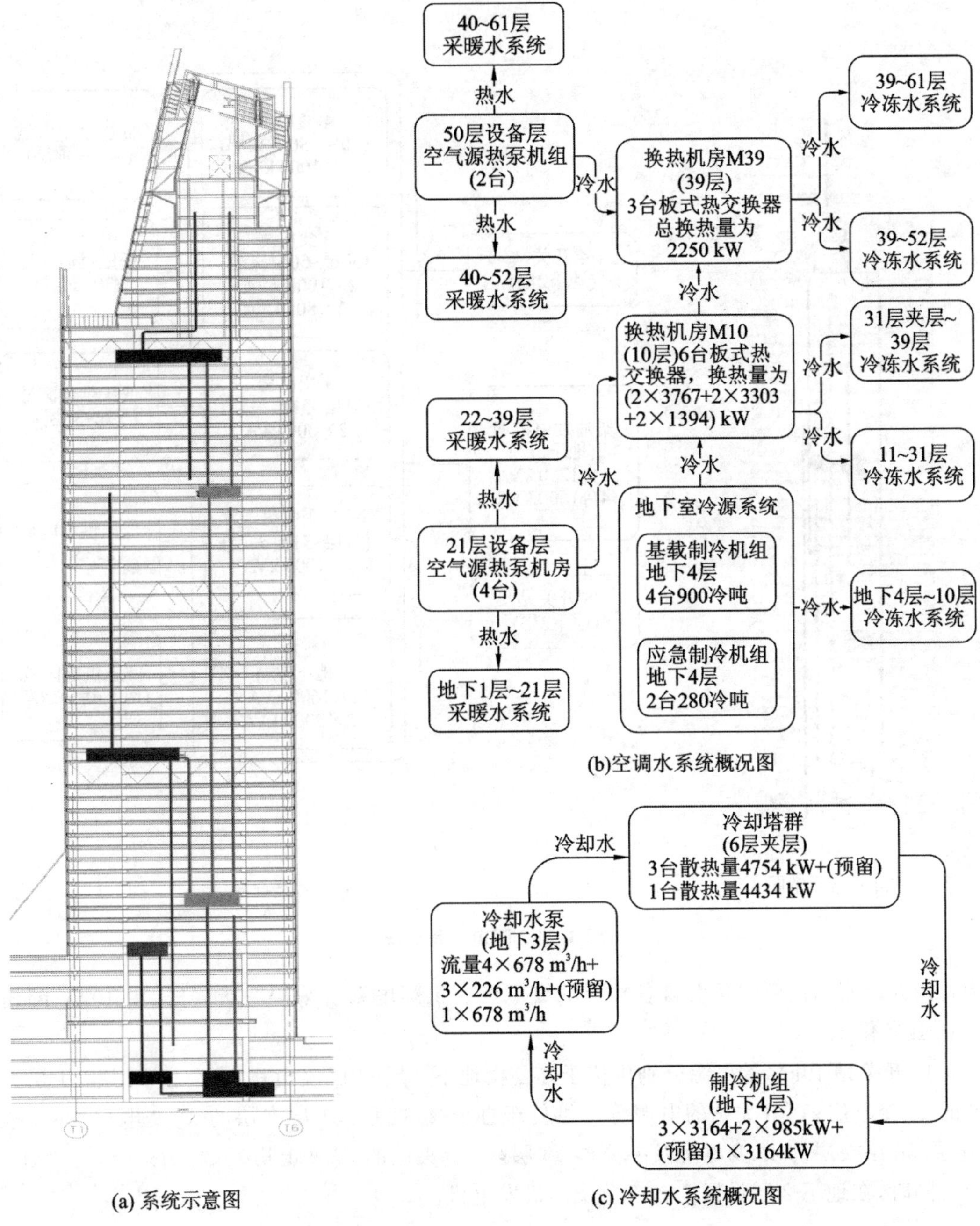

(a) 系统示意图　　(b)空调水系统概况图　　(c) 冷却水系统概况图

图 4.25　空调水工程的概况

4.3.1.3　强电工程概况

强电工程概况见图 4.26。

工程采用四回路同时工作，互为备用 10kV 电源，由就近的 110kV 文化宫变电站和 110kV 席子营变电站引来，电缆采用室外直埋方式引入 3#、4#、5# 10kV 开闭所（3# 开闭所

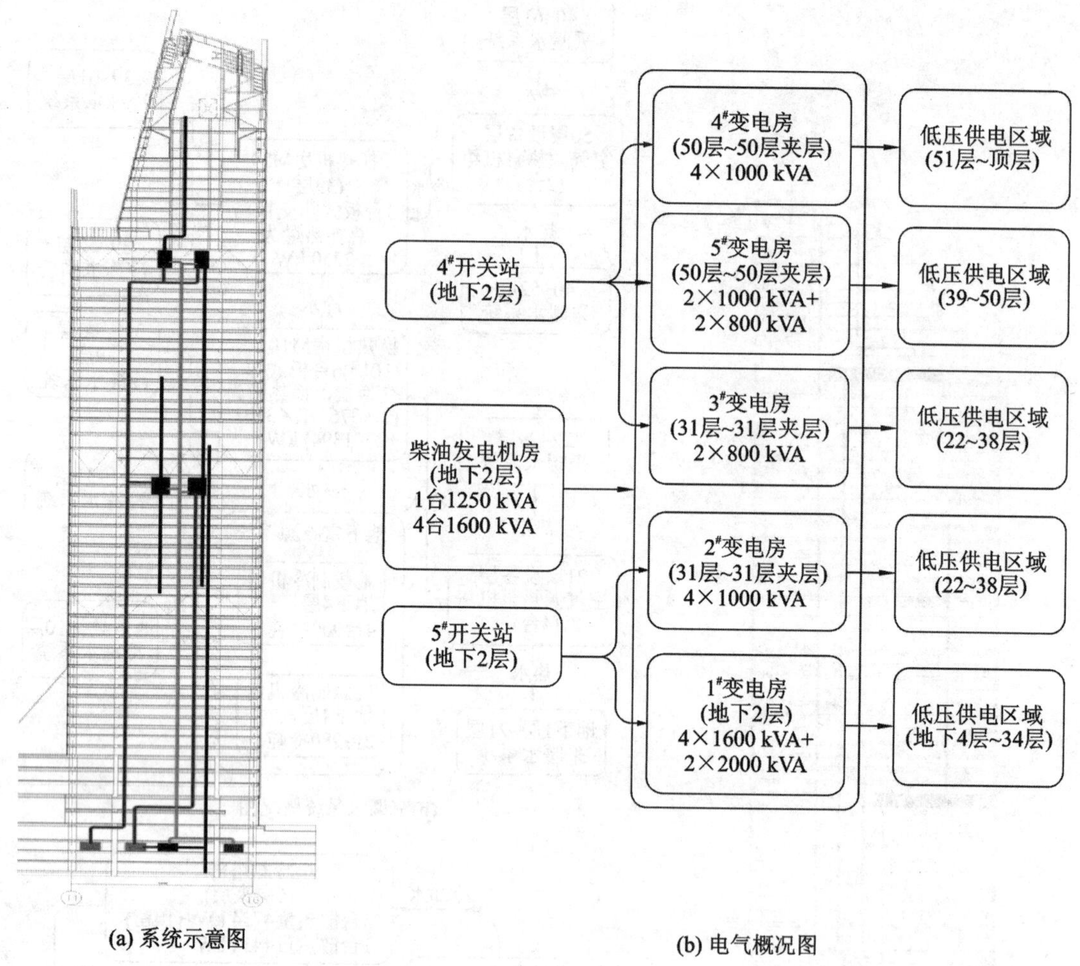

(a) 系统示意图　　　　(b) 电气概况图

图 4.26　强电工程概况

为备用开闭所)，由开闭所引自各楼层的变电所。供配电系统采用一级降压，由 10kV 降压至 0.4kV 供电。

4# 开关站 10kV 的电源分别供位于办公楼地下 2 层的 1# 变电房、办公楼 31 层/31 层夹层的 2# 变电房；5# 开关站的电源分别供位于办公楼 31 层/31 层夹层的 3# 变电房、办公楼 50 层/50 层夹层的 4# 变电房及办公楼 50 层/50 层夹层的 5# 变电房。

同时，在地下 2 层设置 5 台应急柴油机发电机。

4.3.1.4　通风空调工程概况

通风空调工程概况见图 4.27。

4.3.1.5　工程施工范围

(1) 本工程承包范围

根据本次招标文件和招标图纸，该公司负责供应、安装及接驳建筑电气分部工程、暖通空调分部工程、空调群控系统(包含 BMS 系统及 ATC 系统、漏电报警及电能监控系统)，完

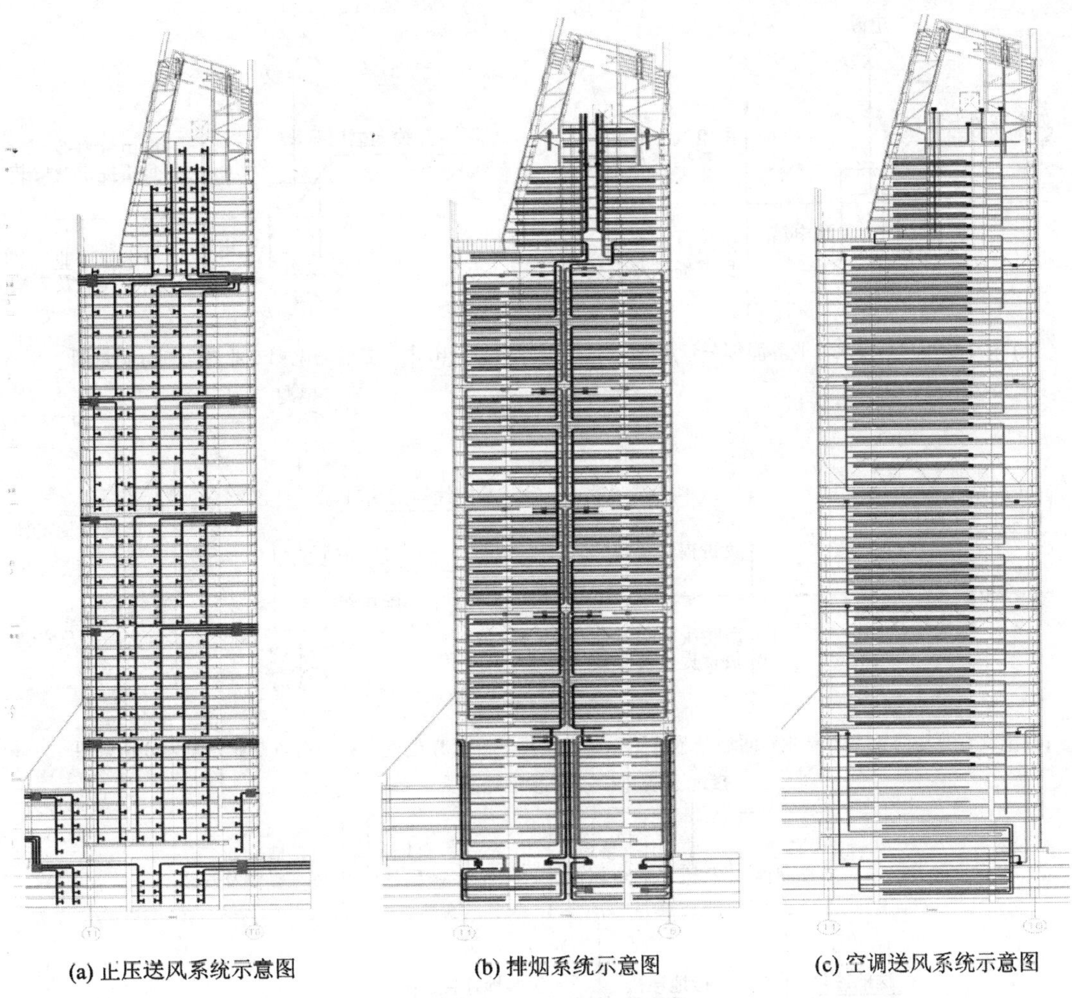

(a) 止压送风系统示意图　　(b) 排烟系统示意图　　(c) 空调送风系统示意图

图 4.27　通风空调工程概况

成管线综合支吊架的制作与安装，完成弱电系统、BMS 系统、电梯通话系统及影音系统线槽的施工，完成机电深化设计，对所有机电系统施工进行技术管理与协调，确保以上系统在联合调试后能够正常运行并具备相应使用功能。

(2) 界面划分

① 电气专业与其他专业界面划分示意图见图 4.28。

电气专业与给排水专业界面划分示意图见图 4.28(a)，电气专业与电梯专业界面划分示意图见图 4.28(b)，电气专业与防火卷帘专业界面划分示意图见图 4.28(c)，电气专业与消防专业界面划分示意图见图 4.28(d)，电气专业与幕墙专业界面划分示意图见图 4.28(e)，电气专业与其他专业界面划分示意图见图 4.28(f)。

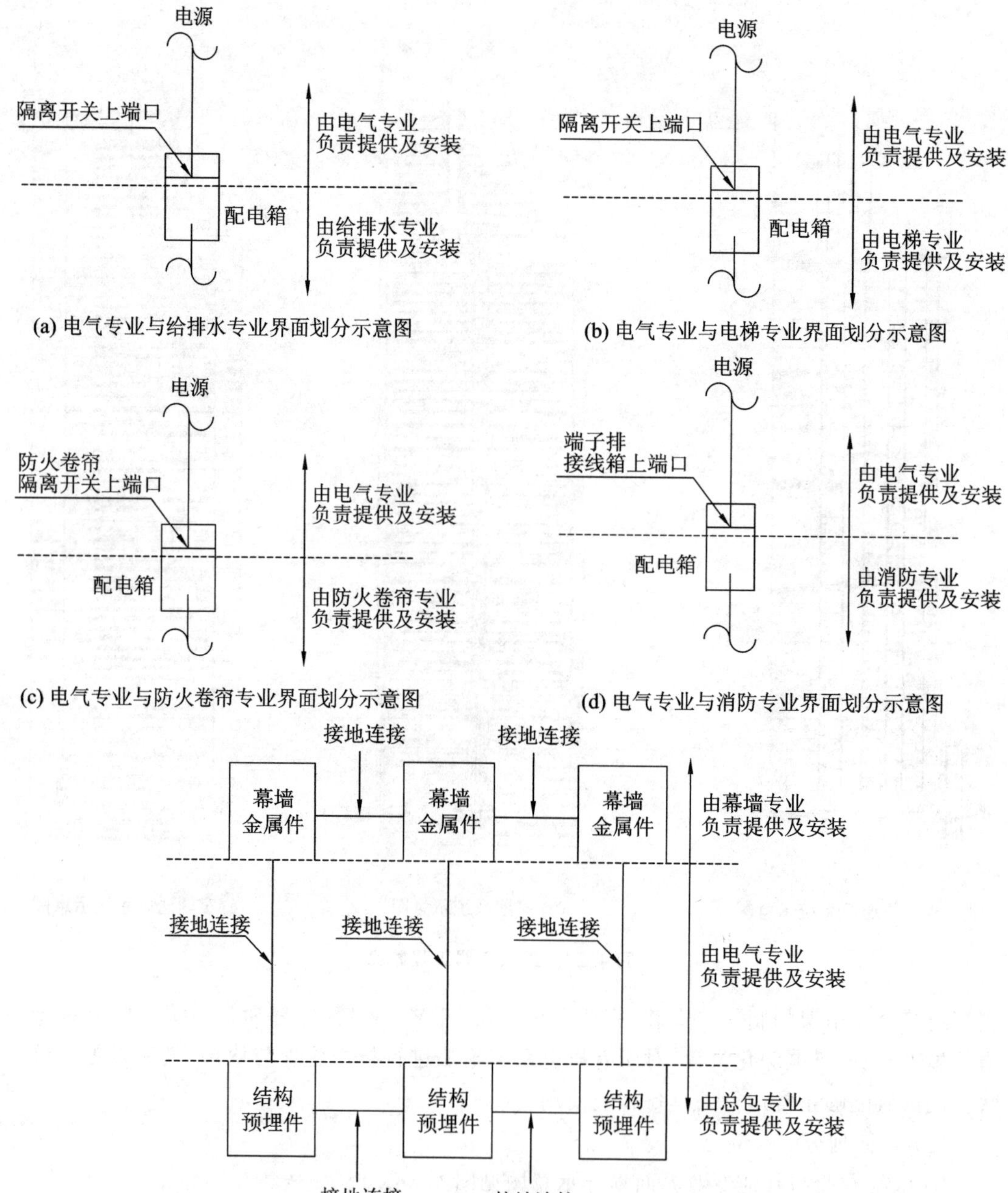

(a) 电气专业与给排水专业界面划分示意图

(b) 电气专业与电梯专业界面划分示意图

(c) 电气专业与防火卷帘专业界面划分示意图

(d) 电气专业与消防专业界面划分示意图

(e) 电气专业与幕墙专业界面划分示意图

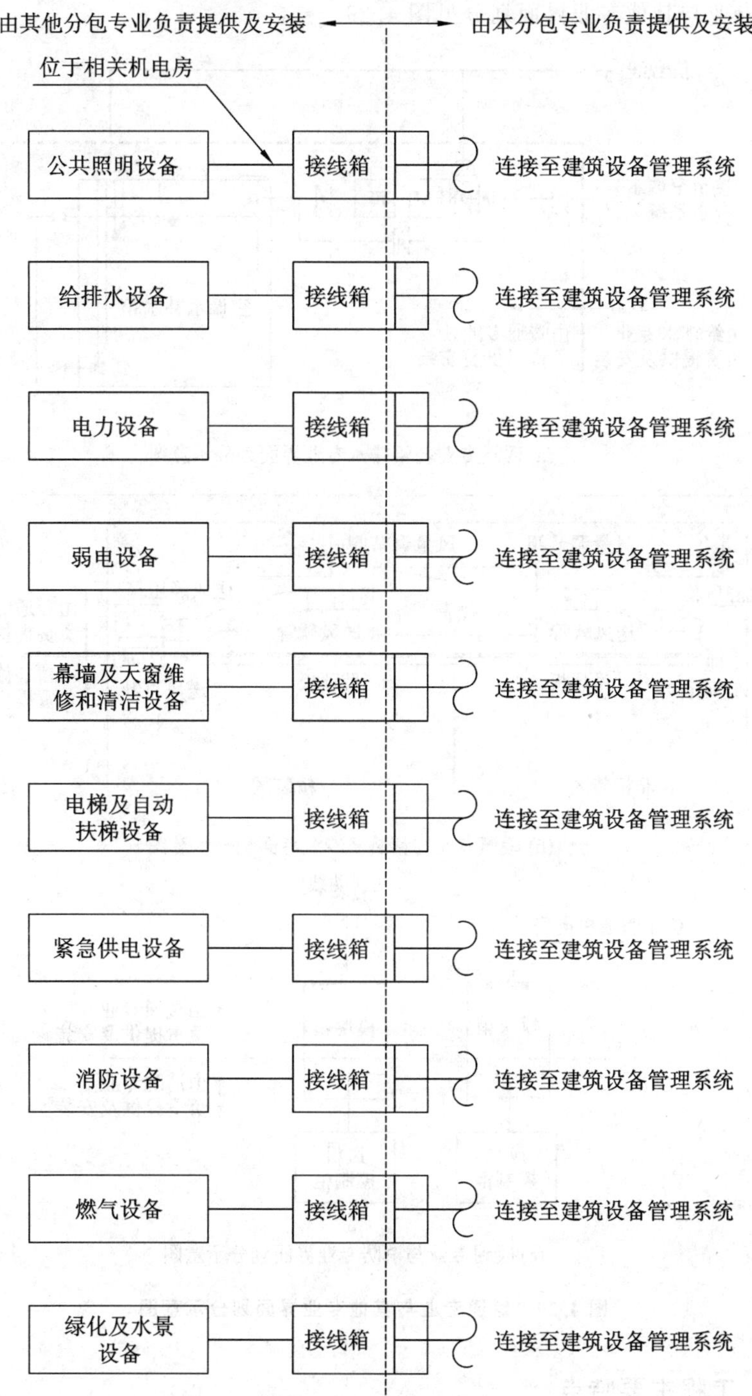

(f) 电气专业与其他专业界面划分示意图

图 4.28　电气专业与其他专业界面划分示意图

② 暖通专业与其他专业界面划分见图 4.29。

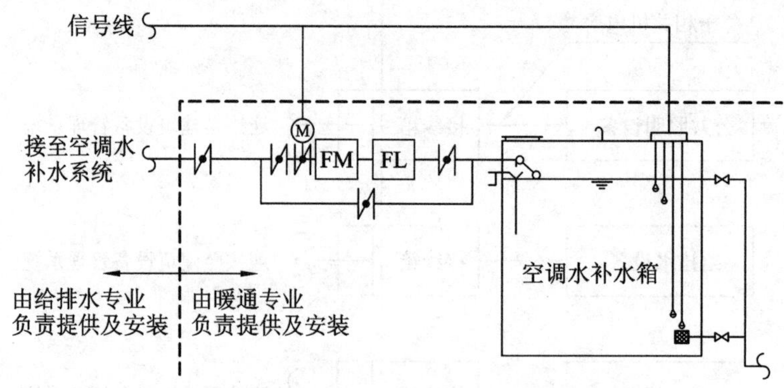

(a) 暖通专业与给排水专业界面划分示意图

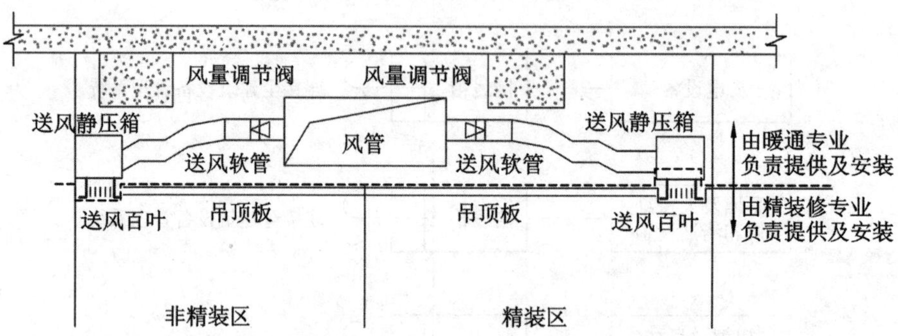

(b) 暖通专业与精装修专业界面划分示意图

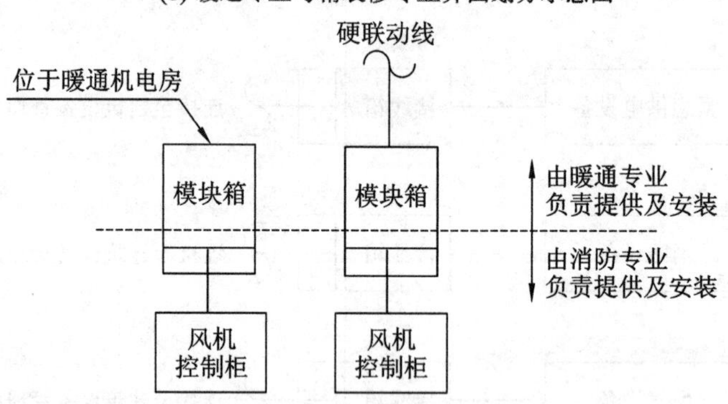

(c) 暖通专业与消防专业界面划分示意图

图 4.29　暖通专业与其他专业界面划分示意图

4.3.2　工程主要特点

对本项目机电工程设计图纸、技术规范文件进行了仔细研究，其工程主要特点详见表 4.9。

表 4.9　机电工程主要特点

<table>
<tr><th>特点</th><th colspan="2">难点</th><th>解决措施</th></tr>
<tr><td rowspan="4">工程量大</td><td rowspan="2">施工管理难度大</td><td>质量</td><td>①选用经验丰富的专业质量管理员；
②加大项目组织机构中质量管理人员的权限；
③强化执行质量管理制度</td></tr>
<tr><td>进度</td><td>①优化资源配置；
②推行计划和目标管理；
③加强配合意识，确保各节点工期的实现</td></tr>
<tr><td rowspan="2">资源需用、调配量大</td><td>人员</td><td>①利用公司的集团优势，从全公司内抽调高素质项目管理人才和技术熟练的专业作业人员；
②加强劳动力需求调配的计划性</td></tr>
<tr><td>资金</td><td>①集中本公司的强大财力作为后盾；
②确立本项目为公司重点项目，对资金进行专项管理</td></tr>
<tr><td rowspan="3">高层建筑</td><td colspan="2">垂直运输工作量大</td><td>①按合理的供应计划组织材料及设备的采购和进场；
②根据工程实际进度定期向业主提供吊运需求计划；
③重型设备运输按预先编制的运输方案组织运输；
④轻型材料运输使用专制吊装箱，以层为单位组织运输，提高运输效率</td></tr>
<tr><td colspan="2">垂直安装工程量大</td><td>①成立垂直井道内专项施工班组，负责垂直施工；
②对垂直井道内的工程内容，按预定专项施工方案施工</td></tr>
<tr><td colspan="2">安全风险大</td><td>①除专职安全员外，指定各层安全负责人，加强现场安全监督；
②持续地向现场人员告知相关安全知识，警告和惩罚不安全行为，提高全员安全意识；
③无条件执行总包单位制定的安全管理制度</td></tr>
<tr><td rowspan="3">系统复杂，配合工作量大</td><td colspan="2">调试试验难度大</td><td>①配置需要的试验仪器设备，由公司指派资深专业工程师到现场负责；
②联系业主现场工程师、监理工程师和设备生产厂商以明确试验要求和设备的相关技术参数；
③按预先制定的调试方案和计划完成全部工作内容</td></tr>
<tr><td colspan="2">成品保护工作量大</td><td>①安排专职人员负责，建立成品保护制度；
②注意气象预报，暴雨雪、大风天气前加强对成品的保护加强</td></tr>
<tr><td colspan="2">过程协调工作复杂</td><td>①做好施工前深化设计工作，提早发现问题；
②专业间的施工矛盾，应召开协调会解决；
③对其他专业承包商的配合需求及时提出书面计划</td></tr>
</table>

续表 4.9

特点	难点	解决措施
专业交叉较多	各专业管线等现场安装布置错综复杂	①施工前进行详细的施工图深化设计； ②综合、全面考虑各种桥架、管线、设备等的合理空间布置
深化设计要求高	使用先进软件充实设计人才	充分利用公司资源，加强与相关方沟通；积极参与各专业图纸会审
物流组织复杂	选择进场路线、时间	协调社会关系，制定合理的采购流程
环境保护	减少环境污染	完善现场的环保措施
空调设备安装	编制合理的安装方案	谨慎组织吊装
系统试压冲洗	冲洗用水的循环利用	制定安全保证措施
工程地处市中心	交通拥挤，大宗货物难以运输	①设备、材料进场计划周密，安排合理； ②货物运输避开交通高峰期

在施工过程中，将充分考虑上述的施工特点，编制相应的作业指导书，资源配置时应优先、充分考虑，严格按计划施工。

4.3.3 工程主要施工措施

4.3.3.1 选用新材料的建议

本工程空调风管采用镀锌铁皮风管，外用橡塑保温。由于风管制作需要经过下料、咬口、翻边、拼接、铆接法兰等工序，风管橡塑保温也需要下料、粘胶、保温等程序，施工程序复杂、施工机具需求较大，施工成本较高。为了降低成本、缩短工期，可以采用新型的洁能玻美复合风管。其将风管本体与风管保温结合在一起，可以大大节约施工成本和缩短工期。洁能玻镁复合风管由不燃无机材料和保温材料经高科技工艺复合而成，防火阻燃 A 级(复合材料整体 A 级，洁能玻镁复合风管的专用胶及配件均为 A 级不燃材料)。洁能玻镁复合风管强度高，抗折强度大于 1.8MPa，能承受 2500Pa 的风压，可以供高、中、低压风系统使用。洁能玻镁复合风管在潮湿的环境下不生锈、不腐蚀，即使浸在水中，仍能保持较高的强度，湿强度大于 97%。洁能玻镁复合风管防水抗返卤寿命长，使用寿命超过 20 年以上。洁能玻镁复合风管采用无法兰连接工艺，省去法兰的高度，可以提高吊顶净空间。洁能玻镁复合风管每平方米质量 7.5kg，比铁皮风管轻 25%，可以有效降低建筑物荷载；其安装简便、造价低廉，相当于铁皮风管的 60%。

4.3.3.2 立体交叉作业

地上部分进行结构施工的同时，开始进行地下室通风、排烟、空调水系统的管线安装，同时与土建砌筑墙体进行配合和协调。

(1) 系统管线施工顺序

地下室区域各专业管线集中,因此应首先进行机电管线空间布置上的协调。特别是冷换机房设备数量多,各系统管线集中,直径或截面面积较大,因此应充分考虑各系统管线设备在平面和空间上的位置及其他专业的位置,专业绘制出机电综合管线施工图,在综合图的基础上进行支吊架的协调。支吊架的协调应综合考虑地下室结构受力、空间位置及机房的整体美观等因素。

在系统管线支吊架已充分协调的基础上,开始进行通风排烟及空调水系统管线的施工,施工顺序的原则是:通风、空调水系统干管→通风、空调水系统支管→设备配管,同时在施工中必须遵循机电安装总体施工原则,即有压让无压、小管让大管、电管让水管、下层让上层。

(2) 通风空调系统的施工

通风空调系统的施工应遵循以下总体原则:

排水管道→消防管道→风管→空调水水平管道→电缆桥架→其他机电管线。

此施工顺序将根据具体部位的情况进行调整,同时,在施工顺序安排上应积极与总包单位进行协调和沟通。

(3) 水平区域的流水施工

水平区域的施工,特别是地上标准间区域,应在具备工作面的前提下,使各系统在不同的区域同时进行施工,在条件具备的情况下,进行小节拍多阶段均衡流水施工,以缩短工期。

(4) 工程量大的项目

对工程量较大且很可能影响系统整体进度的项目,应单独编制施工方案或采取相应的措施组织施工。

设备安装必须于塔吊拆除前将大部分设备吊运到位,减少外用电梯压力。

吊顶内系统管道必须在装修前全部试压完毕。

给排水系统、空调系统冲洗试运前,给排水的空调补水系统、膨胀水系统必须完成。该项应主动和总包给排水专业承包商进行协商,保证空调用水的供应。

电气系统必须确保动力配电系统在空调试运行前全部完成。正式电力的投入日期有可能成为影响整个空调系统完成日期的关键,因此,应主动和变配电专业承包商及总包进行协商,保证系统用电的供给。

4.3.3.3 管道吊装

本工程管道的种类、规格、数量均比较复杂,楼层高度较高。

(1) 吊装前的准备工作

① 编制详细的吊装方案,必须明确责任人,确定计划吊装时间、吊装工作量、吊装安全保证措施等,吊装方案报现场工程师审核,经认可后开始下一步工作;

② 按标准制作好支架,将固定支架安放就位;

③ 根据管道管径加工穿楼板套管;

④ 对无缝钢管进行开坡口、除锈,焊接吊耳、涂防锈漆;

⑤ 准备吊装钢管工作的辅助工具:电源、焊机、安全防护措施;

⑥ 人员准备就绪。

(2) 吊装步骤

① 第一条钢管起吊，钢管就位后，立刻与最下端的固定支架临时固定；

② 安装活动支架和穿楼板套管，钢管中部和上部与钢结构临时固定；

③ 通过磁性线坠调整管道垂直度，将支架固定；

④ 割除吊耳，再次进行坡口处理；

⑤ 管口临时封闭，等待下一根管道吊装；

⑥ 第二条钢管起吊，钢管就位后立刻与上一条钢管对口、点焊；

⑦ 重复步骤②～⑤。

(3) 注意事项

安装方案必须合理、详细、可靠，应预计到所有可能发生的不利情况，并考虑应急预案。

① 根据总承包商要求安排吊装计划；

② 贯彻“安全第一”的方针，确保万无一失；

③ 保证焊接质量。

为保证安全、顺利地将管道吊装到位，在吊装过程中必须注意安全施工，并严格按照吊装方案进行吊装。吊装过程中的注意事项见表 4.10。

表 4.10 吊装安全措施表

序号	吊装安全措施
1	吊装使用的电动葫芦、电源由专人看护，非专业人员不得使用
2	参加吊装的现场工人，需全部进行三级安全教育、安全考试、安全交底，全部办理平安卡，特种作业人员（锁具工、起重工）持证上岗，有齐全的进场施工手续
3	现场巡视人员及各层看护人员发现问题应及时向现场指挥报告，及时处理
4	每次吊装前应检查钢丝绳是否损坏，如有损坏立即更换
5	吊装前，应对吊装及操作范围内场地进行彻底清理，并将影响管道在地面上水平运输的所有杂物清除出场。吊装时，闲杂人等一概不得入内
6	吊装用钢丝绳必须完好，无破损、断丝、抽芯等现象。吊装前必须检查索具、卡环、滑轮等所有吊装用具是否完好、有效，发现问题后要及时更换或处理，对存在安全隐患的吊装用具一律不得使用。改变钢丝绳方向的滑车必须固定牢固、可靠，检查无异常情况后方可使用
7	吊装前应对各种预留孔洞、竖井进行封堵、围挡及掩盖，并在这些部位处设置明显的安全标识。各背光部位必须设置足够的照明
8	管道在水平运输前应对较小的孔洞加以掩盖。对较大的孔洞（ϕ500mm 以上）以及楼板后浇带等位置，要用钢板或模板加以覆盖。局部有外露钢筋的地方，在运输时要特别注意，以防运输人员绊倒
9	司索工必须持证上岗，具备基本力学知识，了解索具和吊具的性能、使用方法、维护保养、报废标准，熟练绑扎技术、指挥信号
10	工人应检查劳保防护用品，特别是正确佩戴合格的安全帽，穿适合现场施工的鞋
11	管道绑扎牢固、中心平稳后方可起吊，有机械缺陷、超重时严禁起吊

(4) 机电工程安全防护事项

机电工程安全防护事项如表4.11所示。

表4.11　机电工程安全防护事项

主要事项	事故原因及工程特点	防范措施
机械事故	本工程施工机械设备多(咬口机、切割机、电钻、电焊机、铆接机、设备吊装机械等)	对机械设备设专人维护,检修;对操作人员进行培训、考核,持证上岗
火灾事故	本工程焊接工作量大,施工电动工具多,施工用电量大	严格执行"用火审批制度"。配备消防器材,并指导员工使用;严格执行统一的"施工用电制度"
盗窃事故	本工程建筑面积大;施工单位及作业人员多;施工材料多,价格昂贵	加强巡查,对人员加强教育,加强保护措施,贵重设备施工前,应检查现场条件(如门窗是否能封闭等)
高空事故	本工程楼层高,管道施工与主体结构同步,竖井多、管井大、预留孔数量多、设备吊装工作量大	加强高空作业安全教育,严格执行高空作业制度,对竖井、孔进行围护,并每天检查
水灾事故	管道系统多(冷却水、冷冻水、热水、冷凝水),试压工作量大、工期短	合理制订管道通水、试压计划,实行"事前检查签字制度",做好应急预案,加强与相关单位的协调
电气事故及其他工伤	电气设备及机械多,各专业协调施工量大	定期检查电气线路,加强专业教育,加强协调配合

(5) 本工程安全防范重点及对策

在《机电工程施工组织设计》编制过程中,进行了初步的危害辨识、风险评价和风险控制的策划工作,制成表4.12所示的机电工程重点安全防范对象及对策。

表4.12　机电工程重点安全防范对象及对策

重点安全防范对象		防范措施
施工部位	垂直电井预留口	电井安装临时门统一管理,预留口设临时盖板
	电梯井口	要求总包或电梯施工承包单位安装临时门
	其他井道口	要求总包或相关专业施工承包单位安装临时门
	其他预留洞口临边	要求总包或相关专业施工承包单位设置安全网围护及临时盖板
	外墙临边	总包单位设置安全网围护

续表 4.12

重点安全防范对象		防范措施
施工过程	高层材料设备垂直吊运	服从总包单位现场统一管理、搭置安全平台、使用专用货柜
	发电机吊装	按事先编制好的、经审核的吊装方案实施
	地下室等安装施工	空间大，搭设安全可靠的可移动施工平台
	垂直桥架安装	在非施工楼层预留口进行可靠遮盖，桥架安装时采取防坠落措施
	屋顶避雷网、航空障碍灯安装	事先预制，减少在屋顶的施工操作内容；施工人员系安全带，施工材料物品采取可靠的防坠落措施
	高压设备调试送电	严格按设备产品技术说明书和预先编制的调试送电程序进行，接地和绝缘措施应验收合格
	电动施工机具使用	符合现场施工用电规范要求，按机具安全操作规程要求使用
	电焊机使用	符合现场施工用电规范要求，采取防火措施

(6) 本项目施工过程控制

对施工过程的质量控制是质量管理体系中最关键的环节，在本工程的施工中，以事前控制、事中控制为主，事后控制为辅，充分达到质量预控目的，从而实现以过程保证结果的目标。施工过程控制见表 4.13。

表 4.13 施工过程控制

质量控制阶段	质量控制内容
事前控制	工程开工前，应建立完善的质量保证体系、质量管理体系、质量创优计划，制定现场的各种管理制度，完善计量及质量检测技术和手段。分部分项工程施工开始前，应进行设计交底、图纸会审、深化设计，组织编制施工组织设计、施工方案，并对施工班组进行交底。技术交底可以《作业指导书》的形式进行，《作业指导书》中应有施工方法、质量控制要点、质量标准等内容
事中控制	事中控制是指施工进行中的质量控制，是质量控制的关键，主要为：完善工序质量控制，把影响工序质量的因素都纳入管理的范围，及时检查和审核质量统计分析资料和质量控制图表，抓住关键问题进行处理和解决
事后控制	事后控制是指对施工成品进行质量评价，由专职质量控制工程师按规定的检验方法、验收标准进行检测复核验评。复核不合格时必须返工整改，并对相关责任人给予处罚。施工过程质量控制应以人为核心，把对产品质量的检查转向对工作质量的检查、对工序的检查、对中间产品的质量检查，质量检查应实行“三检制”，实施跟踪检查，坚持用数据说话。施工过程质量控制需加强对设备、材料质量的管理。凡工程所用的材料设备必须符合国家规范和行业标准，进场材料设备必须有相应的质量证明资料，确保材料、设备的质量能达到相应的质量标准，设备材料的选用必须确保一致性

续表 4.13

质量控制阶段	质量控制内容
持续改进	项目工作的持续改进体现在服务和工程质量两个方面。在服务方面，作为机电安装施工单位，就工程质量对业主、总承包商负责，并对业主的其他合理要求予以满足，为业主的技术人员进行培训。对于总承包商，密切协助其搞好工程质量、安全生产、文明施工，确保工程优质、高效地完成。持续改进反映在工程质量上，主要是通过对产品实现的过程进行测量和监控，对工序产品和最终产品进行测量和监控，并对测量的数据进行统计分析，制定相应的改进措施。本工程将开展“QC”活动，通过PDCA有效循环，使工程质量不仅满足规范、标准的要求，并且时时刻刻处于一种持续改进的良性状态之中。具体的“QC”活动方案在工程施工前应详细制订

4.3.4　工程重难点及实施措施

本工程地处繁华地段，周边居住小区多，工程体量大、工期紧、施工任务重，加之本工程机电系统设施齐全，机电分包多、交叉作业多、精装修标准高、对深化设计要求高，需要协调和全面部署的工作量巨大，具体工程难点和重点如下：

4.3.4.1　竖井电缆的施工是本工程施工的重点

(1) 重点工作分析

电气竖井电缆敷设过程中，由于材料数量多、自重大，因此集中放置会对楼板产生较大压力；电缆竖向跨距大、电缆直径大，低烟无卤阻燃电缆单根长度长、自重大，竖井矿物质电缆单芯最大为 BTTZ1×240，调直与管井敷设难度大、工艺要求高。

(2) 管理措施及实施方法

对于超高层建筑，为防止长距离提拉而造成电缆变形，本项目采用分段(将长距离的输送分为若干段，如 1～30 层，将中间层 15 层设为分段层，第一次提拉放置 15 层，再经过第二次提拉完成 15～30 层)分批吊运，减少楼板压力负荷，并在电缆堆放地上铺设厚钢板，将集中点荷载均匀分散至面荷载。

电缆敷设采用提拉形式，相关工具必须按最高安全系数选择，钢丝绳按 5 倍安全系数选择，卷扬机按垂直钢丝绳和电缆总质量的 2 倍安全系数考虑，以保障电缆竖向敷设的安全性，并为卷扬机配备匹配的变频控制器，以达到能轻启、轻停的效果。

矿物绝缘电缆调整采用矿物绝缘电缆调直机专利技术进行调直。

4.3.4.2　大型设备高空吊装及物料运输

(1) 重点工作分析

本写字楼楼层高、大型设备多，分布在各楼层，吊装高度大，共有 6 台制冷机，9 台板式热交换器，38 台空调水泵，6 台空气源热泵，5 台低压柴油发电机，281 台高(低)压配电柜，空调机组新风机 122 台、各类风机 368 台等，单台设备最重可达 15t，吊装高度最大达 298m。

(2) 管理措施及实施方法

对设备层的大型设备吊装进行前期策划，制定专项吊装方案，经审批后执行。高层设备，特别是从地上10层开始，做到合理规划、设备提前进场，充分利用总包的卸料平台和塔吊组合，以压型钢板预留吊装孔的方式完成垂直运输。

编制、报送进度计划时，同步报送设备、物料耗用吊运计划。统一编制机电物料现场吊运计划，并报总承包单位调配塔吊和电梯使用时间。利用夜间总包所安排的时间进行诸如水泵、风机、管道等小型材料设备的垂直运输；编制板式热交换器、热泵及制冷机组吊装方案。

充分利用设备层和避难层，合理协调并安排各分包单位的现场物料周转区和工器具存放区。灵活、充分地利用塔吊和电梯工作时间和时长，提前吊运物料。

针对高层建筑的物料(如水管、半预制风管、桥架等)，采用多种方式并用，综合实施的方式如下：

① 水管采用倒装法，利用租用总包的卸料平台进行吊装运输，也可利用公司前期板吊装特制吊笼(臂加长改造)，在卸料平台不满足施工的特殊时间时加以运用。

② 半预制分管及桥架首选是施工电梯(四部)在夜间运输；在电梯运输不能满足施工期间要求时，也可利用吊笼完成垂直运输。

4.3.4.3　VAV 系统调试

(1) 重难点工作

① 本工程风系分支较多，单层的 VAV 系统多达80余个，风平衡调试难度高；

② 组合式空调机组采用节能变频型，监控与控制系统复杂，要求精度高；

③ 系统深化及设备参数核算要求高。

(2) 管理措施及实施方法

① 根据图纸和技术要求，对 VAV 系统进行深化、核算，并交设计院和业主审核；

② 建立调试样板层，以指导后续调试；

③ 在对整个风系统进行深化设计的基础上，优化风系统管道及其系统阀门开度使之达到初步平衡；

④ 对系统进行热负荷计算及 CFD 气流组织模拟分析；

⑤ AHU 及 VAV-BOX 的实际选型都将对原设计的系统造成一些偏差，须核对 AHU 及 VAV-BOX 的风量、风压是否满足整个风系统的要求；

⑥ 软管安装长度与连接形式对送风效果影响很大，应控制软管长度不超过2m/条，软管弯曲应大于90°，软管支架间距应不大于0.5m，防止软管变形；

⑦ VAV 系统要求低漏风率。在调试前对每个系统风管进行漏风量试验，确保漏风量控制在10%以内，实现 VAV 系统的精密控制。风管在预制加工时须保证风管加工法兰的水平度、风管咬口严密，保证法兰垫片采用8501阻燃密封胶(难燃B1级)。

4.3.4.4　机电综合调试工作

(1) 重难点工作

① 参与调试的单位/专业多，协调组织量大；

② 专业性强；

③ 采用分区或分析仪调试，时间跨度长。

(2) 管理措施及实施方法

① 协调组建调试小组，建立调试管理制度，明确调试小组各自的工作内容和责任，并将各专业承包商、设备供应商中经验丰富的调试人员吸纳进来，共同编制系统调试方案；

② 将调试工作前移，从深化设计阶段开始准备；

③ 采用合格的测量仪器并严格执行计量法，调试的结果必须得到各方的认可直至符合要求为止；

④ 综合调试期间组织我司调试中心专家组作为项目调试顾问。

4.3.4.5 机电质量控制工作

(1) 重难点工作

本工程强电及空调系统等机电系统体量大而全，参建专业多，质量控制需要统一标准；交叉施工多，成品保护工作范围广、量大，且任务重。

(2) 管理措施或实施方法

① 成立质量管理小组，制定组织管理措施，完成工程质量策划和实施；围绕安全坚固、功能适用、美观精致、易维护、耐久、节能环保六个方面确立质量目标及标准，针对本项目特点组织制定本机电分包各专业施工过程质量控制要点与质量通病防治措施，保证质量，以交付使用；

② 实行样板引路、成品保护、隐蔽会签、工序交接、场地移交等制度，对机电工程质量进行过程控制，对关键节点、关键中间成果组织正式的验收、评审，深化过程管理；

③ 推行评价考核制度，定期进行质量控制考核，目的在于加强协作、找对方法、合理安排、完善达标；

④ 配合业主质量部，定期对质量问题进行检查回复工作。

4.3.4.6 协调管理工作是本工程的重难点

(1) 重难点工作

本项目除了配合总承包商之外，还需协调高压配电单位、消防分包、智能化分包、电梯分包等多家机电安装承包商，以及低压母线槽、空调机组、冷水机组、发电机组、变压器、低压柜、配电箱等30多家机电设备供应商；除此之外，还有总承包单位及其指定分包单位。参建单位众多，施工界面多，工序交接次数多而繁杂。作为一个成熟的机电承包商，应积极配合总承包单位，以达到进度控制的目标。

(2) 管理措施及实施方法

① 在本项目中，生产经理、技术总工程师及深化设计经理负责现场施工和深化设计图纸的协调，将整个项目的深化设计及现场协调统一管理起来；

② 建立相应的分包管理制度、措施和标准，严格按制度实施，统筹机电各专业承包商服从总承包商管理，定期参加或根据需要组织召开机电协调例会以及专题会；

③ 通过制订各种专项进度计划及跟踪表来落实进度目标，比如在施工的各个阶段制定机电重点事项跟进表，保证对重点事项的跟进及落实。

4.4 建筑供热与空调系统及设备运行管理

4.4.1 概述

现代文明给人类带来了舒适的生活环境。对于现代人来说,在室内度过的时间远多于在室外的时间。随着社会的发展,人们对室内环境的要求也越来越高,对安全、舒适、卫生等方面日益重视。建筑集中供热及中央空调系统(以下简称"暖通系统")作为现代建筑的必要组成部分,担负着创造和保持舒适的室内空气环境或满足某些要求的重任。其运行管理不但关系室内环境的效果、设备的使用寿命,还会影响到建筑能耗和对周围环境的影响,如果运行管理工作做得不好,不仅会导致室内环境效果不理想,而且会出现能耗大、设备故障多等问题,从而影响用户和管理单位的工作效率、经济效益,甚至会影响该建筑物的形象。

做好建筑供热与空调系统运行管理工作,必须了解建筑供热与空调系统的构成及工作原理、运行管理工作的内涵,认识其重要性,理解其基本要求,明确要达到的基本目标,把握工作的基本内容,并对影响管理目标实现的主要因素做到心中有数。国家标准《空调通风系统运行管理规范》(GB 50365—2005),对运行管理提出了规范性要求。

4.4.1.1 运行管理的重要性

在我国,暖通系统广泛用于对室内空气环境有特殊要求的各种场所,如住宅建筑、写字楼、酒店、候机楼、大型商场等。主要目的是为了满足人们对室内空气环境的舒适度要求。因此,暖通系统的主要服务对象是人,运行管理工作的首要任务是以人为本,确保室内环境的空气质量要求。

系统中所采用的制冷设备及其他设备,以电力驱动为主,而且运行时间长、耗电量大。统计资料表明,其用电量一般占整个建筑物总用电量的30%左右。因此,在满足使用要求的前提下,尽量减少系统运行时的用电量是一项十分重要的任务,直接关系到运行成本和建筑物的节能指标,其经济效益及社会效益显著。

暖通系统一次性投资大,包含的设备种类多、管线长、自动化程度高。运行操作、维护保养、故障检修要综合运用热工、流体、空调、制冷、机械、电气、自动化控制等多方面的知识和技能。运行操作人员和维修人员掌握了较高的专业知识和专业技能才能管好、用好它。否则,会使得使用效率降低、故障频发、寿命缩短,不仅影响正常使用,还会增加相关的非正常资金投入,从而加大运营成本。

综上所述,暖通系统运行管理作为现代物业设备管理的一个重要组成部分,有着十分丰富的内涵。实际工作中往往由于对此认识不足,致使管理工作存在许多疏漏和认识上的误区,例如:把有人负责系统的开(关)机当成有专人管理;把自动化控制程度高当成自动运行管理,无须维护保养;把夏、冬季节的供冷、供暖当成满足舒适度要求;把系统开动运行当成工作完成等。

【特别提示】《绿色建筑评价标准》(GB/T 50378—2014)中特别添加了运行管理指标,对运行管理进行评价。

4.4.1.2　运行管理工作的基本条件及要求

暖通系统的类型十分繁多且系统构成复杂，特别是近年来随着自动化技术的日益提高，系统自动化控制程度也越来越高，工作原理也变得复杂多样。为了满足使用需求，以较低的运营成本更好地发挥系统的使用功能的同时节能降耗，对运行管理也提出了较高的要求。

纵观国内暖通系统的使用效果、维护保养与运行费用等情况，有许多不能令人满意的地方，往往并非是设计、施工或材料、设备方面的原因，多数是忽视了管理工作造成的。因此，必须对运行管理工作高度重视，并着重做好组织建设和制度建设方面的工作，人员配备齐全和管理制度健全是做好运行管理工作的基本条件，在此基础上抓落实，采取一系列行之有效的措施。

(1) 健全各项管理制度，各项管理都要形成相应的规章制度，做到有章可循、有法可依。暖通系统的管理制度主要有人员管理制度(包括各类人员岗位职责、业务学习与培训制度等)，设备管理制度(包括维护保养制度、检验与修理制度等)，运行管理制度(包括运行值班制度、系统和设备的操作规程、巡回检查制度、交接班制度、机房管理制度、经济节能运行措施、突发事件应急管理措施、紧急情况应急处理措施等)。

(2) 运行维护的各个操作项目都要制定安全、合理的规程，做到规范、有序地操作。

(3) 配备齐全的运行管理及操作人员，各级专业管理人员分工明确、职责清楚。暖通空调系统的运行管理涉及的内容多、技术范围广，要做好各项管理工作，必须根据其规模、复杂程度和管理工作量定员定岗。管理、操作、维修人员都是暖通空调方面的专业人员或经过严格培训并通过相应考核的技术人员。以中央空调系统运行管理为例，管理人员主要由主管、班(组)长、操作人员组成。

4.4.1.3　运行管理的基本目标及影响目标实现的因素

一般来说，对于围绕系统运行管理所做的一切工作，要达到的基本目标就是要用最低的消耗、最少的费用、最卫生安全的运行达到最佳的效果，以求取得最高的综合效能，实现最大的社会效益和经济效益。

(1) 满足使用要求是运行管理必须达到的首要目标。室内采暖或空调房间基本都是封闭空间，其空气环境的温度、湿度、流动速度、洁净度、新鲜度等通常需要暖通系统或空调装置来调节和控制，以创造和保持满足一定要求的空气环境。系统的运行效果，直接体现在能否满足人们对室内环境的要求，是运行管理质量优劣和水平高低的直接反映，对衡量系统运行管理的水准，树立良好形象有着不可忽视的作用。一旦不能达到满足使用要求这个目标，其正常运行管理就会受到影响，甚至导致经营亏损。

(2) 积极降低运行成本是暖通系统运行管理所要达到的重要目标。除人工费外，系统运行成本主要包括能源消耗费和维护保养费。不管冷(热)源是何种形式，大多数暖通系统的主要能源消耗还是电能。因此，降低运行成本的首要任务是减少用电量，同时也要尽量减少其他燃料(如燃油、燃气、煤)的消耗量，以降低能源消耗费用。同时，通过严格规范的管理、精心操作、科学维护来减少日常机(物)料或易损件的使用量，以减少相关费用的开支，达到降低运行成本的目的。

(3) 在保证系统高效低耗运行的同时，减少故障的发生，尽量延长整个系统的使用寿命，是运行管理的长远目标。使用寿命是指在不更换主要部(构)件的情况下，能够确保正常运行并确保使用性能和效果的情况下，系统和设备所能维持的最长使用时间。一般情况下，暖通系统的费用要占到建筑物总投资的20%左右。主要设备、材料的更新不仅要耗费大量的人力、物力，而且还影响空调房间的正常使用。对于大型主机和管道系统来说，对其更新还会损坏建筑结构或室内外装饰，从而带来额外的经济损失和费用开支。因此，必须通过合理的使用、规范的操作、科学的保养、精心的维护、及时的检修来充分发挥系统作用。

(4) 保证空调房间内人员的安全、卫生是中央空调系统运行管理不能忽视的工作目标。中央空调系统通常会滋生微生物，并传播、扩散造成污染或危害。运行管理不到位还有可能滋生与传播病菌以及室内外污染物，从而对空调房间内的人员造成危害。中央空调系统是一柄双刃剑，管理得不好，不但起不到营造舒适、卫生的室内空气环境的良好作用，反而会成为随时威胁环境卫生和安全的“杀手”。因此，做好中央空调系统有关部件和位置的清洁、消毒工作，以及发生突发事件时的应急管理工作显得尤其重要。

(5) 由于暖通系统组成的复杂性、设备的多样性、管道的隐蔽性、室外气象条件的多变性等原因，使得影响中央空调系统达到运行管理的基本目标的因素有很多。系统设计与设备选用、主要设备及辅助装置的质量、系统及设备安装调试的情况、使用与操作的水平、维护保养的状态、检修与技术改造状况、管理团队、管理制度、设备及系统运行环境、采用新产品或者新技术的成熟度、室内外条件等是影响运行目标是否能实现、如何实现及实现水平的主要因素。从上述主要影响因素中可以看出，对于建筑工程来说，前三个因素是好是坏，一般是在建筑机电设备安装工程全部竣工前决定的；其他因素则是运行管理过程中应该很好把握的；最后一个因素原则上不需要空调运行管理来考虑。

4.4.1.4 运行管理工作的基本内容

要保证暖通系统的正常运行，在设计阶段就应充分考虑使用需求；施工阶段要严格控制质量；施工完成后要进行系统调试验收和竣工图等文件验收；运行阶段要有监测调控措施，做好运行记录、系统清洗和维护、故障诊断和消除等工作，根据需求变化进行系统改造等。

(1) 暖通系统的管理要做好运行操作、维护保养、故障处理、计划检修、更新改造、零配件的选购、技术资料管理等七个方面的工作，而运行管理则主要是做好运行操作、维护保养、故障处理和技术资料管理等四个方面的工作。管理制度化、操作规范化、人员专业化、职能责任化是做好这些工作的前提。

(2) 本节主要介绍暖通系统的概况，供热系统、空调系统、空调冷水机组、风机、水泵和冷却塔的运行及维护，以及暖通系统运行效果等内容。只有全面了解运行管理的基本内容，才能深入研究和掌握各个管理环节的规律，以促进运行管理工作，全面提高运行管理的质量。

4.4.2 建筑集中供热系统及中央空调系统简介

4.4.2.1 集中供热系统简介

(1) 集中供热系统由热源、热网和热用户三部分组成。根据热媒的不同，可以分为热水供热系统和蒸汽供热系统。对于民用建筑来说，供热(采暖、空调)系统均采用热水作为其供热介质，热源一般来自区域锅炉房、以城市供热管网为一次热源的热力站、建筑物内采暖锅炉或者热泵机组等。

(2) 民用建筑中的热水供热系统主要采用闭式系统和开式系统两种形式。在闭式系统中，热网的循环水仅作为热媒，供给热用户热量而不从热网中取出使用。在开式系统中，热网的循环水部分或全部从热网中取出，直接供给热用户使用。

(3) 集中供热系统向许多不同的热用户供热，而热用户所需要的供热参数不同，且热源供给的热媒参数往往也不能满足所有热用户的需求。因此，必须选择与热用户要求相适应的供热系统形式及其管网与热用户的连接方式，可分为直接连接和间接连接两种方式，如图 4.30 所示。

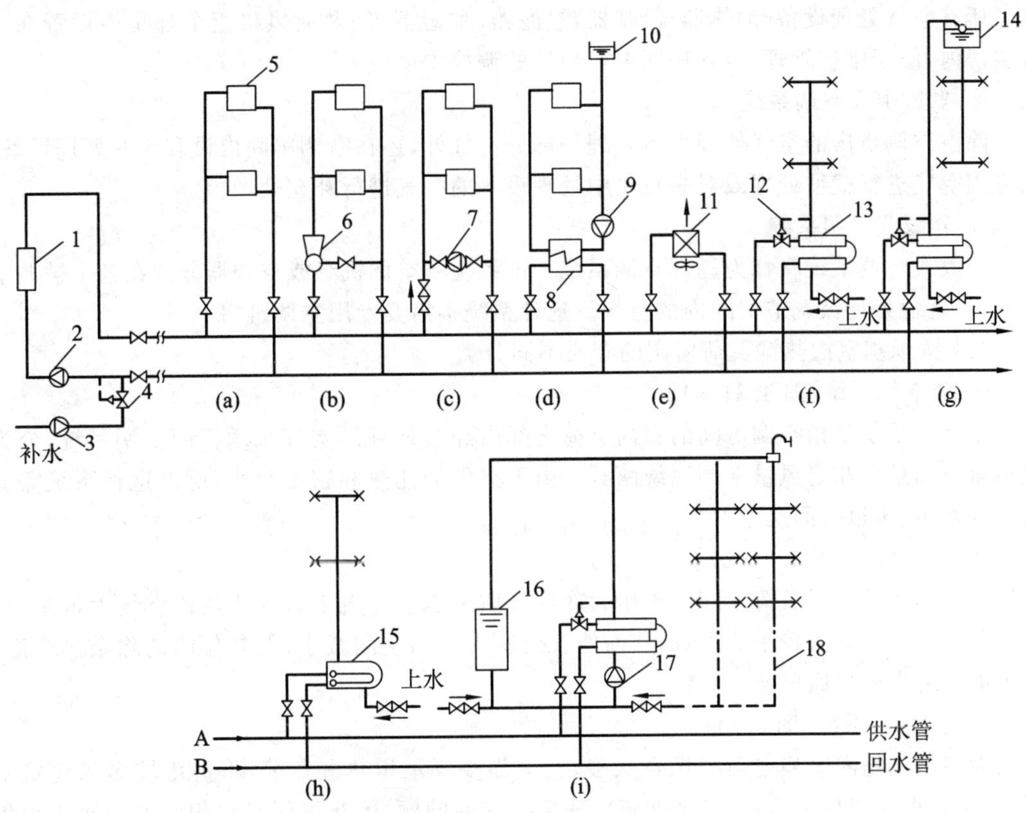

图 4.30 双管闭式热水供热系统图

(a)无混合装置的直接连接方式；(b)设水喷射器的直接连接方式；(c)设混合水泵的直接连接方式；(d)供暖热用户与热网的间接连接方式；(e)通风热用户与热网的连接方式；(f)无储水箱的连接方式；(g)装设上部储水箱的连接方式；(h)装设容积式换热器的连接方式；(i)装设下部储水箱的连接方式

1—热源的加热装置；2—网路循环水泵；3—补给水泵；4—补给水压力调节器；5—散热器；6—水喷射器；7—混合水泵；8—表面式水-水换热器；9—采暖热用户系统的循环水泵；10—膨胀水箱；11—空气加热器；12—温度调节器；13—水-水换热器；14 —储水箱；15—容积式换热器；16—下部储水箱；17—热水供应系统的循环水泵；18—热水供应系统的循环管路

(4) 直接连接是用户系统直接连接于热水网路上。热水网路的水力工况(压力和流量状况)和供热工况与供暖热用户有着密切的联系。常见的直接连接方式有无混合装置的直接连接、装水喷射器的直接连接、装混合水泵的直接连接。

(5) 间接连接方式需要在供暖系统热用户，即在建筑物用户入口处或热力站内设置表面式水-水换热器(或在热力站处设置承担该供暖热负荷的表面式水-水换热器)，通过换热器的表面将热能传递给供暖系统热用户的循环水。供暖系统的循环水由热用户系统的循环水泵驱动循环流动。

4.4.4.2 中央空调系统简介

中央空调系统是由冷(热)源通过风道送风或冷(热)水源带动多个末端的方式来调节室内空气的系统。根据需要及工作原理不同，有多种系统形式。

(1) 按空气处理设备的设置情况分类

① 集中式空调系统

所有空气处理设备(加热器、冷却器、过滤器、加湿器等)及通风机组全都集中设置在空调机房内，便于维护管理，但各房间温(湿)度的调控难度较大。

② 半集中式空调系统

除由空调机房的空气处理设备处理一部分空气外，还在空调房间内设有空气处理设备，对室内空气进行就地处理或对来自集中处理设备的空气进行补充处理。

③ 分散式空调系统

分散式空调系统又称为局部空调系统。该系统将空调机组或空调器分散在各个被调节房间内，就地处理被调节房间内的空气。这种系统不需要专用空调机房。

(2) 按承担室内热湿负荷所用的介质不同分类

① 全空气系统[图 4.31(a)]

全空气系统是指空调房间的室内负荷全部由经过处理的空气来承担的空调系统，分为变风量空调系统和定风量空调系统两类。由于空气的比热和密度都小，所以这种系统需要的空气量多、风道断面尺寸大。

② 全水系统[图 4.31(b)]

空调房间的热湿负荷全部由水作为冷热介质来承担。由于水的比热比空气大得多，所以在相同条件下只需较小的水量，从而使管道所占有的空间减小，但是仅能消除余热余湿，并不能解决房间的通风换气问题。

③ 空气-水系统[图 4.31(c)]

大型建筑物内安装空调的场合众多，若全靠空气承担热湿负荷，将占用较多的建筑空间；若全靠水承担热湿负荷，又不能解决通风换气的问题，因此可同时采用空气和水来承担室内负荷。诱导空调系统和带新风的风机盘管系统即属于此种形式。

④ 制冷剂系统[图 4.31(d)]

制冷剂系统采用直接将制冷系统的蒸发器放在空调房间的方式来吸收空调房间内的余热余湿。VRV(变制冷剂流量多联式空调系统)、水环热泵系统、用分散安装在各空调房间内的空调机组(或空调器)处理空气的方式即属于此类。由于制冷剂管道不便于长距离输送，常常用于小型空调系统。

4.4.3 冷源的运行维护及保养

冷水机组是中央空调系统采用的最多的人工冷源，常用的压缩式冷水机组类型主要有

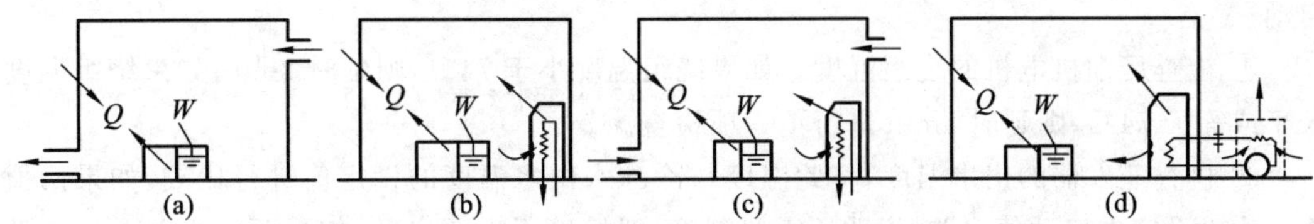

图 4.31　空调系统分类示意图

(a)全空气系统;(b)全水系统;(c)空气-水系统;(d)制冷剂系统

活塞式、螺杆式和离心式。常用冷水机组的运行维护包括开机前的检查与准备、机组及其水系统的启动与停机、运行调节、维护保养等。

压缩式冷水机组是将整个制冷系统中的制冷压缩机、冷凝器、蒸发器、制冷剂管道阀门及电气控制箱等全套零部件整体组装,并充注制冷剂,经带负荷检验运行后出厂的制冷机。

不同类型的冷水机组由于制冷压缩机的类型不同,运行操作可能有所不同,但大体上基本相同,下面以螺杆式冷水机组为例来说明压缩式冷水机组的运行维护。

4.4.3.1　压缩式冷水机组的运行操作

(1) 启动前的准备工作

① 检查机组中各开关装置是否处于正常位置。

② 检查油位是否保持在视油镜油位的 1/3～1/2 正常位置上。

③ 检查机组中的吸气阀、加油阀、制冷剂注入阀、放空阀及所有的旁通阀是否处于关闭状态,但是机组中的其他阀门应处于开启状态。应重点检查位于压缩机排气口至冷凝器之间管道上的各种阀门是否处于开启状态,油路系统应确保畅通。

④ 检查冷凝器、蒸发器、油冷却器的冷却水路和冷冻水路上的排污阀、排气阀是否处于关闭状态,而水系统中的其他阀门均应处于开启状态。

⑤ 检查冷却水泵、冷冻水泵及其出口调节阀、止回阀是否能正常工作。

(2) 日常开机前的检查

① 启动冷冻水泵,把冷水机组的三位开关拨到"等待/复位"的位置。如果冷冻水通过蒸发器的流量符合要求,则冷冻水流量的状态指示灯亮。

② 确认滑阀控制开关是设在"自动"位置上。

③ 检查冷冻水供水温度的设定值,如有需要可改变此设定值。

④ 检查主电机电流极限设定值,如有需要可改变此设定值。

(3) 年度开机前的检查与准备

① 做好日常开机准备。

② 在螺杆式机组运转前必须给油加热器先通电 12h,对润滑油进行加热。

③ 启动前先完成两个水系统的启动,即冷冻水系统和冷却水系统的启动,其启动顺序为空气处理装置—冷冻水泵—冷却塔—冷却水泵。

④ 设备与管道等无异常后即可进入冷水机组的启动阶段。

(4) 检查后的开机

当全部检查与准备工作完成后,将机组的三位开关从"等待/复位"调节到"自动/遥控"或"自动/就地"的位置,机组的微处理器便会依次自动进行以下两项检查,并决定机组是否启动。

① 检查压缩机电机的绕组温度。如果绕组温度小于 74℃，则延时 2min；如果绕组温度大于或等于 74℃，则延时 5min 进行下一项检查。

② 检查蒸发器的出水温度，将此温度与冷冻水供水温度的设定值进行比较，如果两值之差小于设定的启动值之差，说明不需要制冷，即机组不需要启动；如果两值之差大于启动值差，则机组进入预备启动状态，制冷需求指示灯亮。

当机组处于启动状态后，微处理器马上发出一个信号启动冷却水泵，在 3min 内如果证实冷却水循环已经建立，微处理器又会发出一个信号至启动器屏去启动压缩机电机，并断开主电磁阀，使润滑油流至加载电磁阀、卸载电磁阀以及轴承润滑油系统。在 15～45s 内，润滑油流量建立，则压缩机电机开始启动。压缩机电机的 Y-△（星形-三角形）启动转换必须在 2.5s 之内完成，否则机组启动失败。如果压缩机电机成功启动并加载，运行状态指示灯会亮起来。

(5) 螺杆式制冷压缩机正常运行的标志

① 压缩机排气压力为 1.1～1.5Mpa(表压)。

② 压缩机排气温度为 45～90℃，最高不超过 105℃。

③ 压缩机的油温为 45～55℃。

④ 压缩机的油压为 0.2～0.3Mpa(表压)。

⑤ 压缩机的运行电流应在额定值范围内，以免因运行电流过大而造成压缩机电机的烧毁。

⑥ 压缩机运行过程中声音应均匀、平稳，无异常声响。

⑦ 机组的冷凝温度应比冷却水温度高 3～5℃，冷凝温度一般应控制在 40℃左右，冷凝器进水温度应在 32℃以下。

⑧ 机组的蒸发温度应比冷冻水的出水温度低 3～4℃，冷冻水的出水温度一般为 5～7℃。

(6) 机组每日正常停机

① 将手动卸载控制装置置于减载位置。

② 关闭冷凝器至蒸发器之间的供液管路上的电磁阀、出液阀。

③ 停止压缩机运行，同时关闭吸气阀。

④ 待能量减载至零后，停止油泵工作。

⑤ 将能量调节装置放置于"停止"位置上。

⑥ 关闭油冷却器的冷却水进水阀。

⑦ 停止冷却水泵和冷却塔风机的运行。

⑧ 停止冷冻水泵的运行。

⑨ 关闭总电源。

(7) 机组长期停机

① 按照每日正常停机的程序进行。

② 除了控制电源隔离开关外，断开所有隔离开关。控制电源的隔离开关必须在油罐电

加热器操作完全关闭的过程中保持闭合。

③ 若使用冷却塔系统冷却，应放走冷却水管道和冷却塔内的水。

④ 打开冷凝器水箱的排气和放水堵头，放走冷凝器内的水，以防冬季时冻坏其内部的传热管。

⑤ 关闭好机组中的有关阀门，检查是否有泄漏现象。

⑥ 机组在冬季停止运行后应该按照"年保养维修"内周期性保养的有关维护保养程序所说明的内容，由有资质的维修保养技术员进行保养。每星期应启动润滑油油泵运行10～20min，使润滑油能长期均匀地分布到压缩机内的各个工作面，防止机组因长期停机而引起机件表面缺油，造成重新开机时的困难。

4.4.3.2　压缩式冷水机组的维护保养

对冷水机组进行定期保养，能够保证机组长期正常运行、延长机组的使用寿命、使机组的故障和维修次数降至最少，同时也能节省制冷能耗。

(1) 每周保养

机组至少已经运行了30min以上，检查冷冻水和冷却水的进出水温、压缩机运行的电流、油池中的油位、冷凝器和蒸发器及油泵的压力、不正常的声音、运行时的噪声值、振动状态等，并记录检查结果。

(2) 每三个月保养

清洗水管系统所有的过滤器。

(3) 停机季节保养

在冷水机组停机季节，必须确保控制面板通电，使排气装置维持运行状态，避免空气等不凝性气体进入冷水机组，同时可以使油加热器保持通电状态。

(4) 每年的保养

每年的保养应由生产厂家的维护人员来进行。包括检查所有控制器和安全装置的设定和工作情况；对整台机组进行冷媒泄漏试验；检查启动器、接触器的磨损情况；检查电机线圈的绝缘；油分析；振动分析；检查和调整水流量；检查和调整联动装置；清洗冷凝器。

(5) 其他保养要求

检查冷凝器表面是否清洁，必要时应进行清洗；新机组应每隔2～3年对蒸发器和冷凝器进行非破坏性管测试；每年进行油样分析。

① 冷凝器和蒸发器的清洁保养

a. 对于设有冷却塔的水冷式制冷机中的冷凝器、蒸发器，每半年由制冷空调的维修组进行一次清洁养护。

b. 清洗时，先配制10%盐酸溶液（每1kg酸溶液里加0.5kg缓蚀剂），或用现在市场上使用的一种电子高效清洗剂，杀菌清洗、剥离水垢可一次完成，并对铜铁无腐蚀。

c. 拆开冷凝器，蒸发器两端进出水法兰封闭，向里注入清洗液，酸洗时间24h，也可用泵循环清洗，时间为12h。酸洗完后用浓度为1% NaOH溶液或5% Na_2CO_3 清洗15min，最后用清水冲洗3遍，全部清洗完毕后检查是否漏水，若不漏水则重新装好，若法兰胶垫老化则需更换。

② 压缩机的检查和保养

a. 制冷空调维修组每年对压缩机进行一次检测和保养。

b. 检查保养内容见表 4.14。

表 4.14 螺杆式制冷压缩机组的日常维护检查项目

时间	位置	检查项	正确值
启动前	油加热器	停止时检查电加热器是否通电	打开电加热器
	油分离器视油镜	检查油位	保证油位在视油镜 1/3 处以上
	喷液管上的手动截止阀	检查阀门是否全开	将阀门打开
	电源电压	用电压表检查	不超过额定值的±10%
	环境温度	检查温度计	≤40℃
启动	边盖上的视镜	检查星轮旋转	按 EY302947 正常接线
	喷液管上的电磁阀	在启动时检查是否打开	打开
	振动和噪声	感觉、听	无异常振动和噪声
运行	油分离器视油镜	检查油位	正常值
	边盖上的视镜	检查是否喷油	喷油
	排气压力	检查高压表(排气)	1.1～1.8MPa
	吸气压力	检查低压表(吸气)	0.3～0.6MPa
	吸气压力差	检查低压表(吸气)	≤0.5MPa
	热水出口温度(制热时)	检查温度计	30～45℃
	冷冻水出口温度(制冷时)	检查温度计	5～10℃
	高低压差	检查高压表(排气)	≤0.1MPa
每季	制冷剂注入量	检查视液镜	管路液体无气泡
	润滑油注入量	检查油位计	在规定范围内

第一，检查压缩机的油位、油色，若油位低于视油镜的 1/2 位置，则应查明漏油的原因并排除故障后再充注润滑油；若油已变色则应彻底更换润滑油；

第二，检查制冷系统内是否有空气，如有则应排放；

第三，检查压缩机和各项参数是否在正常范围内，压缩机电机绝缘电阻正常值在 0.5MΩ以上，压缩机运行电流正常值为额定值，三相基本平衡，压缩机的油压正常值为 1～1.5MPa，压缩机外壳温度在 85℃以下，吸气压力正常值为 0.49～0.54MPa，排气压力正常值为 1.25MPa，并检查压缩机运转时是否有异常的噪声和振动，检查压缩机是否有异常的气味。

c. 通过各项检查确定压缩机是否故障，视情况进行维修更换。

(6) 螺杆式制冷压缩机组的常见故障及处理,见表4.15。

表4.15 螺杆式制冷压缩机组的常见故障及处理

故障类型	产生原因	解决办法
高压故障:压缩机排气压力过高,导致高压保护继电器动作	冷却水温偏高,冷凝效果不良	这种情况下冷却水温度一般维持在较高的水平,可以采取增加储水池的办法予以解决
	冷却水流量不足,达不到额定水流量	在管道高处安装排气阀进行排气时,管道的过滤器堵塞或选用直径过小的管道,透水能力受限,应选用合适的过滤器并定期清理过滤网
	冷凝器结垢或堵塞	冷凝水一般用自来水,必要时进行化学清洗除垢
	制冷剂充注过多	应在额定工况下根据吸排气压力和平衡压力以及运行电流放气,直至正常
	制冷剂内混有空气、氮气等不凝结气体	制冷剂内混有空气,在维修后抽真空不彻底,只能排掉重新抽真空,重新充注制冷剂
低压故障	制冷剂大量泄漏	第一种情况是制冷剂大量泄漏,电脑显示"LPCURRENT",单元电子板LP故障指示灯亮,需要补充制冷剂。第二种情况是制冷剂足够,但膨胀阀开启度过小或堵塞(或制冷剂管路不畅通),也可能造成低压故障。一般发生在低温运行期或每年的运行初期,运行一段时间后可恢复正常
	冷媒水流量不足	选用合适的过滤器并定期清理过滤网;水泵选用较小,与系统不配套,应选用较大的水泵,或启用备用水泵
	蒸发器堵塞,换热不良	定期对机组进行反冲洗
	电气故障引起误报	低压保护继电器受潮短路、接触不良或损坏,需要更换
	外界气温较低,冷却水温度很低时开机运行	采取关闭冷却塔、节流冷却水等措施,以提高冷却水温度。冷冻油温度回升后一般可恢复正常
低温阀故障(膨胀阀出口温度低)	制冷剂少量泄漏	补充制冷剂,并检查制冷剂管路泄漏之处,尽早维修。若制冷剂不纯或含水分,需要对制冷剂进行处理
	膨胀阀堵塞或开启度太小,系统不干净	清理膨胀阀,将膨胀阀的开度调整到合适的位置,并将制冷剂管路清理干净
	冷媒水流量不足或蒸发器堵塞	检查并调整冷媒水流量,清洗蒸发器并清除杂质
	电气设备故障引起的误报	低温阀线接触不良或损坏,需要更换

续表 4.15

故障类型	产生原因	解决办法
压缩机电机过热故障	压缩机负荷过大，过电流运行	伴有高压故障，详见高压故障的各项处理办法
	电气设备故障造成的压缩机过电流运行	调整三相电源电压至正常值；检查三相电源电压是否平衡；检查交流接触器，若有损坏，则进行更换
	过热保护模块 SSM 受潮或损坏；单元电子板故障或通信故障	检查过热保护模块 SSM 是否受潮或损坏，并进行更换；如果单元电子板故障或通信故障，则可能假报过热故障，应检查并排除故障

4.4.4 热源的运行维护及保养

为保证供热系统正常运行，达到良好的供热效果，必须通过精心、科学的运行管理与维护保养，使供热系统和设备保持最佳状态，从技术上提高系统和设备的效率，降低运行费用；同时为热用户提供舒适的环境，满足热用户的用热要求。

4.4.4.1 供热系统的运行调节

供热系统的水力平衡状况决定着整个系统的运行及节能效果。但是运行时的水力平衡问题无法通过系统的设计、管网的布置、水力计算、管径、管件及设备的选型等来解决，只有通过供热系统运行时的平衡调节来解决，通过各种不同的调节手段，才有可能逐步趋向于水力平衡。

(1) 供热调节的种类

① 初调节

初调节的目的是将各热用户的运行流量调节至满足热用户实际热负荷需求的流量，当供热系统为设计工况时，为设计流量。通常，初调节的方法有阻力系数法、比例调节法、补偿法、计算机法、模拟阻力法、温度调节法、自动调节法等，主要是通过在各热用户入口处的流量调节装置进行调节，如手动流量调节阀、平衡阀、调配阀及流量孔板等，如图 4.32 所示。

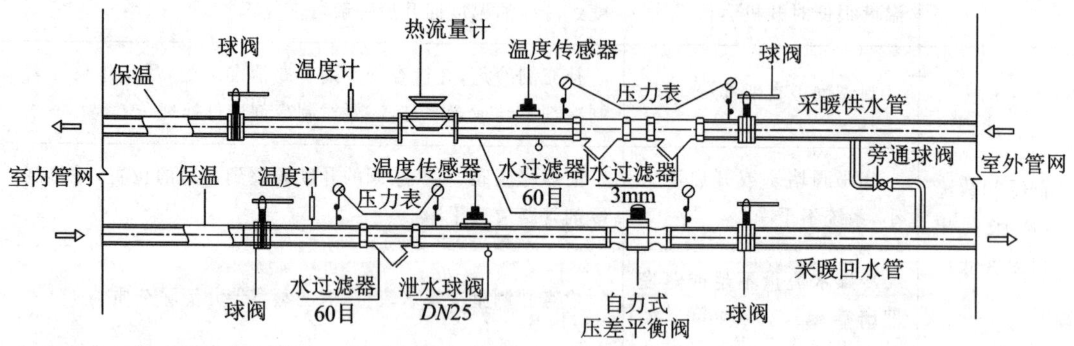

图 4.32 热用户入口典型大样图

通过流量调节来消除各用户冷热不均的问题。如果供热系统施工完成后不进行初调节，就会造成离热源近的用户实际流量比设计流量大，而离热源远的用户实际流量比设计流量小。初调节一般在供热系统运行前进行，也可以在供热系统运行期间进行。

② 运行调节

在城市集中供热系统中，供暖热负荷是最主要的热负荷，甚至是唯一的热负荷。热水供暖系统、供暖设备，是根据供暖设计热负荷而确定的。在实际运行过程中，建筑物供暖负荷的大小及室内温度高低随着室外温度、日照、风速等气象参数的改变而变化。

如果仍按设计热负荷向供暖建筑供热，大多数情况下会导致室温过高而造成能源浪费。因此，在热水供热系统中，通常按照供暖负荷随室外温度的变化规律作为供热调节的依据。供热调节的目的在于使供暖用户的散热设备的散热量与用户热负荷的变化规律相适应，防止供暖用户出现室温过高或过低的现象。

(2) 供热调节的方法

根据供热调节地点的不同，有集中调节、局部调节和个体调节三种调节方法。集中调节在热源处进行，局部调节在热力站或用户引入口处进行，个体调节直接在散热设备如散热器、暖风机等处进行。集中调节是最主要的供热调节方式，但单独使用某种调节方式，较难得到全面、良好的效果，因此，实践中往往将三种调节方式结合使用。

集中供热调节的方法主要有：

① 质调节：只改变供水温度，循环水流量不变，是采用最多的一种方法。

② 量调节：只改变循环水流量，不改变供水温度，目前很少采用。

③ 分阶段改变流量的质调节：即把供暖期按室外温度分成几个阶段，在每个阶段流量不变，改变网路供水温度，在区域锅炉房热水供热时应用较多。

④ 质量流量调节：根据供热系统负荷的变化，同时调节循环水流量和温度。

⑤ 间歇调节：改变每天的供暖时间，通常作为在供暖初期和末期的一种辅助调节措施。

⑥ 热量调节：通过热量监测装置，根据热用户的要求直接控制供热负荷和供热量，系统的循环水量要视管网的水力失调程度而定。采用热量调节时，需要在系统中安装流量计、供回水温度计和热量监测仪。

4.4.4.2　集中供热系统的维护保养

(1) 运行前的维护保养

在每年供热系统运行期来临之前，需要检修所有的管道、设备、仪器仪表及采暖设施。主要进行内部污垢及表面污垢清洗，并对系统进行试水、检查、修补漏点等运行前的维护，保证系统能正常投入运行。

(2) 运行期间的维护保养

为了掌握系统的运行工况，运行期间应根据具体情况制定巡回检查制度，做好运行记录。在系统运行中发现问题应及时调整或修理。隐蔽的管道、阀门及附件要定期检修。当锅炉房因故停止供热时，应视时间的长短排除系统内的冷水，防止结冻。所有系统上的除污器、过滤器及水封底部等处的污物，要定期清除。运行期间的维护保养的重点检查项目如下：

① 电机、水泵运行是否正常。

② 各种仪表(压力表、温度计、流量计)指示是否正常。

③ 所有疏水阀、排气装置、调节阀及安全装置等的动作是否正常。

④ 室内供暖温度与热出风口温度是否正常。

⑤ 围护结构保温及门窗密闭情况。

⑥ 热管道地沟的检查井盖是否完好;沟中有无积水;架空管道绝热层及保护层是否完好等。

⑦ 在当地气温最低时要加强检查,防止冻坏事故发生。

⑧ 管路和用户经调试后的阀门开度要做好标记,以便动用后恢复。

(3) 运行期结束后的维护保养

① 对所有管道要进行仔细检查,对腐蚀严重的管道应进行更换;多年运行而未更换管道的,应做水压试验并进行检查。

② 对所有控制件,包括各处阀门要进行二级保养,拆下来解体清洗。对确实难拆的控制件,可拆除部分零件进行检查并清洗。

③ 将系统的水全部放掉,用水清洗,最后用合格的水充满(一定要充满),防止系统内因空气而腐蚀管道。

④ 清洗完系统后,最后要清洗除污器,使除污器经常保持清洁状态。

⑤ 清洗附件时要认真仔细,要用煤油浸泡,然后擦拭干净,外部与内部零件最好用黄油或机油封好,外壳部分要刷漆防腐,经常活动的部位要注意更换新的填料和进行油封。

⑥ 对有接口不严、失灵等缺陷的控制件,要按规定进行研磨、更换等。

⑦ 检查并清理膨胀水箱和凝结水箱,必要时应擦拭干净,做防腐处理。

4.4.5　空调风系统的运行维护及保养

由于系统形式不同,中央空调系统的空气处理方案和热湿处理设备不同,其运行调节、维护保养的差别也较大。运行管理应综合考虑建筑物的用途和性质及使用状况、热湿负荷的特点、温湿度调节和控制要求、空调房间的面积和位置、技术改造投资和运行维护费用等多方面的因素。

4.4.5.1　中央空调系统的运行维护

由于室内冷热负荷、空气品质等情况会随着室内人数的多少、照明和电气装置的开启情况以及设备的使用情况、室外气象条件等诸多因素的变化而变化。为了保证室内舒适度要求,必须针对这些情况对空调系统进行相应的调节。不同的系统形式又由于工作原理等不同而有相应的运行调节方法。

(1) 全空气一次回风系统的运行调节

常用的调节方式有质调节、量调节和混合调节三种。

① 质调节是指只改变送风参数,不改变送风量的调节方式。可以通过调节新风回风阀的开度来改变新回风百分比;调节柜式风机盘管或组合式空调机组的表面式换热器的进水流量或温度;调节单元式空调机的制冷压缩机开停,或采用多台制冷压缩机的同时通过工作台数等来实现质调节。

② 量调节是指只改变送风量,不改变送风参数的调节方式。可以通过改变空气热湿处

理设备的风机的转速、风机导流叶片的开度和调节送风管道上的阀门来实现量调节。

③ 混合调节是指既改变送风参数，又改变送风量的调节方式，是质调节和量调节方式的组合。

(2) 风机盘管系统的运行调节

风机盘管系统常用的调节方式主要是风量调节和水流量调节。风量调节是改变风机盘管送风量的调节方式，通过改变风机的转速来实现，有手动控制风机三速开关、无级自动调节等方法。水流量调节主要是通过温控器，采用二通或三通电动调节阀调节进入盘管的水量。

4.4.5.2　空调末端的运行及维护保养

(1) 组合式空调机组的运行与维护保养

组合式空调机组是由若干功能段根据需要组合而成的空气热湿处理设备。维护保养的对象主要是各功能段的设备。通常采用的功能段包括空气混合段、过滤段、表冷器段、送风机段、回风机段等。

① 空气过滤器的清洗和维护

空调粗效过滤器每月定期清洗；中效过滤器每四个月(或终阻力达到初阻力2倍时)进行一次清洗或更换。

② 表面式换热器的清洗和维护

表面式换热器外表的清洁方式主要是用清水冲洗或刷洗，或用专用清洗药水、清洁剂等喷洒后清洗或刷洗，一般每年清洁一次。如果是季节性使用的空调系统，则在空调季结束后清洁一次。

表面式换热器在停用期间，应使其内部保持充满水的状态，以减少空气对换热管的腐蚀。但在寒冷季节停机不使用，且有可能因机房温度低于零度致使换热器内水温过低而结冰冻裂换热管时，如果在水里添加防冻剂未能起到预防作用，就要将换热器内的水全部排放干净。

③ 接水盘的清洗和维护

接水盘必须定期清洗，将沉积在接水盘内的粉尘和菌落团清洗干净。接水盘一般每年清洗两次。如果是季节性使用的空调系统，则在空调季结束后清洗一次。清洗方式一般是用清水冲刷，污水经排水口由排水管排出。为了消毒杀菌，还应对清洁干净的接水盘再用消毒水刷洗一遍。

此外，为了控制微生物和藻类在接水盘内滋生、繁衍，应在接水盘内放置“片剂型”专用剂，或“载体型”专用杀菌物体(如浸泡了液体杀菌剂的海绵体)，并定期检查其消耗情况和杀菌效果。

④ 加湿器的清洗和维护

两周清洗一次电极式和电热式加湿器内壁，以及电极和电热管上的水垢。对于红外线加湿器，重点是清除测量水位探针上的水垢，以保证探针传感的正确性。

⑤ 喷水室的清洗和维护

喷嘴和挡水板一般两个月清洗一次，贮水池和喷淋水回水过滤器一般每年清洗两次，浮球阀和溢流部件每周查看一次，有问题应及时修理。

⑥ 风机的清洗和维护

机组运行中,要随时注意监听风机、电机的响声是否正常。每周检查一次各部位的紧固件是否松动;检查轴承的润滑、升温情况,如漏油,应及时补充润滑脂。定期检查皮带轮是否很好地固定在轴上,并检查两皮带轮是否对准同一平面。每次开机前,应检查三角带的松紧度以及叶轮是否变形或与机壳是否有碰撞现象。

⑦ 其他的清洗和维护

密封、软接等长期使用后,产生老化、磨损、腐蚀等现象而导致漏风和性能变化时,应及时修补、更换。定期检查照明和电气设备的安全,不得漏电。

(2) 风机盘管系统的维护保养

风机盘管系统是在我国民用建筑中使用最广泛的中央空调系统,风机盘管机组是中央空调比较理想的末端产品,广泛应用于宾馆、办公楼、医院、商业住宅、科研机构。考虑到卫生标准要求,绝大多数风机盘管系统另外还配有独立新风系统。风机将室内空气通过表冷器进行冷却或加热后送入室内,使室内气温降低或升高,以满足人们的舒适性要求。风机盘管机组主要由低噪声电机、翅片和换热盘管等组成,盘管内的冷(热)媒水由空调主机房集中供给。维护保养的目的是减少机组的故障率,主要包括空气过滤器、换热器的日常维护和机组底盘的定时清理等。

① 空气过滤器的清洗和维护

空气过滤器在使用一段时间后,表面会积存许多灰尘,若不及时清理,就会增加通过盘管风机的空气阻力,从而影响机组的换热效率;严重的积灰,可能将进风通道堵塞,使机组无法工作。空气过滤器的清洗或更换周期由机组的环境、每天的工作时间及使用条件决定,一般机组连续工作时,应每半个月清洗一次空气过滤器,一年更换一次即可。

② 风机盘管换热器的维护

如果机组在运行中的供水温度及压力正常,而机组的进、出口风温差过小,则应检查盘管内水垢是否太厚,并进行清洗。夏季初次启用盘管风机机组时,应控制冷水温度,使其逐步降至设计水温,避免因立即通入温度较低的冷水而导致机壳和进、出水口产生结露滴水现象。在运行中,若盘管和翅片间积有明显的灰尘,应使用压缩空气吹除;当发现盘管有冻裂或腐蚀造成的泄漏时,应及时进行修补。

③ 机组风机的维护

机组风机扇叶在长期运转过程中,会粘附许多灰尘,影响风机的工作效率。因此,当风机扇叶上出现明显灰尘时,应及时用压缩空气予以清除。

④ 机组滴水盘的清理

由于空气中的灰尘慢慢粘附在滴水盘中,会堵塞防尘网和排水管,如果不及时清理,冷凝水就会从滴水盘中溢出。滴水盘一般应在每年夏季使用前清洗一次,机组连续制冷运行3个月后应再清洗一次。

⑤ 机组的排污和管道保温

机组由于制冷、制热倒换,管道中会进入空气而产生锈渣,并积存在管道中。开始送水后便会将其冲刷下来,带至盘管入口和阀门处造成堵塞。因此,在机组使用前,利用旁路管道冲刷供、回水管道,将锈渣带入回水箱,再设法清除。机组运行过程中,要随时检查管道及阀门的保温情况，防止保温层出现断裂，造成管道或阀门冷凝水污染天花板或墙壁。

⑥ 日常维护保养

a. 温控开关动作不正常或控制失灵，要及时修理或更换；

b. 电磁阀开关的动作不正常或控制失灵，要及时修理或更换；

c. 每三个月清洗一次空气过滤网；

d. 水管接头或阀门漏水要及时修理或更换；

e. 若接水盘、水管、风管绝热层损坏，要及时修补或更换；

f. 及时排除风机盘管内积存的空气。

⑦ 定期维护保养

a. 空调维修组每半年对风机盘管进行一次清洁、维护保养，如果风机盘管只是季节性使用，则在使用结束后进行一次清洁保养。

b. 清洁维护保养的内容：

第一，吹吸、清洗空气过滤网，冲刷、消毒接水盘，清洗风机风叶、盘管上的污物；用盐酸溶液清洗盘管内壁的污垢；清洁风机盘管的外壳。

第二，盘管肋片有压倒的，用驰梳梳好。

第三，检查风机转动是否灵活，如果转动时有阻滞现象，则应加注润滑油；如有异常的摩擦响声，应更换风机的轴承。

第四，对于风机电机，用500V摇表检测线圈绝缘电阻，应不低于0.5MΩ，否则应作干燥处理或整修更换；检查电容是否变形，若变形则应更换同规格电容；检查各接线头是否牢固。

第五，拧紧所有的紧固件。

⑧ 停机使用时的维护保养

a. 风机盘管不使用时，盘管内要保证充满水，以减少管道腐蚀。

b. 在冬季不使用的盘管，且无供暖的环境下要采取防冻措施，以免盘管冻裂。

【知识链接】风机盘管的结构、组成、外部接管，风机盘管的作用。

4.4.5.3　风机的运行维护保养

(1) 风机的运行操作

风机在启动前要检查皮带松紧度；各连接螺栓螺母的紧固情况及减振装置受力情况；风机与基础或机架、风机与电动机，以及风机自身各减振装置是否受力均匀，压缩或拉伸的距离是否都在允许范围内；轴承润滑情况。

风机从启动到达到正常工作转速需要一定时间，而电机启动时所需要的功率超过其运转时的功率。为了保证电机安全启动，应将离心风机进口阀门全关闭后启动，待风机达到正常工作转速后再将阀门打开。如图4.33所示。

在风机运行过程中，风机叶轮旋转并不表示一切工作正常，需要通过摸、看、听并借助其他技术手段来及时发现风机运行中是否存在问题和故障。运行过程中检查的内容有：电机温升情况、轴承温升情况（不能超过60°C）、轴承润滑情况、噪声情况、振动情况、转速情况、软接头完好情况。

(2) 风机的运行调节

风机在运行过程中，需要根据空调通风系统的要求改变风机输出的空气流量，这就需要

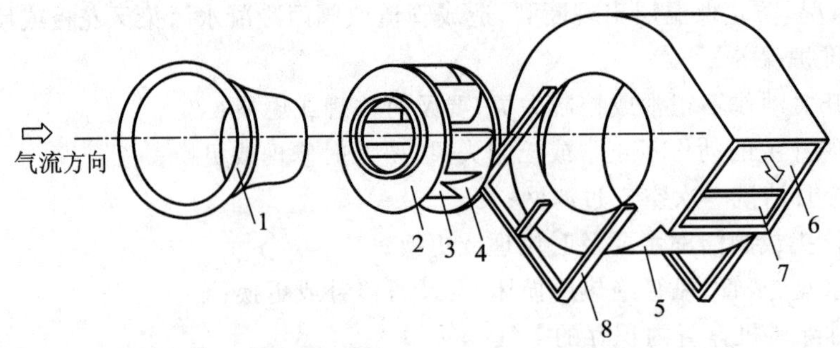

图 4.33　离心式风机的主要结构分解示意图

1—吸入口；2—叶轮前盘；3—叶片；4—后盘；5—机壳；6—出口；7—截流板；8—支架

对风机进行调节，即改变风机的工作点，可以通过改变转速来改变风机性能曲线，或者改变管路系统的性能两条途径来实现。

(3) 风机的维护保养

① 风机叶片每六个月要定期清洁一次，以延长风机的使用寿命。

② 皮带每三个月要定期调整松紧。

③ 风机进风网口要保持通畅。

④ 出风口要保证百叶开启度大于 70%。

⑤ 连续使用时间不超过 8～10h。

⑥ 风机电机要注意防水，保持清洁。

⑦ 定期检查风机油座内的油是否充足，并及时加油或更换。

4.4.5.4　风管及绝热层的运行与维护保养

(1) 风管系统运行维护及保养

风管系统的运行管理主要是做好风管(含绝热层)、风阀、风口、风管支吊构件的检查维护与清洗保养工作。在进行日常维护保养时，需要根据具体的问题，通过分析产生的原因，有针对性地采取相应措施来解决。

① 空调风管绝大多数是用镀锌钢板制作的，也有采用非金属材料制作的。镀锌钢板不需要刷防锈漆，比较经久耐用。采用非金属风管有一定的适用条件，需要考虑通风空调系统的要求。风管日常维护保养的主要任务是修补破损和脱落的管道绝热层、表面防潮层及保护层；更换胀裂、开胶的绝热层或防潮层接缝粘胶带；封堵法兰接头、软接头及风阀拉杆或转轴处的漏风；定期通过送(回)风口，用吸尘器或清扫机器人清除管道内部的灰尘和杂质；修补有龟裂现象的非金属风管。

② 风阀是风量调节阀的简称，主要有风管调节阀、风口调节阀和风管止回阀等几种类型。按使用功能可分为新风阀、回风阀、排风阀、总风阀等。风阀在使用一段时间后，阀门会因气流长时间的冲击而出现松动、变形、动作不灵、关闭不严等问题，不仅会影响风量的控制和空调效果，还会产生噪声。日常维护保养的主要任务是做好清洁与润滑工作；对阀板或叶片与阀体碰撞或卡死进行修理；校正电动或气动调节阀的调节范围，与指示阀门开启角度相一致。

③ 风口有送风口、回风口、新风口之分，其形式与构造多种多样。但就日常维护保养工作来说，主要是做清洁和紧固工作，避免叶片积尘和松动。根据使用情况，送风口 3 个月左右应拆下来清洁一次，回风口和新风口则可以结合过滤网的清洁周期一起清洁。

④ 风管系统的支吊构件包括支架、吊架、管箍等，在长期运行中会出现变形、断裂、松动、脱落和锈蚀等现象。根据支吊构件出现的问题进行原因分析，有针对性地采取相应措施来解决，该修理的修理，该更换的更换，该补加的补加，该重新紧固的重新紧固，该重新防腐的补刷漆等。

(2) 通风系统清洗

① 通风系统需要清洗的状态

a. 通风系统中各种污染物或碎屑已积累到可以明显看到的程度，或经过检测报告证实送风中有明显微生物，微生物检查的采样方法应按照《公共场所卫生检验方法　第 1 部分：物理因素》(GB/T 18204.1—2013)的有关规定进行。通风系统有可见尘粒进入室内，或经过检测污染物超过《室内空气中可吸入颗粒物卫生标准》(GB/T 17095—1997)所规定的要求。

b. 系统性能下降：换热器盘管、制冷盘管、气流控制装置、过滤装置以及空气处理机组已确认有限制、堵塞、污染物沉积而严重影响通风系统的性能。

c. 室内空气质量有特殊要求：人群受到伤害，如证实疾病发生率明显增高、免疫系统受损的居民建筑，特殊环境，有敏感建材或重要处理过程的建筑。

② 系统清洗的工作环境

a. 通风管道保持负压

在整个清洗过程中，风管内部应与内环境保持一定的负压。压差可以通过空气负压机或真空吸尘设备来实现。对排出的空气应采取相应的预防措施以防止交叉污染。

清洗过程中为了维护所需要的负压，通风系统其他开口应临时密封。正在清洗的通风系统中，如果需要安装相应的检修口，应在负压条件下完成作业。

b. 设置作业区隔离

应对清洗作业区进行隔离，在作业区与建筑物其他区域之间建立一个屏障，以减小作业区外空气中的悬浮尘粒量和对其他区域的交叉污染。

c. 通风系统的清洗方法

通风系统的清洗主要是采用机械清洗方法，是指使用真空吸尘设备、高压气源、高压水源和其他设备将粘附的颗粒与碎屑移除并有效地输送到收集装置。在机械清洗以前或清洗过程中不应使用任何密封剂、涂料和胶粘剂。对于多孔材料，允许使用密封剂作为临时措施。

同时，在采用湿法清洗时应注意，高压冲洗、蒸汽清洗或其他任何形式的湿法清洗过程都不应该对通风系统部件造成损害。通风系统的多孔部件不应使用清结化合物或水进行清洗。空气处理机组在湿法清洗后不应有化学成分残留。湿法清洗产生的废水应在作业区进行封闭，并按相关的规定进行处理。

(3) 绝热层的维护保养

定期修补一次风系统破损和脱落的绝热层、表面防潮层及保护层，更换胀裂、开胶的绝热层或防潮层接缝的胶带。

【案例分析】在《公共建筑节能设计标准》(GB 50189—2015)中对风机单位风量耗功率 W 规定，不得大于允许值。在风机的维保和检修过程中，可以测量风机的进出口的静压和全压，测量风机的电压、电流、有功功率，根据相应的公式计算得到风机单位风量耗功率，并与规范中的标准限值比较，从而判断风机的运行特性是否符合要求。

4.4.6 空调水系统的运行维护及保养

空调水系统主要包括冷却塔、水泵、水管道、阀门、水过滤器、膨胀水箱以及支吊构件。

4.4.6.1 冷却塔的运行维护及保养

冷却塔组成构件多、工作环境差，运行检查及维护保养内容也相应较多。

(1) 启动前的检查与准备工作

当冷却塔长时间停用后准备重新使用前(如在冬、春季不用，夏季又开始使用)，或是在全面检修、清洗后重新投入使用前，必须要做检查与准备工作。

① 检查所有连接螺栓的螺母是否有松动，特别是风机系统部分，要重点检查，以免因螺栓的螺母松动而在运行时造成重大事故。

② 由于冷却塔均放置在室外暴露场所，而且出风口和进风口都很大，有的加设了护网，但网眼仍很大，难免会有树叶、废纸、塑料袋等杂物在停机时从进、出风口进入冷却塔内，因此要予以清除，如不清除会严重影响冷却塔的散热效率。此外，如果杂物堵住出水管口的过滤网，还会影响到制冷机的正常工作。

a. 如果使用皮带减速装置，要检查皮带的松紧程度是否合适，几根皮带的松紧程度是否相同，如果不相同则换成相同的。

b. 如果使用齿轮减速装置，要检查齿轮箱内的润滑油是否充满到规定的油位。如果油不够，要补加到位。但要注意，补加的应是同型号的润滑油，严禁不同型号的润滑油混合使用，以免影响润滑效果。

③ 检查集水盘(槽)是否漏水，各手动水阀是否开关灵活，并设置在要求的位置上。集水盘(槽)有漏水时要补漏，水阀有问题时则要修理或更换。

④ 拨动风机叶片，观察其旋转是否灵活，是否与其他物件相碰撞。

⑤ 检查风机叶片尖与塔体内壁的间隙，该间隙要均匀合适，其值不宜大于 0.008D(D 为风机直径)。

⑥ 检查圆形塔布水装置的布水管管端与塔体的间隙，该间隙以 20mm 为宜，而布水管的管底与填料的间隙则不宜小于 50mm。

⑦ 开启手动补水管的阀门，与自动补水管一起将冷却塔集水盘(槽)中的水尽量注满(达到最高水位)，以备冷却塔填料由干燥状态到正常润湿工作状态要加大耗水量之用。而自动浮球阀的动作水位则调整到低于集水盘(槽)上沿边 25mm(或溢流管口 20mm)处，或按集水盘(槽)的容积为冷却水总流量的 1%～1.5%来确定最低补水水位，在此水位时能自动控制补水。

(2) 启动检查工作

启动检查工作是启动前检查与准备工作的延续，因为有些检查内容必须启动后才能看出是否有问题。例如，启动风机，观察其叶片俯视时是否沿顺时针转动，而风是由下向上吹的，如果反了要调过来。

(3) 冷却塔的运行调节

主要是通过调节并联运行的冷却塔台数、矩形塔的风机运行台数、风机转速、冷却塔供水量来适应冷凝负荷的变化及天气情况的变化，保证冷却回水温度在规定的范围内。

(4) 冷却塔的维护保养

由于冷却塔长期置于室外，其维护保养的重点一是保持塔内外各部件的清洁；二是保障风机、电动机及其传动装置的性能良好；三是保证补水与布水(配水)装置工作正常；四是定期消毒，防止军团菌病。

冷却塔的清洁内容包括外壳、填料、集水盘(槽)、圆形塔布水装置、矩形塔配水槽、吸声垫等。清洁时注意，除了外壳可以不停机清洁外，其他都要停机后才能进行清洁。

对使用带传动减速装置的系统进行维护保养时，每两周停机检查一次传动带的松紧度。对使用带齿轮减速装置的系统进行维护保养时，每个月停机检查一次齿轮箱中的油位，每运行六个月要检查一次油的颜色和黏度。当冷却塔累计使用5000h后，不论油质情况如何，都必须对齿轮箱进行彻底清洗，并更换润滑油。

运行中应注意冷却塔配水系统的配水均匀性。采用化学药剂进行水处理时，要注意风机叶片的腐蚀问题。

4.4.6.2　水泵的运行维护及保养

水泵启动时必须充满水，运行时与水长期接触，由于水质的影响，使得水泵的工作条件比风机的差，因此其检查的工作内容比风机的多，要求也比风机的高一些。

(1) 水泵启动前的检查

① 检查泵的各连接螺栓及地脚螺栓有无松动现象，两刚性联轴器的平面间隙为2.2～4.2mm。

② 检查轴承的润滑油是否充足。

③ 润滑、冷却系统应畅通无阻、不滴不漏。

④ 均匀盘车，无摩擦及时紧时松现象，泵内应无杂音。

⑤ 检查电源接线是否正确。

⑥ 检查泵体内和进水管是否充满水。

⑦ 检查出水管上的闸阀启闭是否灵活。

(2) 水泵运行期间的检查

① 电动机温升正常，无异味产生。

② 轴承润滑良好，轴承温度不得超过周围环境温度35～40℃，轴承的极限最高温度不得高于80℃。

③ 轴封处(除规定要滴水的形式外)、管接头(法兰)均无漏水现象。

④ 运转声音和振动正常。

⑤ 地脚螺栓和其他各连接螺栓的螺母无松动现象。

⑥ 基础台下的减振装置受力均匀，进出水管处的软接头无明显变形，都起到了减振和隔振作用。

⑦ 转速在规定或调控范围内。

⑧ 电流数值在正常范围内。

⑨ 压力表指示正常且稳定，出水管上压力表计数与工作过程相适应。

(3) 水泵的运行调节

水泵的运行调节主要是调节水流量，可以根据不同情况采用改变水泵转速、改变并联工作的水泵台数和变转速与变工作台数的组合等基本调节方式。

(4) 水泵的维护保养

① 轴承加(换)油

轴承采用润滑油润滑的，在水泵使用期间，每天都要观察油位是否在油镜标识范围内。油不够就要用注油杯加油，并且应一年清洗换油一次。轴承采用润滑脂润滑的，在水泵使用期间，每工作 2000h 换油一次。

② 更换油封

对于采用普通填料的轴封，泄漏量一般不得大于 30～60mL/h，而机械密封的泄漏量则一般不得大于 10mL/h。

③ 解体检修

每年应对水泵进行一次解体检修，内容包括清洗和检查。清洗主要是刮去叶轮内外表面的水垢，特别是叶轮流道内的水垢要清除干净，因为它对水泵的流量和效率影响很大。此外，还要注意清洗泵壳的内表面以及轴承。在清洗过程中，对水泵的各个部件应进行详细认真的检查，以便确定是否需要修理或更换，特别是叶轮、密封、轴承、填料等部件要重点检查。

④ 除锈刷漆

每年应对没有进行绝热处理的泵体表面进行一次除锈刷漆作业。

⑤ 放水防冻

水泵停用期间，如果环境温度低于 0℃，就要将泵内的水全部放干净，以防止水冻胀胀裂泵体。

【知识链接】水泵的扬程、流量等性能参数的含义，水泵的性能曲线。

4.4.6.3　水系统的清洗

空调水系统的水管道主要有冷冻水管、冷却水管、热水管、凝结水管，由于用途和工作条件不同，维护保养的内容和侧重点也有所不同。

水系统的清洗，分为物理清洗和化学清洗两类。物理清洗主要是利用水流的冲刷作用或器具的刷、擦、刮作用来清除设备和管道中的沉积物，主要采用钢丝刷、高压水射流、刮刀通管器等方式。可以节省化学清洗药剂的费用，避免废液处理和排放，不易对设备造成腐蚀，但是操作比较费工时，容易损坏操作设备表面。化学清洗是通过化学药剂的作用，使被清洗设备中的沉积物溶解、疏松、脱落或剥离的一类方法，也是目前最常用的方法。其主要特点有：沉积物能够彻底清除，清洗效果好；可以进行不停机清洗；清洗操作较为简单，但是易对设备和管道产生腐蚀；清洗废液的排放易造成二次污染；清洗费用相对较高。

(1) 冷却水系统的清洗方法和步骤

清除冷却塔填料和集水盘(槽)、冷却水管道内壁、冷凝器换热内表面的水垢、生物粘泥、冷凝产物等沉积物，方法有工具清洗、药物清洗和喷射清洗等。

从系统的填料或管壁等处取得垢样，在实验室进行试验，确定清洗药剂、配药比例、大致清洗时间等。按照图纸计算得出系统容水量，即冷却塔托盘、冷却水管路、冷凝器内水量之和。开启冷却水泵，按照 300～400ppm 的比例添加粘泥剥离剂，运行 24～36h 后排放。此步骤主要是为了将系统内的菌落、生物粘泥等去除，使系统内的浊度趋于平衡即可。将系统再次充满，取下冷却塔的进风格栅，把所需要的缓蚀剂、清洗剂用配液槽溶解后缓慢加入冷却塔托盘，运行 6～8h。此步骤主要根据酸浓度的变化及铁离子的变化情况判断清洗终点。用中和剂将系统内的清洗残液中和后排放，然后用清水冲洗冷却水系统，至 pH 值为 6～9 时结束冲洗。按比例加入预膜剂，运行 24～36h（即防腐蚀处理），恢复冷却塔进风格栅，结束清洗。

(2) 冷冻水系统的清洗方法和步骤

清除蒸发器换热管表面、冷冻水管道内壁、风机盘管内壁和其他空气处理设备内部的污垢、腐蚀产物等沉积物，以药物清洗为主。

从蒸发器或管壁等处取得垢样，经测试来确定清洗药剂、配药比例、大致清洗时间等，按照图纸计算得出系统冷冻水容水量。开启冷冻水泵，打开系统低点阀门排水，同时在膨胀水箱或补水箱内按照 300～400ppm 的比例添加粘泥剥离剂，运行 24～36h 后排放。此步骤主要是为了将系统内的菌藻、生物粘泥等去除，使系统内的浊度趋于平衡即可。将缓蚀剂和清洗剂溶解在膨胀水箱或补水箱内加入系统中，充满系统后运行 6～8h。此步骤需要根据酸浓度的变化及铁离子的变化情况判断清洗终点，同时由于该系统是密闭系统，需要将顶部的排气阀打开以保证系统充满。用中和剂将系统内的清洗残液中和后排放，然后用清水冲洗冷却水系统，至 pH 值为 6～9 时结束冲洗。按比例加入预膜剂，运行 24～36h（即防腐蚀处理）。将风机盘管的进水过滤器拆下洗净后回装，结束清洗。

4.4.6.4　阀门及附件的维护及保养

常用的阀门有闸阀、蝶阀、截止阀、止回阀、平衡阀、电磁阀、电动调节阀、排气阀等。为了延长阀门的寿命和保证阀门动作可靠，维护保养的主要工作包括在阀杆螺母上涂锂基脂（黄干油）、二硫化钼或石墨粉，起到润滑作用；对不经常启闭的阀门，也要定期转动手轮，对阀杆螺纹添加润滑剂，以防咬住；对室外阀门，要对阀杆加保护套，以防雨、雪、尘土污染；对机械传动的阀门，要视缺油情况向变速箱内及时添加润滑油，在经常使用的情况下，每年全部更换一次润滑油；要经常检查并保持阀门零部件的完整性；要经常保持阀门的清洁。

安装在水泵入口处的水过滤器要定期清洗。新投入使用的系统、使用年限较长的系统以及冷却水系统，清洗周期要适当缩短，一般每 3 个月应拆除过滤网清洗一次，如果破损要及时更换。膨胀水箱每年要清洗一次，并给箱体和基座除锈、刷漆。

4.4.7　系统运行效果检测

暖通系统运行效果检测的主要测试参数包括室内温度、湿度、空气流速及污染物等。测试的室内空气污染物主要包括《室内空气质量标准》(GB/T 18883—2002)和《民用建筑工程室内环境污染控制规范》(GB 50325—2010)中涉及的污染物，如甲醛、氨、苯、甲苯、可吸入颗粒物、微生物和放射性物质氡等。

4.4.7.1 检测室内温度、湿度和空气流速的测点布置

(1) 测量位置应选择室内人员的工作区域或者座位处进行，尤其是其中一些最不利地点，如窗户附近、门进出口处、冷热源附近、风口下和角落处。

(2) 房间或区域面积不足 $16m^2$，测量一个位置点；超过 $16m^2$ 但不足 $30m^2$，测量两个位置点(将测试区域对角线三等分，其中两个等分点作为测点)；$30m^2$ 以上但不足 $60m^2$，测量三个位置点(将测试区域对角线四等分，其中三个等分点作为测点)；$60m^2$ 以上测量五个点(两对角线上梅花设点)。

(3) 测量位置离墙的距离应大于 0.5m。

4.4.7.2 测试仪器

(1) 温湿度的测试采用温湿度自动记录仪、热电阻温度计、数据采集仪等各种具有自动检测、记录和存储功能的温湿度测试仪器。

(2) 测量空气流速的仪器主要分为两类：一类是对气流方向不敏感的仪器，如热球风速计、热敏电阻风速计、超声波风速计和激光风速计等；另一类是对气流方向敏感的仪器，如叶片风速计、风杯风速计和热线风速计等。

(3) 室内空气污染物的测试仪器主要有空气品质测试仪、甲醛分析仪、粉尘测试仪、测氡仪、可见光分光光度计、气相色谱仪、微生物采样器等。

4.4.8 供热及空调设备运行管理中应注意的问题

供热及中央空调系统能否正常运行并保证供冷(暖)质量，一般取决于设计、施工、设备和运行管理等四个方面的因素。任何一个方面的质量达不到要求都会对系统的正常运行产生重大影响。从运行管理者的角度来看，设计、施工、设备质量是客观因素，如果符合相应的规范要求，就为运行管理打下了良好的基础。但也存在一些问题和缺陷，这就有可能会给运行管理带来很多麻烦。

不管面对的是何种情况，系统运行管理都要做好运行操作、维护保养、故障处理、计划检修、更新改造、设备与零配件的选购、技术资料管理等七个方面的工作。

纵观国内供热及中央空调系统的使用效果、维护保养与运行费用等情况，有许多令人不满意的地方，并忽视了管理工作造成的影响。因此，要使系统既能高质量、高效率地运行，又能降低能耗、延长检修周期和使用寿命，就必须重视并着重做好组织建设和制度建设方面的工作。

4.5 城市综合管廊

4.5.1 概述

4.5.1.1 综合管廊的概念

我国的城市地下管线种类繁多，包括 8 大类 20 余种管线，涉及多个职能和权属部门，城市的地下管线基本是由各建设单位各自为政，多头管理。随着城市发展需要，曾经埋入地下的管线需要增减、维修或重新敷设，这就需要将道路重新破开，既花费大量资金，又容易对交

通和市民生活造成影响。高压电力电缆则需要在地面架起数米高的铁塔,不仅占地,而且维修起来更有风险。

全国的地下管线事故平均每天高达5.6起,每年因路面开挖造成的直接经济损失高达2000亿元。

目前,我国城镇化进程日益加快,为提升管线建设水平,保障市政管线的安全运行,有必要采用新的管线敷设方式——综合管廊。

综合管廊是建于城市地下用于容纳两类及以上城市工程管线的构筑物及附属设施。是按照统一的规划、设计、施工和维护原则,建于城市地下用于敷设城市工程管线的市政公用设施。

城市综合管廊亦称综合管廊、共同沟或地下共同沟,是通过将电力、通信、给水、热水、制冷、中水、燃气、垃圾真空管等两种以上的管线集中设置到道路以下的同一地下空间而形成的一种现代化、科学化、集约化的城市基础设施,它解决了城市发展过程中各类管线的维修、扩容造成的"拉链路"和空中"蜘蛛网"的问题,对提升城市总体形象、创造城市和谐生态环境起到了积极推动作用。综合管廊已成为21世纪城市现代化建设的热点和衡量城市现代化建设水平的标志之一。

4.5.1.2　综合管廊的历史

综合管廊发源于19世纪的欧洲,最早是在圆形排水管道内装设自来水、通信等管道。早期的综合管廊由于多种管线共处一室,且缺乏安全检测设备,容易发生意外,因此综合管廊的发展受到很大的限制。

(1) 国外综合管廊发展历史

自1832年霍乱大流行后,法国巴黎隔年在市区内兴建庞大的下水道系统,同时兴建综合管廊系统。综合管廊内设有自来水管道、通信管道、压缩空气管道、交通信号电缆等。

英国伦敦于1861年开始修建综合管廊,其容纳的管线除燃气管、自来水管及污水管外,尚设有通往用户的管线,包括电力及通信电缆。

德国早在1890年便开始兴建综合管廊。在汉堡的一条街道建造综合管廊的同时,在道路两侧人行道的地下与路旁建筑物用户直接相连。该综合管廊长度约455m,在当时获得了很高的评价。

自1953年以来,西班牙首都马德里市兴建了大量的综合管廊,由于综合管廊的建造,城市道路路面被挖掘的次数明显减少,坍塌及交通干扰现象基本消除,同时,有综合管廊的道路路面使用寿命比一般道路路面使用寿命要长,从综合技术及经济方面来看,效益明显。

俄罗斯的地下综合管廊也相当发达,莫斯科地下有长达130km的综合管廊,除煤气管外,各种管线均有。其特点是大部分的综合管廊为预制拼装结构,分为单室及双室两种。

日本最早于1926年开展了千代田综合管廊的建设。1958年在东京陆续修建综合管廊,并于1963年颁布了《共同沟实施法》,1973年大阪也开始建造综合管廊,至今已经完成约10km的综合管廊的修建。其他城市如仙台、横滨、名古屋等都在大量兴建综合管廊。同时,日本于1991年成立了专门的综合管廊管理部门,负责推动综合管廊的建设工作。随着人们对综合管廊的重视及综合管廊的综合效益的发挥,日本的综合管廊建造总里程已经超过300km,其在日本的各大城市相当普及。

北美的美国和加拿大虽然国土辽阔,但因城市高度集中,城市公共空间用地矛盾仍十分尖锐。如美国纽约市的大型供水系统，完全布置在地下岩层的综合管廊中；加拿大的多伦多市和蒙特利尔市，也有很发达的地下综合管廊系统。

(2) 我国综合管廊发展历史

综合管廊工程在我国起步相对较晚。1958 年在北京天安门广场敷设了一条长 1076m 的综合管廊；1977 年，配合毛主席纪念堂施工又敷设了一条长 500m 的综合管廊。此外，山西大同市自 1979 年开始，在 9 座新建的道路交叉口都敷设了综合管廊。进入 21 世纪以来，在我国城市现代化建设的过程中，不少城市开始探索综合管廊的建设，先后在上海、北京、广州、佳木斯、大连、宁波、佛山、深圳、重庆、杭州等城市建设综合管廊，积累了一定的设计、施工、建设、管理经验。

4.5.1.3　北京市地下综合管廊情况

2016 年，北京市开工建设城市副中心、石景山保险产业园等综合管廊，建造里程长达 53km；2017 年，北京开工建设世园会园区、新机场高速公路等综合管廊，预计建造里程达 47km，截至 2018 年 3 月，已形成廊体 20km；2018 年，北京市计划开工建设 30km 左右的地下综合管廊，如冬奥会延庆赛区、北京新机场临空经济区等。根据规划，到 2020 年，北京市将结合城市道路、轨道交通和城市新区建设，建成地下综合管廊 150～200km。北京市政府办公厅于 2018 年 4 月 10 日发布了《关于加强城市地下综合管廊建设管理的实施意见》。意见表明，到 2035 年，地下综合管廊建造里程将达到 450km 左右，中心城区地下综合管廊骨干系统和重点区域综合管廊系统初步构建完成，编制该市地下综合管廊专项规划，制定综合管廊规划设计导则和设计标准。

4.5.1.4　综合管廊的类型

(1) 根据其所容纳的管线性质，可分为干线综合管廊、支线综合管廊、缆线管廊、干支线混合综合管廊四种。

① 干线综合管廊

干线综合管廊一般设置于机动车道或道路中央下方，主要输送原站(如自来水厂、发电厂、燃气制造厂等)到支线综合管沟，其一般不直接服务沿线地区。

干线综合管廊主要收容的管线为电力、通信、自来水、燃气、热水等，有时根据需要也将排水管线收容在内。在干线综合管廊内，电力从超高压变电站输送至一、二次变电站，通信主要为转接局之间的信号传输，燃气主要为燃气厂至高压调压站之间的输送。

干线综合管廊的断面通常为圆形或多格箱形，综合管廊内一般要求设置工作通道及照明、通风等设备。干线综合管廊的断面如图 4.34 所示。

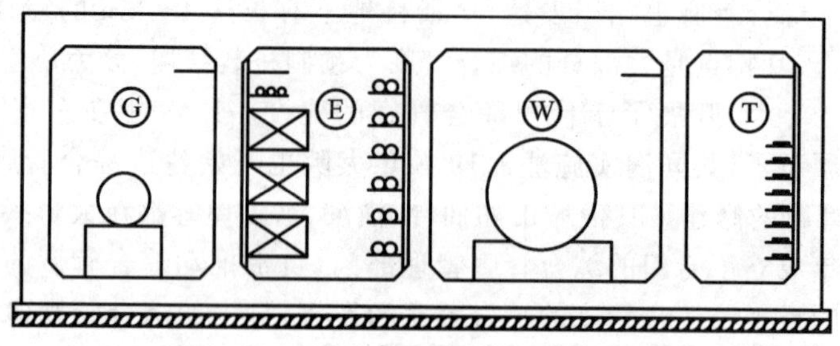

图 4.34　干线综合管廊的断面示意图

干线综合管廊的主要特点有：稳定、大流量的运输；高度的安全性；内部结构紧凑；兼顾直接供给到稳定使用的大型用户；一般需要专用的设备；管理及运营比较简单。

② 支线综合管廊

支线综合管廊主要负责将各种供给从干线综合管沟分配、输送至各直接用户。其一般设置在道路的两旁，收容直接服务的各种管线。

支线综合管廊的断面以矩形断面较为常见，一般为单格或双格箱形结构。综合管廊内一般要求设置工作通道及照明、通风等设备。支线综合管廊的断面如图 4.35 所示。

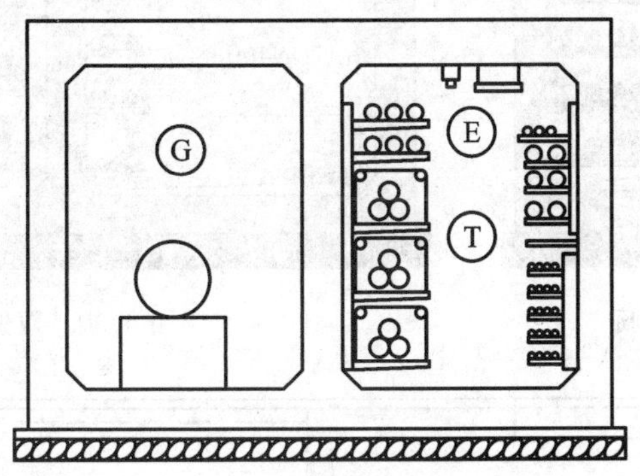

图 4.35　支线综合管廊的断面示意图

支线综合管廊的主要特点有：有效（内部空间）断面较小；结构简单、施工方便；设备多为常用定型设备；一般不直接服务于大型用户。

③ 缆线综合管廊

缆线综合管廊主要负责将市区架空的电力、通信、有线电视、道路照明等电缆收容至埋地的管道。缆线综合管沟一般设置在道路的人行道下面，其埋深较浅，一般在 1.5m 左右。

缆线综合管廊的断面以矩形断面较为常见，一般不要求设置工作通道及照明、通风等设备，仅增设供维修时使用的工作手孔即可。缆线综合管廊的断面如图 4.36 所示。

④ 干支线混合综合管廊

干支线混合综合管廊在干线综合管廊和支线综合管廊的优缺点的基础上各有取舍，一般适用于道路较宽的城市道路，如图 4.37 所示。

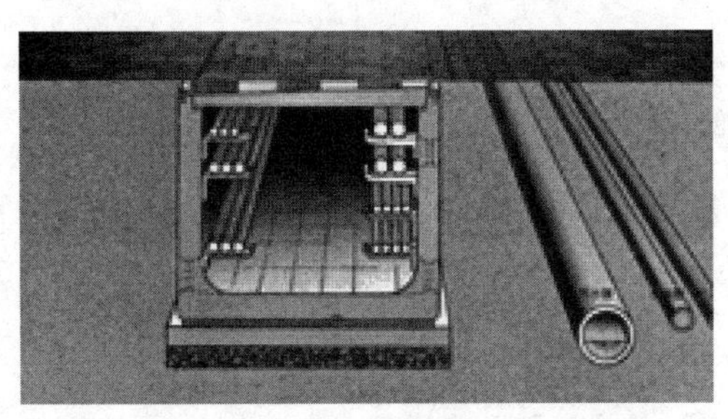

图 4.36　缆线综合管廊的断面示意图

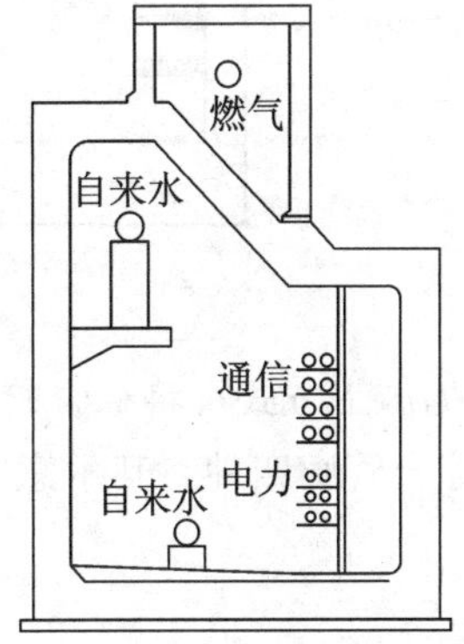

图 4.37　干支线混合综合管廊的断面示意图

（2）根据舱位数量可将综合管廊分为单舱综合管廊、双舱综合管廊及多舱综合管廊。其示意图如图 4.38、图 4.39、图 4.40 所示。

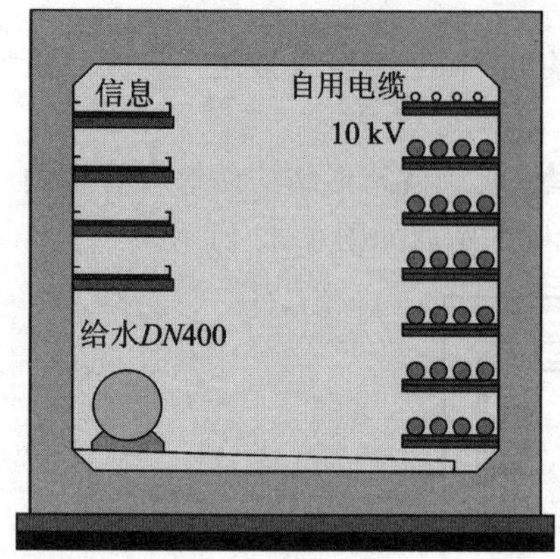

图 4.38　单舱综合管廊

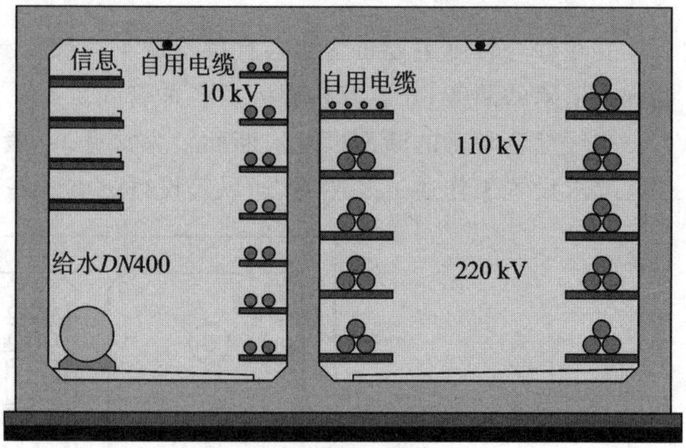

图 4.39　双舱综合管廊

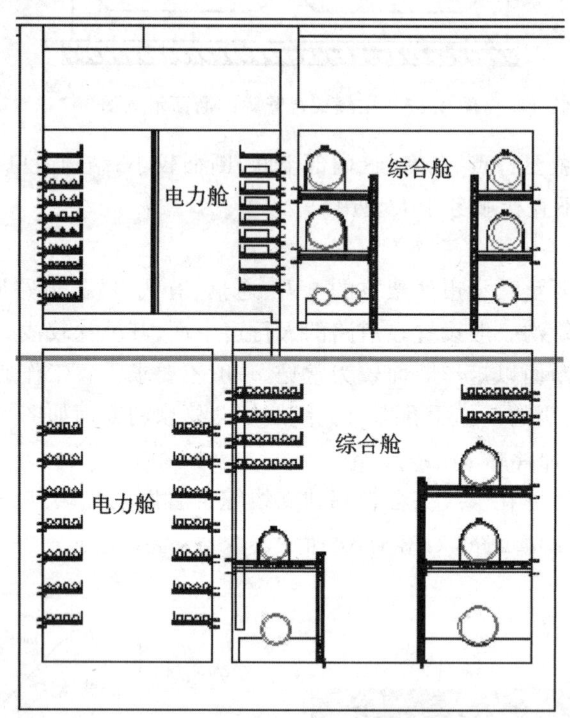

图 4.40　多舱综合管廊

（3）根据施工方式可将综合管廊分为明挖法综合管廊、矿山法综合管廊、顶管法综合管廊、盾构法综合管廊四种。其示意图如图 4.41、图 4.42、图 4.43、图 4.44 所示。

图 4.41　明挖法综合管廊

图 4.42　矿山法综合管廊

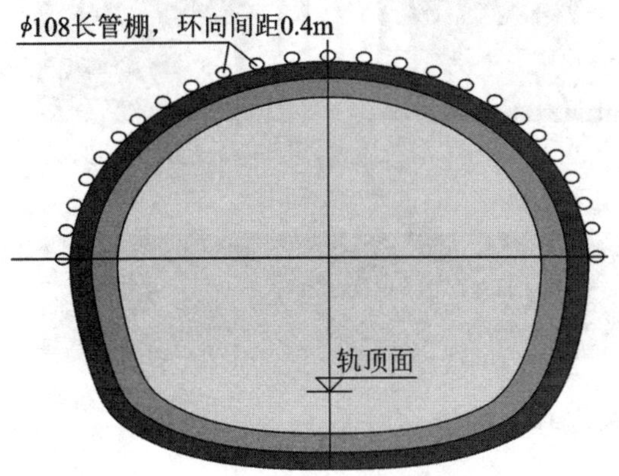

图 4.43　顶管法综合管廊

图 4.44　盾构法综合管廊

(4) 根据施工工艺可将综合管廊分为现浇施工法综合管廊、预制拼装施工法综合管廊两种。其示意图如图 4.45、图 4.46 所示。

图 4.45　现浇施工法综合管廊

图 4.46　预制拼装施工法综合管廊

4.5.1.5　综合管廊的系统构成

(1) 入廊管线:电力、通信、给水、供热/冷、垃圾真空管、雨水、污水、燃气等。

(2) 节点:通风口、投料口、引出口、人员进出口、交叉口等,节点示意图见图 4.47。

(3) 附属设施:消防、通风、照明、供电、排水、监控、标识等。

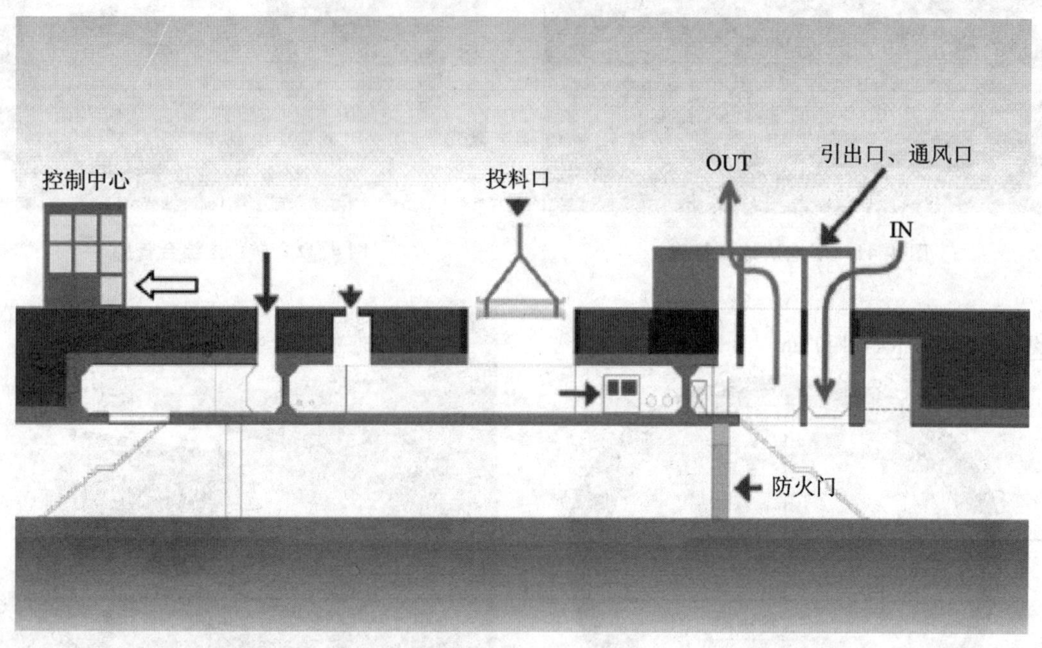

图 4.47　节点示意图

4.5.2　珠海市横琴新区综合管廊

珠海市横琴新区综合管廊覆盖全岛"三片、十区",总长度 33.4km,现从建设模式、规划设计、施工技术和管理运营模式、投融资模式等方面,介绍横琴新区综合管廊的建设特点,以供类似工程进行参考和借鉴。

2009 年 8 月 14 日,国务院正式批复《横琴总体发展规划》,横琴新区开发上升为国家战略:明确把横琴新区建设成为资源节约、环境友好的"生态岛"。横琴新区总面积 106.46km^2,划定了约 73%的土地为禁建区和限建区,规划至 2020 年建设用地规模控制在 28km^2,将横琴新区建设成为土地节约、集约、高效利用的示范地区。横琴新区成立之初,珠海市委、市政府要求高标准建设,区领导本着"功在当代、利在千秋"的原则,在 2009 年横琴新区的年度财政收入只有约 4000 万元的经济基础下,决定开展投资约 20 亿元的综合管廊项目建设。地下综合管廊是突破传统管线的敷设方式,集约利用地下空间,确保道路交通功能充分发挥、确保生命线的稳定安全、增强城市的防灾抗灾能力,是横琴新区绿色市政的重要内容。

4.5.2.1　横琴新区综合管廊概况

珠海市横琴新区综合管廊是一次性投资高、建设里程长、覆盖面积广、体系完善的综合管廊，由中国中冶集团投资建设，总投资约 22 亿元。

横琴新区综合管廊设置有远程监控、智能监测（温控及有害气体监测）、自动排水、智能通风、消防等智能化管理设施，确保管廊内安全运行，是国内智能化控制程度最高的管廊。同时，管廊内布置有电力、通信、给水、中水、供冷、垃圾真空管等 6 种管线，是国内集中市政管线专业最广的综合管廊系统之一。

4.5.2.2　综合管廊规划设计

（1）综合管廊平面、纵断面设计

横琴新区建设有综合管廊 33.4km，电力管廊 10km，综合管廊分为一仓式、两仓式和三仓式三种。其中，一仓式综合管廊长 7.6km，两仓式综合管廊长 19.2km，三仓式综合管廊长 6.6km；电力管廊均为一仓式，共 10km。全岛综合管廊平面线形布置成“日”字形，分别在环岛北路、中心北路、中心南路各有控制中心 1 座，如图 4.48 所示。

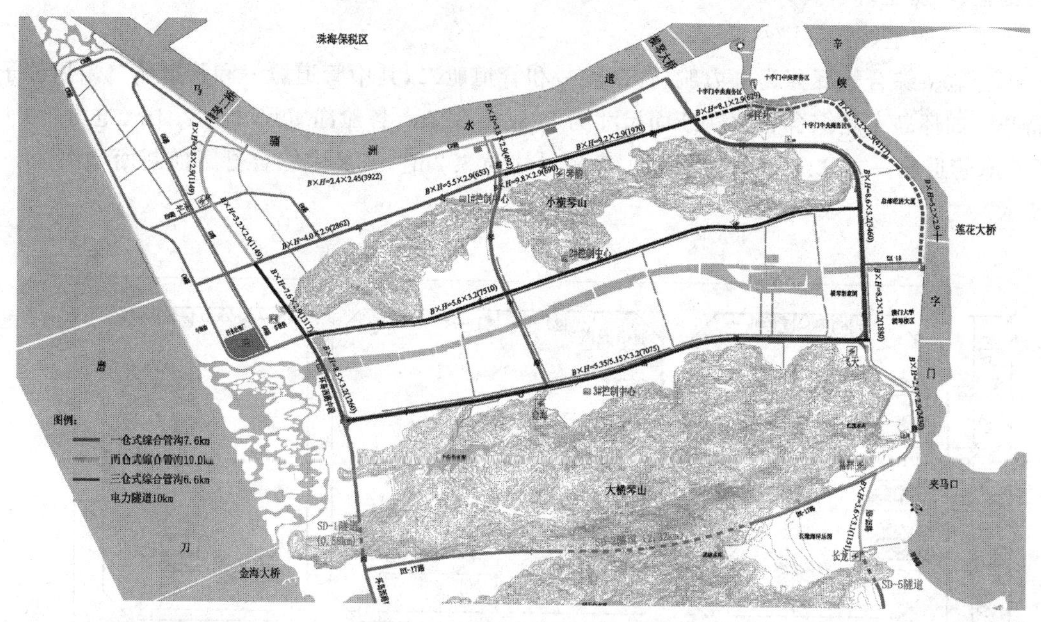

图 4.48　横琴新区综合管廊平面规划图

横琴新区综合管廊布置在道路一侧的管廊带内，覆土厚度为 2.0m，埋深约 5.5m，局部交汇段、穿越排洪渠及过渡段埋深为 8～13m。综合管廊转折、截面变宽时应满足各类管线的转弯半径，电力舱转弯最小半径为 1.5m，管沟转弯不宜采用圆弧形，应尽量采用不小于 165°的钝角。综合管廊纵断面基本与所在道路的纵断面一致，同时应考虑管沟排水需要，最小纵坡为 0.3%，最大纵坡为 20%，综合管廊横向坡度为 2%。横琴新区综合管廊横断面布置见图 4.49。

（2）综合管廊横断面设计

横琴新区综合管廊纳入了电力、通信、给水、中水、供冷、垃圾真空管等 6 种管线，排水、燃气、供热管线未纳入。根据各条道路收纳管线的种类和数量，考虑到敷设空间、维修空间、

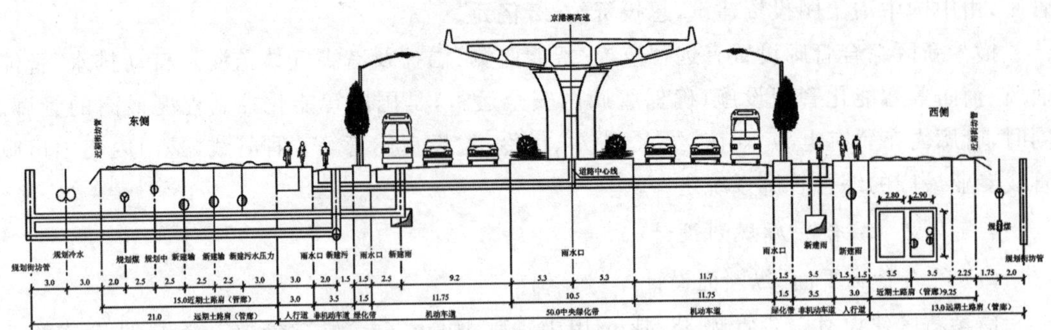

图 4.49　横琴新区综合管廊横断面布置图

安全运行及扩容空间，横琴新区综合管廊按舱室数量可分为三种断面形式，分别为三舱室、两舱室、单舱室综合管廊。

① 三舱室综合管廊

三舱室综合管廊分为电力舱、管道舱一和管道舱二，其中管道舱一和管道舱二采用柱子隔开。如环岛东路综合管廊横断面尺寸为 8.3m×3.2m，各舱净宽尺寸为 2.4m(电力舱)+3.6m(管道舱一)+2.1m(管道舱二)，净高尺寸为 3.2m。三舱室综合管廊横断面如图 4.50 所示。

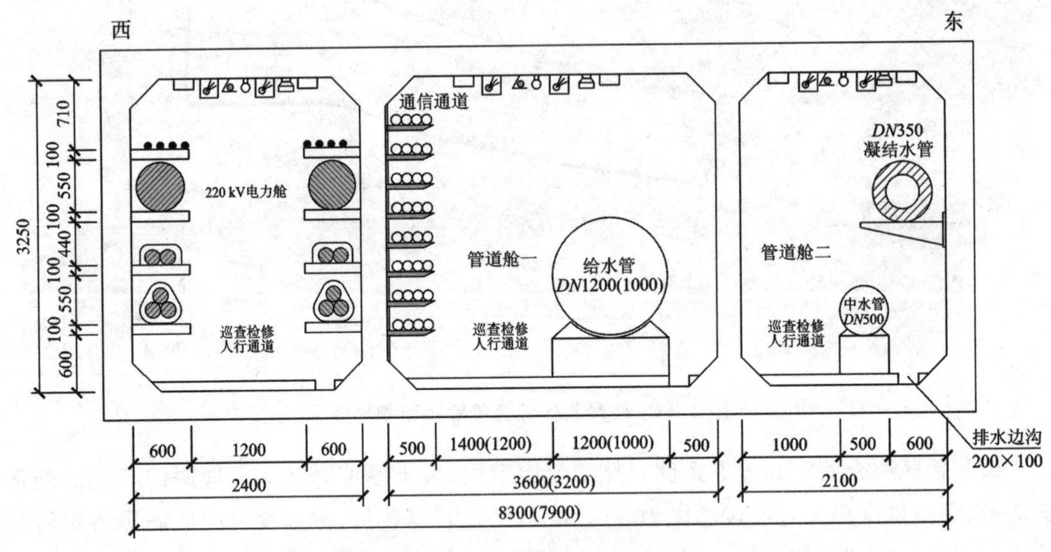

图 4.50　三舱室综合管廊横断面示意图

② 两舱室综合管廊

根据市政道路管线的布置情况，两舱室综合管廊分为电力舱＋管道舱和管道舱一＋管道舱二两种类型。如环岛西路综合管廊为电力舱＋管道舱，横断面尺寸为 5.75m×3.3m；中心北路综合管廊为管道舱一＋管道舱二，横断面尺寸为 5.55m×3.2m。两舱室综合管廊横断面如图 4.51 所示。

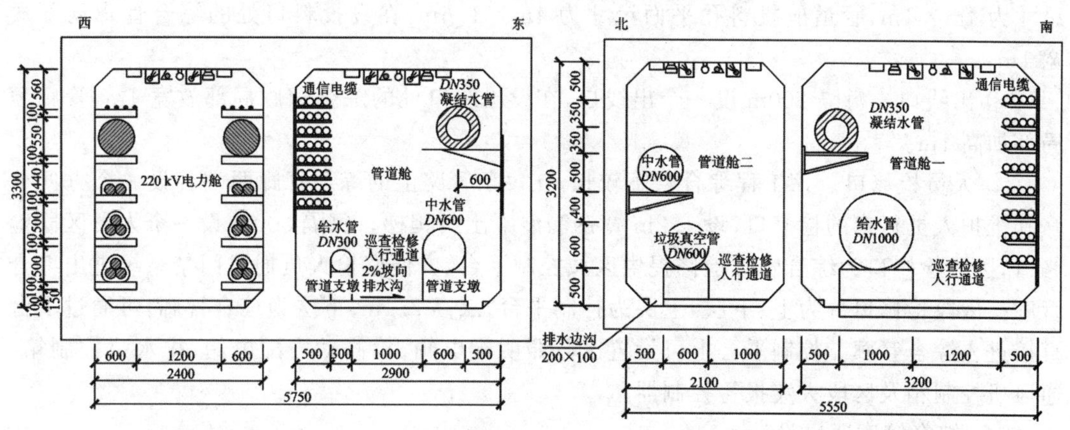

图 4.51　两舱室综合管廊横断面示意图

③ 单舱室综合管廊

单舱室综合管廊将给水管、中水管、通信管、供冷、垃圾真空管合建在同一舱室内。如环岛北路综合管廊横断面尺寸为 4.0m×2.9m；滨海东路综合管廊横断面尺寸为 5.0m×2.9m。单舱室综合管廊横断面如图 4.52 所示。

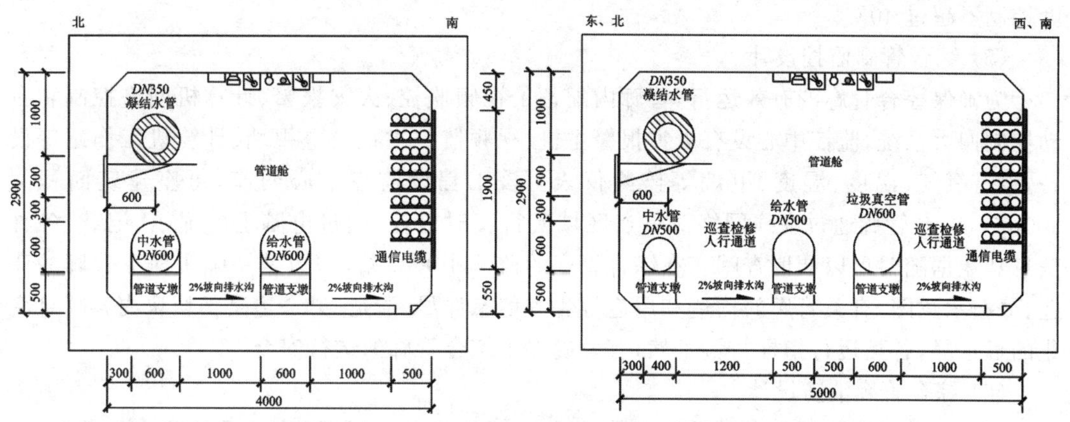

图 4.52　单舱室综合管廊横断面示意图

(3) 综合管廊各类孔口设计

为了便于综合管廊内设施的安装及检修，综合管廊的主要通道宽度不应小于 1m，次要通道宽度不应小于 0.8m。*DN*800 及以上的管道，其一侧的主要通道宜按 *DN*800＋400mm 考虑宽度。在 *DN*800 及以上的管道上安装阀门时，为了便于阀门的安装、检修，建议尽量考虑将附近综合管廊的投料口设于阀门正上方，否则宜单独设阀门检修孔。

① 通风口。防火分区长度为 200m，每个分区管舱两端各设一个机械排风口(兼排烟口)，采用预埋 ϕ730mm 风管，风管顶设高温双速风机；在每个分区中部设自然通风口，中部的投料口四周设百叶兼作自然通风口。

② 人孔和投料口。每隔 200m 设一个投料口，便于设备、管道的进出，在 *DN*800 及以上的阀门处上方设投料口，投料口兼作人孔和自然通风口，设钢直爬梯，电力舱投料孔平面

尺寸为 4m×1m，管道舱投料孔平面尺寸为 4m×1.6m，在设投料口处的综合管廊局部放宽 1m。

③ 出线口。每隔 200m 设一个出线口，在设出线口处的综合管廊局部放宽 1m，管廊顶局部加高 1m。

④ 人员检修口。该工程综合管廊较长，在每条管路上的综合管廊两端各设一个方便检修和维护人员行走的检修口，设 1.2m 宽钢筋混凝土斜爬梯。每隔 800m 设一个人员区段检修口，区段检修口为综合管廊检修提供区域控制平台，方便巡检人员通过门禁系统进出综合管廊。区段检修口分为上、下层，上层为控制平台，层高 2.1m；下层为综合管廊，可通过平台直接进入综合管廊。控制平台上可设置区段照明配电箱、检修动力配电箱、排水泵控制箱、通风机控制箱及区段火灾报警控制器。

(4) 综合管廊通风设计

综合管廊采用自然通风和机械排风（兼排烟系统）相结合的通风方式，保证余热能及时排出并为检修人员提供适量的新鲜空气，并控制沟内温度不超过 40℃、氧气含量不低于 19%。每个防火分区设一个自然进风口和两个机械排风口。机械排风系统兼作排烟系统，当发生火灾时，自动或手动打开系统进行排烟。综合管廊根据每小时换气 2 次所计算得到的排风量作为设计排风量。综合管廊风速取 1.5m/s，进风口风速取 5.0m/s 以下，沟内温度控制不超过 40℃。

(5) 综合管廊监控设计

为确保综合管廊的有效运行，管廊内配备了视频监控、火灾报警、计算机网络控制和自动控制四大系统，监控中心设有火灾报警主机、视频监控主机及电视墙、计算机工作站等设备，设有氧气、温度、湿度、甲烷等监测仪表。该工程设监控中心两座，每座建筑面积为 $500m^2$。综合管廊通过在线网络对重点区域实行实时监控，通过电脑上的显示、记载，各种信息和数据随时可以调取查阅。在综合管廊的监测中心总站，一边是一幅幅地下管廊的建造、分布示意图，有关管廊的构造和用途等各种信息详尽、清楚；另一边是一块块内容瞬息变化的显示屏，各类运行指标一目了然，有效确保了综合管廊的运行安全。

(6) 综合管廊消防设计

防火分区对于控制火灾的蔓延具有十分重要的意义。根据《建筑设计防火规范》(GB 50016—2006)（备注：设计该工程时，《建筑设计防火规范》是 2006 版，现采用 2014 版）的规定，地下或半地下建筑物防火分区的建筑面积不应大于 $500m^2$。同时，根据已有的建设综合管廊的经验，综合管廊中平常无人，可按构筑物考虑，电力舱设计了水喷雾灭火系统，防火分区建筑面积可不大于 $1000m^2$。根据《电力工程电缆设计规范》(GB 50217—2007)中电缆隧道安全距离不大于 200m 的规定，可确定综合管廊防火分区距离为 200m，防火分区建筑面积可不大于 $1000m^2$。采用防火墙分隔，隔墙上设甲级防火门。综合管廊电力舱采用水喷雾灭火系统、火灾自动报警系统并配备灭火器；管道舱设火灾自动报警系统并配备灭火器。灭火器采用 4kg 手提式磷酸铵盐干粉灭火器，每隔 50m 设 2 个。

该工程综合管廊较长，共设两座水喷雾消防泵房（$1^{\#}$ 和 $2^{\#}$）和两座监控中心，每座消防泵房最大服务半径为 6km。$1^{\#}$、$2^{\#}$ 消防泵房分别和两个监控中心合建。电力舱水喷雾灭火系统设计喷雾强度 $13L/(min \cdot m^2)$，持续喷雾时间为 0.4h，喷头最小压力为 0.35MPa，喷头采用离心式水雾喷头，喷头流量为 80L/min，每个水喷雾系统分组流量为 147L/s，分组长度 50m，每个防火分区设 5 组。同一时间按一处着火考虑，同一时间每个防火分区 2 组水喷雾系统同时动作，每组设 2 排配水支管，喷头间距 2m，共交叉布置 50 个喷头。

1# 和 2# 消防泵房各设消防主泵 4 台（3 用 1 备），单台水泵 Q=49L/s，H=140m，N=160kW；各配设稳压气压水罐 1 套、稳压泵 2 台（1 用 1 备），单台水泵 Q=16m³/h，H=80m，N=8kW，气压水罐总容积 2.84m³，调节容积 0.54m³。消防泵房设消防水池 1 座，容积为 211m³。

（7）综合管廊防水和排水设计

① 综合管廊防水设计

已运行的综合管廊很多都存在漏水和渗水现象，分析其原因，主要是防水未做好，因此该工程在施工图设计阶段特别重视防水处理，将防水等级提高为一级，对综合管廊内外墙壁进行防水处理，并对外墙转角等关键部位进行加强处理。由于该工程场地属于填海地，外壁防水卷材采用了抗氯离子渗透和耐盐碱腐蚀的改性材料，可选择聚乙烯高分子防水卷材。为了防止在沟槽回填过程中对外防水材料的破坏，防水卷材外宜增设起保护作用的砖墙或其他材料。另外，综合管廊沉降缝也是特别容易漏水和渗水的部位，根据其他工程经验，填海的土壤中贝壳类物质对构筑物沉降缝嵌缝材料具有破坏作用，嵌缝材料应选择能防止微生物吸附或难以被贝壳类物质破坏的材料，可选择聚硫氨酯密封胶。综合管廊的防水等级确定为一级，除提高结构自防水性能外，同时应采取内外防水措施。综合管廊采用 C30 混凝土，抗渗等级取 S6，内壁采用 1.5mm 厚水泥基渗透结晶型防水涂料，外壁采用 1.5mm 厚聚合物水泥浆粘结层＋3mm 厚 RSA-821 耐盐碱性聚合物改性沥青防水卷材，外墙转角处 1m 范围内增设一层防水卷材，外砌 240mm 厚砖墙对所有防水卷材进行保护。

② 综合管廊排水设计

综合管廊内设排水沟和集水坑，主要考虑收集和排除结构渗漏水（按每天 2L/m² 计算）和管道检修时的排水等。在沟的一侧设 0.2m×0.1m 的排水沟，排水沟的坡度与综合管廊的坡度一致，按 0.3%考虑。每隔 200m 设一个 2m×1.5m×1.5m 集水坑，坑内设 2 台潜污泵，单泵流量为 30m³/h，扬程为 10m。

4.5.2.3　综合管廊投融资模式

（1）BT 模式

BT（Build Transfer）即建设-移交，是基础设施项目建设领域中采用的一种投资建设模式，系指根据项目发起人通过与投资者签订合同，由投资者负责项目的融资、建设，并在规定时限内将竣工后的项目移交给项目发起人，项目发起人根据事先签订的回购协议分期向投资者支付项目总投资及确定的回报。该工程采用的融资模式见图 4.53。

BT 融资模式具有许多优势，主要有：

① BT 模式风险小。对于公共项目来说，采用 BT 模式运作，由银行或其他金融机构出具保函，能够保证项目投入资金的安全，只要项目未来收益有保证，签署融资贷款协议后，在建设期内项目基本上没有资金风险。

② BT 模式收益高。BT 模式的收益高，体现在以下三个方面：

a. BT 投资主体通过 BT 投资为剩余资本找到了投资途径，获得可观的投资收益；

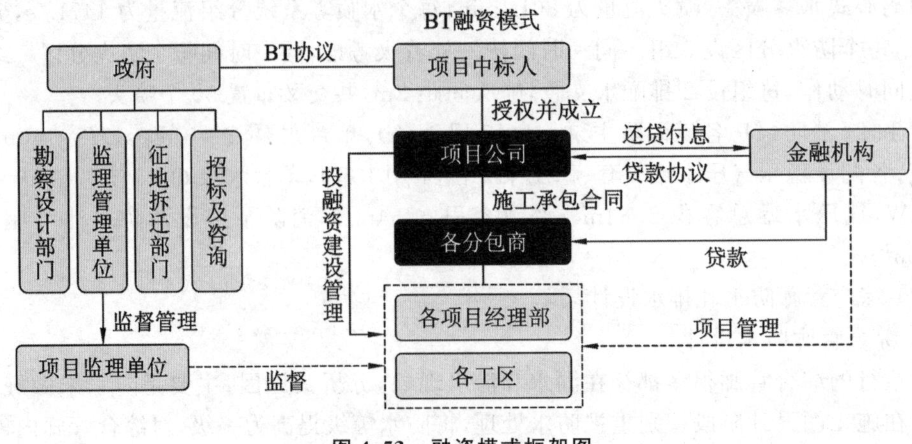

图 4.53 融资模式框架图

b. 金融机构通过为 BT 项目融资贷款，分享了项目收益，能够获得稳定的融资贷款利息；

c. BT 项目顺利建成、移交给当地政府（或政府下属公司），可为当地政府和人民带来较高的经济效益和社会效益。

③ BT 模式能够发挥大型建筑企业在融资和施工管理方面的优势。采用 BT 模式建设大型项目，工程量集中、投资大，能够充分发挥大型建筑企业资信好、信誉高、易融资，以及善于组织大型工程施工的优势。大型建筑企业通过 BT 模式融资建设项目，可以增加在 BT 融资和施工方面的业绩，为其提高企业资质和今后打入国际融资建筑市场积累经验。

④ BT 模式可以促进当地经济发展。基本建设项目的特点之一是资金占用大，建设期和资金回收过程长，银行贷款回款慢，投资商的投资积极性和商业银行的贷款积极性不高。而采用 BT 模式进行融资来建设未来具有固定收益的项目，可以发挥投资商的投资积极性和项目融资的主动性，缩短项目的建设期，保证项目尽快建成、移交，能够尽快收到效益，解决项目所在地的就业问题，促进当地经济的发展。

在我国，采用 BT 模式融资建设公共项目才刚刚兴起，这种刚兴起的融资、建设、移交模式还处于摸石过河、总结经验、不断完善之中，也许在运作中会逐渐发现风险和不足之处，但是从目前的运作情况看，已经采用 BT 模式建设的项目普遍运作良好，解决了项目建设资金紧缺的问题，推动了项目所在地经济的可持续发展。

（2）横琴新区市政基础设施 BT 项目概况

2009 年 12 月，在横琴新区挂牌之际，中国中冶集团携旗下子公司作为横琴新区大开发的首批进驻企业，以“拓荒牛”的姿态全身心投入到横琴新区市政基础设施 BT 项目的建设中。珠海横琴新区市政基础设施 BT 项目是城市中心区域综合基础设施建设工程，是广东省的重点工程之一。经横琴新区区政府授权，项目由代表横琴新区区政府进行投（融）资的珠海横琴投资有限公司发起，由中国中冶集团基础设施建设公司投资建设，工程总承包方为中冶集团下属某建设集团公司。

横琴新区市政基础设施 BT 项目，主要包括市政道路及管网工程项目、堤岸和景观工程项目两部分，根据珠海某投资有限公司与中国中冶集团某公司签订的合同约定，横琴新区市政基础设施项目的建设期为 3 年，回购期限为 5 年，按各子项目的回购期限分别计算回购款，每期支付金额为每个单项工程投资总额的 1/5，同时按照合同约定支付相应期间的利息，合同价款为投资总额与回购期间的利息之和，项目含建设期本金化利息和建设工程管理费等，约为 126 亿元。项目公司为该项目配套 25%的自有资金，75%的资金通过向珠海当地银团贷款取得，自项目建设完工至今，政府已回购 90 亿元，再用两年实现所有资金的回购。

横琴新区管委会委托区属企业珠海横琴投资有限公司作为项目发起人，由珠海中冶基础设施建设投资有限公司负责投资 126 亿元，其中 20 亿元用于地下综合管廊建设。为保障横琴新区地下综合管廊项目的顺利进行，横琴新区专门成立了项目督办组，以便在全过程中进行监管，保证项目的顺利融资、建设和移交。通过建成横琴新区 33.4km 综合管廊，提升了土地的价值，通过集约节约出来的 40 公顷用地产生的经济效益，完全可以回购地下综合管廊的建设成本。现在横琴新区已提前回购了地下综合管廊项目建设成本。业界认为，该项目建设采用 BT 这一投资建设模式，可有效弥补横琴新区开发资金不足的短板，规避了政府债务的风险，或将为综合管廊融资提供一种崭新范式。

4.5.2.4　综合管廊运营管理模式

地下综合管廊的运营管理是决定综合管廊能否发挥作用的关键。由于管廊内各类管线的主管部门不同，统筹协调难度较大，如何建立一个合理有效的管理制度使综合管廊发挥出预期的作用，是一个不可回避的问题。

横琴新区地下综合管廊从一开始就考虑到管廊建设、运营、管理的制度保障问题，在建设过程中就制定出台了《横琴新区综合管廊管理办法》，提出了公司化运作、物业式管理的运营管理模式，并运用先进的信息化技术对管廊进行智能化的管理。

(1) 制定《横琴新区综合管廊管理办法》

2012 年 9 月，横琴新区管委会颁布了《横琴新区综合管廊管理办法》(珠横新管〔2012〕43 号)，对综合管廊的定义、权属、规划建设、维护管理等方面进行约定。指定综合管廊的回购单位珠海横琴投资有限公司下属珠海大横琴城市公共资源经营管理有限公司负责横琴综合管廊的日常运营管理。

横琴综合管廊的建设费用由政府确定的投资建设单位负责筹措，管线单位应当缴纳管沟使用费用，原则上不超过原管线直接敷设的成本。综合管沟管理费用包括综合管沟的日常巡查、大中修等维护费用、管理及必要人员的开支费用。综合管沟管理费用中的大中修等维护费用由政府承担，其他管理费用由管线单位按照入沟管线量分摊。管沟使用费和日常维护管理费的缴费标准及缴付方式由综合管沟管理单位负责制定。

(2) 公司化运作、物业式管理的运营管理模式

该工程建设的同时，就对横琴新区地下综合管廊的运营管理模式进行了研究，提出了公司化运作、物业式管理的运营管理模式，由珠海大横琴城市公共资源经营管理有限公司负责横琴综合管廊的日常运营管理。

该公司在各方协调、职能完善的原则下组成，确保各专业配套完备，既包括专业技术人

员的完备，也包括技术设备的完备。综合管廊建设、运行、维修和管理采用图 4.54 或图4.55 所示的流程图，两者建设资金的来源不同。

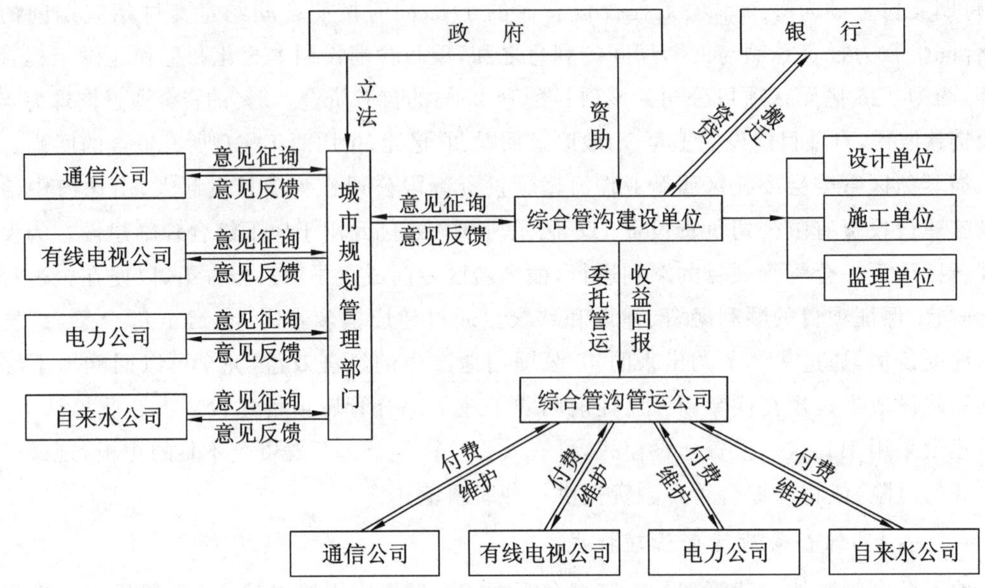

图 4.54 综合管廊建设、运行、维修和管理流程图(一)

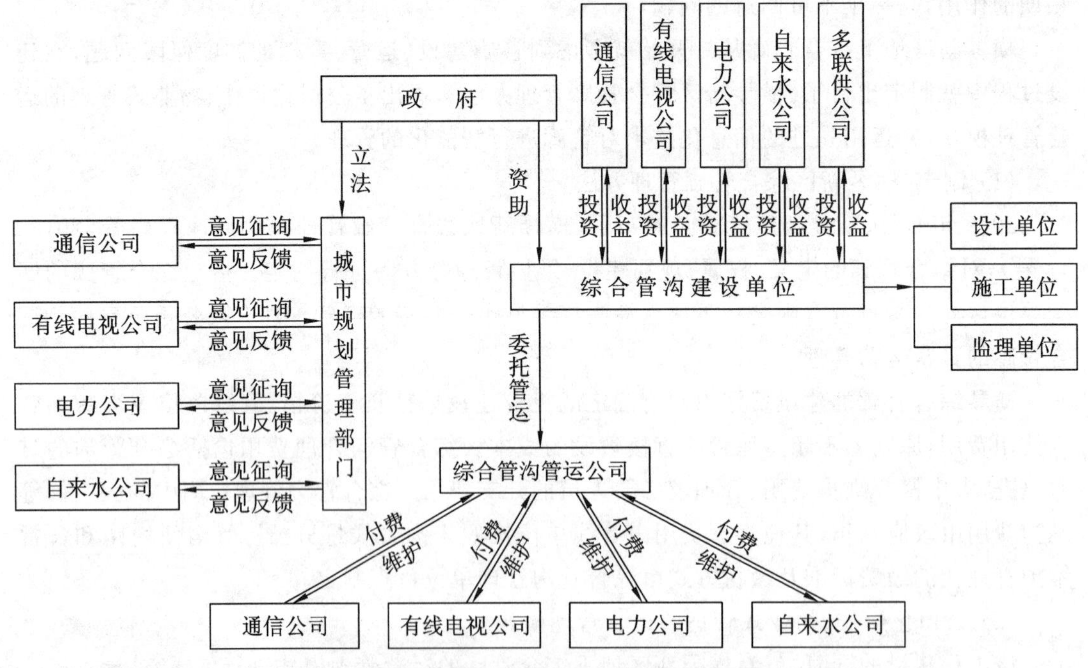

图 4.55 综合管廊建设、运行、维修和管理流程图(二)

(3) 建立收费机制

委托了专业测算机构，借鉴国内外综合管廊收费管理经验，出台了横琴新区地下综合管廊的收费项目和收费标准，目前初步意见为首年免收入廊费，该项费用按直埋成本在今后逐年收取；日常管理维护费按地下综合管廊日常管理维护总支出成本测算，根据各类管线设计截面空间比例，由各管线单位合理分摊。该收费机构已初步获得了各个部门的认可。

(4) 智能化的管理

为确保综合管廊的有效运行，管廊内配备了视频监控、火灾报警、计算机网络控制和自动控制四大系统，监控中心设有火灾报警主机、视频监控主机及电视墙、计算机工作站等设备，有效确保了综合管廊的运行安全。在位于环岛北路的横琴新区地下综合管廊监控中心，通过大屏幕管理人员可以清晰地看到地下管廊的实时监控录像，如果管廊内出现突发情况，监控中心可以第一时间发现并应对，确保管廊的正常运作。这是横琴新区利用信息化技术对地下综合管廊进行有效管理的举措之一。横琴新区地下综合管廊监控系统现状如图 4.56所示。

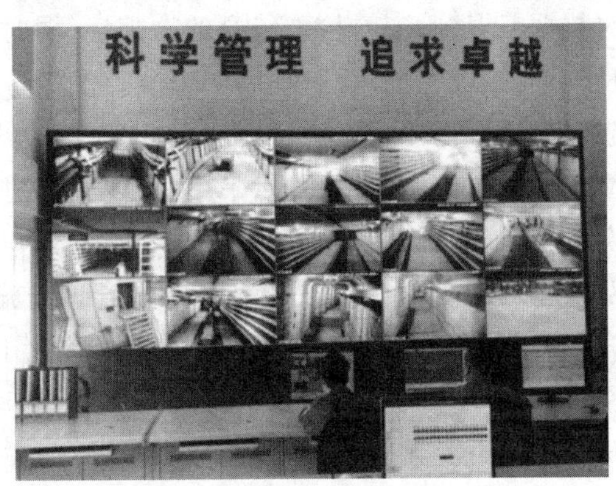

图 4.56　横琴新区地下综合管廊监控系统现状图

(5) 用法治思维管好综合管廊

横琴新区将充分利用珠海的特区立法权，运用法治思维推动地下综合管廊的管理，已编制完成了《横琴新区地下综合管廊保护管理规定》(征求意见稿)，进一步修改完善后将开始实施，通过制度进一步保护综合管廊的安全运营。

4.5.2.5　综合管廊建设施工技术

(1) BIM 技术在综合管廊建设中的应用

BIM(Building Information Modeling)技术最早起源于美国，国内通常称之为建筑信息模型。以三维数字成像技术作为基础，通过一个共同的标准(Industry Foundation Class，IFC)，使 BIM 技术集成了多种建模工具，用数字信息仿真模拟建筑物所具有的真实信息，从而获得建设工程项目各种工程信息的相关数据，成为包含大量建筑实体信息的三维建模系统，同时又是一个贯穿于项目全生命周期的信息集合。

城市地下管线的种类繁多，常用的有给排水、燃气、通信、电力、热力等多种管线，如今又衍生出中水、网络、垃圾真空管等新型地下管线。据统计，目前我国共有 30 余种城市地下管线，除市政排水管线外，其余均由各产权单位负责建设和管理。种类复杂的管线给综合管廊的线路规划设计带来了极大的困难，必须保证分工明确的各类管线能方便快捷地发挥效益，最大程度地避免路面重复开挖、占用地下空间，才能在建设阶段节约资源和人力。地下综合管廊在空间位置上具有特殊性，管线掩埋地下使得其后期的运营管理变得相对困难。工作人员只能定期从检查井或维修井进入地下，进行管线检查和维护，并且维修期间隔时间较长，往往不能及时发现问题，给市民的正常生活带来不便。

在综合管廊建造中引入 BIM 技术，通过小额投资就能获得大量收益，在经济上具备其可行性。这不仅要归功于 BIM 技术在成本控制中的应用，还得益于 BIM 技术在施工组织时发挥的重要作用。在施工准备阶段，运用 BIM 技术对设计图纸进行复核，将设计图纸信息输入建筑信息模型中进行信息整合，将所有数据综合到拟建地下综合管廊的三维模型中。一方面，可以方便理解设计方的设计意图，一目了然，将不便于施工的地方提出来与设计方进行协调整改，从而降低管线的施工难度和成本。另一方面，将给排水、电气、暖通等各专业的数据汇聚到一起，检查组合的合理性，同时进行碰撞检查，将可能出现的冲突暴露出来，及时改进“错、缺、漏、碰”，提高图纸复核的效率，并且保证了协调修改的质量。综合管廊的建造多为地下作业，施工难度大，因此，选择合理、便捷的施工方案显得尤为重要。对于特殊部位或特殊构件的施工，可以采用 BIM 技术进行多种施工方案的模拟，通过动态的施工过程模拟，比较多种方案的可实现性，为施工方案的择优选择提供依据。运用 BIM 技术进行 4D 模拟施工现场，通过 4D 模型可制作合理的施工计划，制定每月、每周甚至每天的进度计划，确定综合管廊的施工现场的资源和场地占用，在保证工期不延误的同时，可进行施工过程的预演，合理安排资源分配，避免施工机械、场地等冲突；还考虑了施工方案的可实施性，提前发现并解决了施工时的安全隐患和矛盾冲突，保证了地下施工的质量安全。BIM 技术提供给项目参与方一个综合的信息系统和便捷的交流平台。引入 BIM 技术后，所有与拟建综合管廊相关的信息均会被录入到信息模型中进行直观展示，同时还会创立一个与它同步的信息交流平台，所有参与方均可在其中获得相应的权限，比如信息的提取、修改、录入等。综合管廊的施工现场一般在地下，空间十分有限，有了 BIM 模型，就可以解决各参与方沟通不畅的问题，实现施工阶段的远程操控。例如，材料供应方可以根据模型提供的进度计划信息，提前得知在每个时期需要供应的材料。尤其在质量检验时，施工方可将报验申请的相关数据输入系统，便可自动生成报验申请单，检验员收到相应提醒后即可进行检验审核，并在合格后进行签认，将已完成部分录入系统。如此可实现质量检验流程的标准化，提高质量控制的效率。对不符合要求的部分采取必要的措施予以纠正，并反馈到 BIM 模型中，全程跟踪完成质量管理的 PDCA 循环。

在横琴新区综合管廊的建设过程中，中冶集团充分利用 BIM 技术，从综合管廊深基坑支护、连接节点布置、大口径管道安装、第三人虚拟漫游等方面进行 BIM 技术应用，利用三维可视化模型指导现场施工，提高综合管廊的建设质量和速度。图 4.57 所示为用多视图展示管道之间的关系，图 4.58 所示为管廊交叉节点三维透视图，图 4.59 所示为综合管廊深基坑支护，图 4.60 所示为大口径管道安装模拟，图 4.61 所示为第三人称综合管廊内虚拟漫游情景。

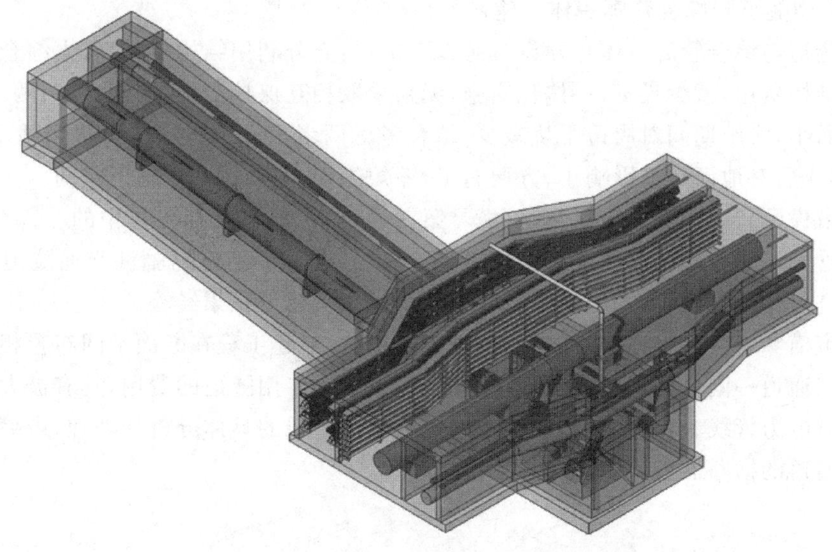

图 4.57　多视图展示管道之间的关系

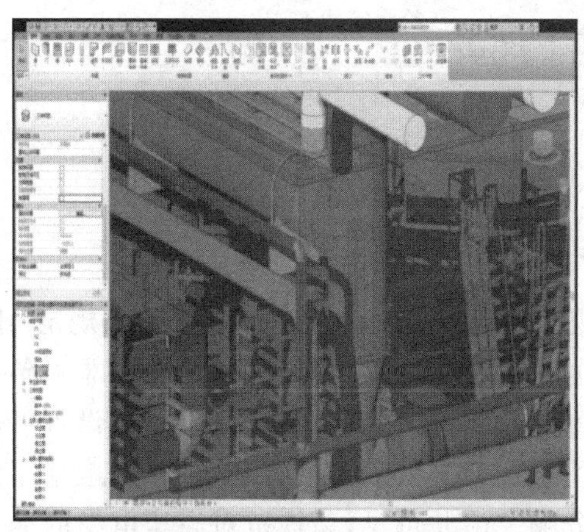

图 4.58　管廊交叉节点三维透视图

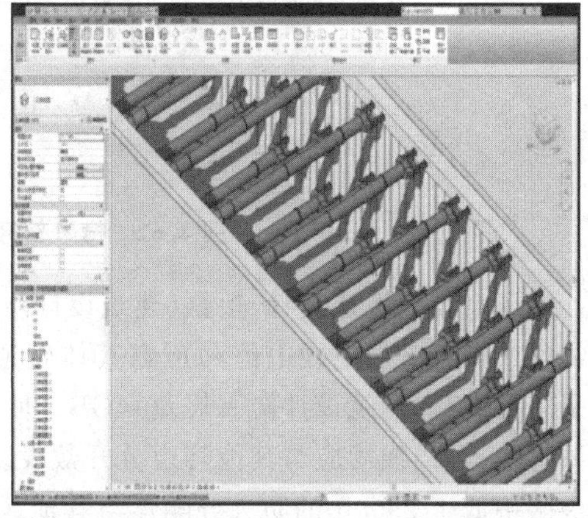

图 4.59　综合管廊深基坑支护

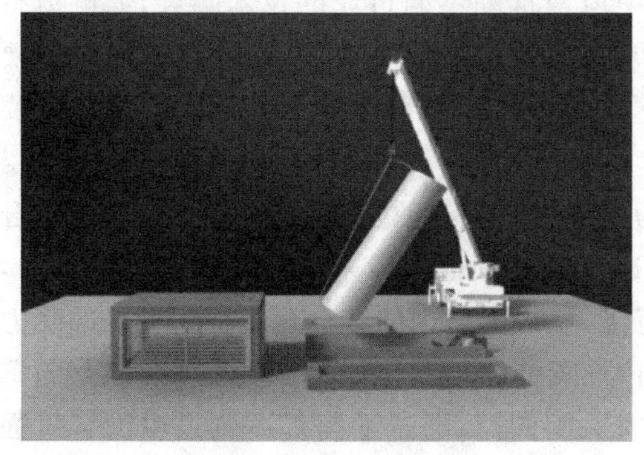

图 4.60　大口径管道安装模拟

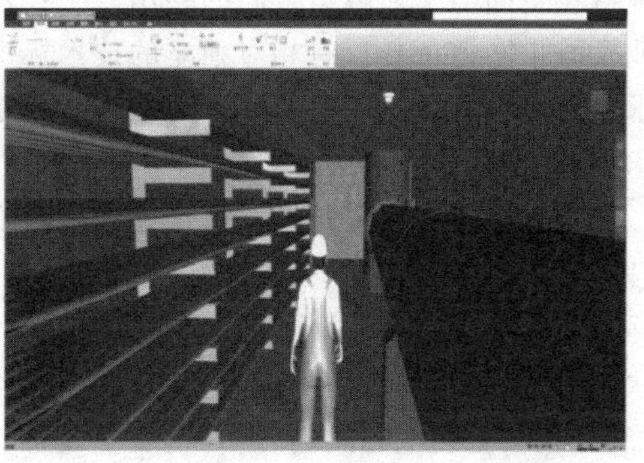

图 4.61　第三人称综合管廊内虚拟漫游

(2) 大型隧道与综合管廊一体化建设

大型隧道与综合管廊一体化建设具有以下优点:充分利用结构空间,省去综合管廊的独立围护与结构费用,减少投资;一体化实施,无须采取相互保护措施,安全性好;两者同基坑,开挖作业面小,实施期间对周边干扰减少;结合考虑两者采光、通风、人员进出情况,布局集中有序,建成后对地面环境影响小,方便施工,缩短工期,集约化利用地下空间。

珠海市横琴新区马骝洲交通隧道(横琴第三通道)是横琴三期工程中的一部分,大型隧道与综合管廊一体化建设仍处于可行性研究阶段,结合横琴新区马骝洲交通隧道新建工程设计实例进行验证分析,为大型隧道与综合管廊一体化建设积累经验。

珠海市横琴新区马骝洲交通隧道(横琴第三通道)新建工程在断面空间布置相关市政管线纳入第三通道一同过海,可节省另建海底电缆或管线专用隧道的费用,具有极大的经济效益。通过对电力管线、供水管线和通信管线三种市政管线的具体分析和处理,最终确定横琴新区第三通道的横断面设计(图 4.62)。

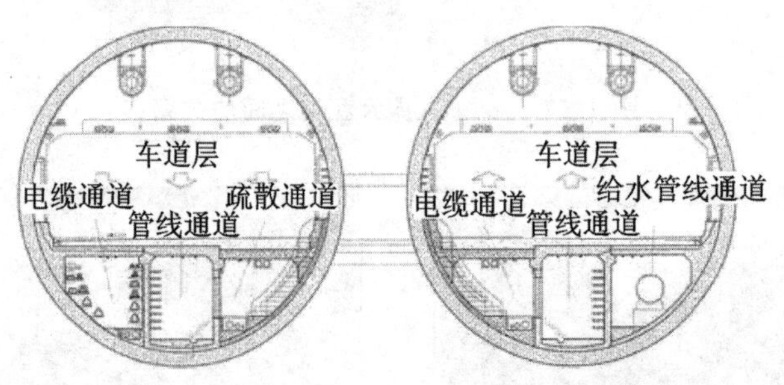

图 4.62　横琴新区第三通道横断面设计

高压电缆入隧道设计,根据《建筑设计防火规范》(GB 50016—2006)12.5.4 条规定:隧道内严禁设置高压电线电缆和可燃气体管道;电缆线槽应与其他管道分开埋设(非强条)。但是根据现行《建筑设计防火规范》(GB 50016—2014)可知:“12.5.4 隧道内严禁设置可燃气体管道;电缆线槽应与其他管道分开敷设。当设置 10kV 及以上的高压电缆时,应采用耐火极限不低于 2.00h 的防火分隔体与其他区域分隔。”由此可见,新规范对高压电缆的纳入不再禁止,而是提出相应的防火要求,设计规范也在考虑如何通过各种保障措施实现高压电缆敷设空间与交通隧道空间的共用。工程建设中应当推动不同行业的技术融合,如电力行业及城市隧道都各自有相对独立的技术标准和常规做法,如何在同一空间内融合各自的要求和特点也有待进一步研究,比如对火灾报警、防排烟措施、防火隔断、安装运营检修要求等。

供水管道与大型隧道一体化建设过程中,为确保供水管线的安全运行,除通过管线的合理布置,使得供水管线处于良好的受力状态外,还可通过其他手段来增加其安全性。其中,通过技术处理等措施,保证沉降在尽可能小的范围,使得隧道内的各种管线处于良好的受力状态,并消除附加应力的影响;在管道的适当部位设置伸缩接头,消除温度、应力和不均匀沉降的影响;安装电磁阀门,当管道发生爆管时及时关闭阀门;通过适当提高隧道内的管道强度,增大管道运行的安全性能。

通信管线入隧需要解决信号干扰、防火防灾等技术问题。在隧道断面空间设计的过程中，科学考虑各方面的影响，合理地规划，采用将通信管线远离高压电缆以减少影响等方式，实现空间综合利用。

结合珠海市横琴新区第三通道工程的设计进行分析，实践表明：大型隧道与综合管廊一体化建设具有良好的经济、社会和环境效益。在我国已建成的诸多大型隧道工程设计中，通常预留管廊满足自身需求，却很少考虑为市政管线预留空间。大型隧道与综合管廊一体化建设研究将有效解决多方面的问题，更加合理地利用地下空间资源。

4.5.2.6　问题与措施

横琴新区综合管廊于 2010 年 5 月开工建设，截至 2013 年 11 月 19 日，综合管廊主体结构已全部完成，建设者们凝聚智慧、精心组织，先后攻克了深厚淤泥软基处理、深基坑支护、大口径管道安装、远距离监控调试等诸多技术难题。

横琴新区在综合管廊的维护和运营管理的体制机制等方面基本是适合新区城市开发建设初期特点和需要的。综合管廊收费权限和标准等事宜尚未核定，因此收费的政策条件还不具备，所以，目前的管廊租费和物业费都由政府财政补贴，在管廊运营上还没有形成良性循环的局面。从科学管理的角度出发，以发展的眼光看还存在诸多问题有待解决。

(1) 地下综合管廊设计和建设存在不周全

设计和建设中没有考虑地下综合管廊管线维修时的设备和材料在管廊内部的运输，建议下一步设计和建设过程中应充分征求各管线业主单位和运营管理单位意见，进行修改完善。当综合管廊规划纳入热力管等大型管线时，应增大检修通道并配备电动车，以便于检修设备进入、搬运。

(2) 统一协调入廊难度较大

由于各类管线的主管部门不同，且历史直埋时无政府或企业收取日常管理费，对入廊后要上交一次性入廊费和每年上交日常管理费的协调难度较大。综合管廊收费权限和标准等事宜尚未核定，因此收费的政策条件还不具备，所以，目前的管廊租费和物业费都由政府财政补贴，在管廊运营上还没有形成良性循环的局面。建议考虑各管线单位入股，共同建设开发，或者由国家统一制定及完善相关入廊政策和管理费用的收取标准。

(3) 加强运营管理。

一是建立专业化队伍，满足不同管线的运营管理。二是相关法律法规要提前制定，如地下综合管廊管理办法、综合管廊保护规定、综合管廊收费标准等一系列运营管理法律法规和规定。

(4) 培育一个综合管廊行业

综合管廊的建设涉及土木、建筑、机电、交通、管线(电力、通信、给排水、燃气)、人防等各行业的专业技术，同时涉及中央、地方、企业等众多单位部门，需要建立统一的协调机制。日本、中国台湾地区为保证共同沟的投资、建设和管理，成立了共同沟建设机构、管理维护中心及公共管线建设基金管理委员会等机构。

我国地下管线综合管廊建设应明确规定由专门管理部门负责，统一协调建设单位之间的需求规划、资金筹措和分摊，建设完成后的运行维护，以及对突发紧急事件的处理等。在此同时，逐渐形成一个综合管廊行业，包括工业构件的生产，廊内设备的组装、管理、控制，投融资机构建立，建设管理队伍、专业施工队伍的培养等。

4.5.3 武汉 CBD 综合管沟

4.5.3.1 武汉 CBD 综合管沟概述

武汉市早在 2005 年前，就已经开始着手规划中央商务区地下综合管沟建设。2005 年初，武汉市政府组织商务区相关管理部门及建设主体共同完成了《王家墩商务区综合管廊专题研究》。2007 年，武汉市规划研究院编制完成了《武汉市王家墩商务区管网综合规划》。2007 年，上海市政工程设计研究总院和武汉市政工程设计研究院有限责任公司完成了《武汉市王家墩商务区市政综合管沟初步设计》，确定了综合管沟系统的布置方案：在 102 号路（华山路）、202 号路（复兴二村路）建设干线综合管沟，在 205 号路（梦泽湖路）等建设支线综合管沟，其中干线综合管沟长 3808m，支线综合管沟长 2340m，总长 6148m。

2016 年 8 月 30 日，新华网以《探秘武汉"地下动脉"CBD 综合管廊成中国样本》为标题，报道了武汉"地下动脉" CBD 综合管沟建设成果。由泛海集团控股投资、国内领先的地下综合管沟工程已经成型，正为这座城市的繁荣发展提供强大支撑。在武汉中央商务区的地下，一条总长 6.1km 的综合管沟已经建成，成为城市的地下"补给线"，电力、通信、给水等市政管线统一在这里集中铺设。综合管沟内密布着无数个托盘、支架，用于有序放置缆线，线路清晰可见，还有足够的空间可供人通行作业。2016 年 5 月 24 日，国务院总理李克强考察武汉中央商务区地下综合管沟。李克强总理表示：我们的城市地上空间高楼林立，发展势头很好，但在地下空间利用的深度、广度上，与发达国家还有较大差距。地下空间不仅是城市的"里子"，更是巨大的潜在资源。要用好这一资源，拓展新空间，再造新武汉。

武汉 CBD 地下综合管沟现场如图 4.63 所示，图 4.64 所示是李克强总理来到武汉 CBD 地下综合管沟施工现场，李总理详细了解了工程建设的进展情况。

图 4.63 武汉 CBD 地下综合管沟现场

在规划阶段，由规划部门、设计单位及建设单位对国内外成功项目进行实地考察，结合武汉中央商务区实际情况，确定进入综合管沟的管线种类及系统布局原则。进入综合管沟的管线有三种：电力管线（10kV、110kV、220kV）、给水管线（直径小于 600mm）和信息管线。系统布局原则：直埋与管沟相结合；干线管沟与电力高压主干线路一致；支线管沟对核心区最大化辐射。

图 4.64　李克强总理来到武汉 CBD 地下综合管沟施工现场

按照地下综合管沟的工程要求，泛海控股集团在武汉中央商务区的地下建造了一个隧道空间，将电力、通信、燃气、供热、给排水等各种工程管线集于一体，所有的管线扩容、维修及维护改造将在管沟内进行，消除城市“拉链路”。

在中央商务区地下管沟内，设有光纤光栅自动火灾报警子系统。光纤光栅探测器沿电缆隧道顶部纵向单根布设，单根光纤光栅探测器监测距离可达 600m。光纤光栅自动火灾报警子系统采用波分复用和全同光纤光栅混合复用的方式对电缆隧道进行分区监测。

除了火灾报警系统之外，管沟内还配备了超细干粉灭火系统，并在每个防火分区设置一组气体检测器，分别检测氧气、一氧化碳、甲烷、硫化氢，当上述气体浓度达到一定值时，系统可联动风机进行排风。

目前，武汉中央商务区地下综合管沟建设已基本完成，正吸引着来自全国各地的参观者（图 4.65）。

图 4.65　大学生参观武汉中央商务区地下综合管沟的高压电力舱

武汉王家墩商务区(武汉 CBD)是武汉市“十一五”规划中的现代服务业中心，是城市重点建设项目。根据规划，武汉 CBD 定位为以金融、保险、贸易、信息、咨询等产业为主的“立足华中、面向世界、服务全国”的现代服务业中心，形成以银行、保险、证券等投资公司、集团总部办公为主，辅之以法律、会计、信息、咨询策划、广告等中介服务业，汇聚会展、零售、酒店、居住等功能的综合性城市中心区。根据武汉王家墩商务区高起点规划、高起点建设的要求，在市政配套工程中，拟建设综合管沟这一新型的现代化城市生命线工程，进行城市工程建设资源的整合，探索可持续发展之路。

武汉中央商务区综合管沟采用干线综合管沟和支线综合管沟相结合的布线方式，总长 6.1km，其中干线管沟 3.9km，主要沿云飞路、振兴二路等道路布设，呈“T”字形；而支线管沟也有 2.2km，主要沿珠江路、商务东路、泛海路等道路布设，呈“P”字形。

4.5.3.2 武汉 CBD 综合管沟管线敷设对比分析

(1) 传统直埋敷设

采用全部直埋的方式敷设管线具有成本低、施工简便的优点，但是也有很多缺点：

① 该方案由于各管线分散施工，占用城市地下空间较大，特别是该地区局部路段如航天路路段道路规划红线宽度无法满足地下管线的敷设，需新增电力走廊，不利于土地的集约化利用。

② 各管线分散建设，各自的检查井、室较多，环境视觉效果差，不利于该地区高标准的建设。

③ 由于该地区建设周期较长，相应的市政配套容量不确定性因素较大，道路重复开挖的可能性较大，易造成重复投资以及影响城市交通和居民出行。

④ 市政直埋管线的使用期限较短，相应的远期成本较大。

(2) 综合管沟敷设

① 采用综合管沟敷设的主要优点

a. 因综合管沟完善的附属设施配置，对各种管线的维修保护能力大大增强，从而延长了其使用寿命；同时也为各种管线的扩容、更新提供了方便，提高了王家墩商务区可持续发展的能力。

b. 城市架空管线进入综合管沟，这不仅减少了架空管线与绿化的矛盾，而且使商务区更加整齐和美观。

c. 由于综合管沟内工程管线布置紧凑合理，有效利用了道路下的空间，这不仅节约了城市用地，而且对地下空间的开发利用起到了良好的促进作用。

d. 提高了王家墩商务区的综合防灾、减灾能力。

② 采用综合管沟敷设的缺点

a. 建设综合管沟一次性投资成本较高，而且各单位如何分担费用的问题较复杂。当综合管沟内敷设的管线较少时，沟体建设费用所占比重较大。在广州大学城综合管沟运营过程中，已经通过广州市物价局出台了管线进沟分摊费用的指导价，目前正依据此文件进行费用分摊工作。

b. 由于各类管线的主管单位不同，统一管理难度较大。

c. 必须正确预测远景发展规划，否则将造成容量不足或过大，致使浪费或在综合管沟附近再敷设地下管线，而这种准确的预测比较困难。

d. 在现有道路下建设时，现状管线与规划新建管线交叉造成施工上的困难，增加了工程费用。

综合管沟的建设，可避免给水管道、燃气管道、电力电缆、通信电缆工程在建设初期投入，从而把原来这些专业工程在同一工作面进行施工时各自所需花费的时间，以及相互之间衔接、协调的时间，挪给了道路工程，使其尽早进行施工，从而加快了整个王家墩商务区的建设步伐。同时，综合管沟与电力隧道相比，在投资方面具有一定的优势。

综合管沟与电力隧道的土建投资对比如表4.16所示。

表4.16　综合管沟与电力隧道的土建投资对比

类别	单位价值(万元/m)	备　注
电力隧道	1.50	依据《王家墩商务区供电规划》第3卷表9-2
干线综合管沟	1.37	两个独立单舱
支线综合管沟	1.05	单舱
综合管沟	1.30	全部土建投资/长度

根据以上比较，建设综合管沟与建设电力隧道相比，是具有技术经济优势的，用基本相同的投资，解决了电力、通信、给水三种管线的敷设问题。综合管沟与传统方式敷设的对比如表4.17所示。综合管沟与传统方式敷设的工程投资比较见表4.18。

表4.17　综合管沟与传统方式敷设的对比

类别	综合管沟(万/m)	传统方式敷设(万/m)
土建费用	1.33	1.35
管沟自用给排水、通风、消防、电气、监控系统费用	0.82	0
其他费用	0.22	0.14
预备费用	0.19	0.12
资金成本	0.22	0.05
合计	2.78	1.66
运营管理费用	较低	随着年限的增长，呈跳跃式上升
对环境的影响	使环境美观	施工和维修时对环境影响较大
安全运营	管线在综合管沟内可以安全地运行，并可以延长管线的使用寿命	管线运营受道路沉降、道路改（扩）建等因素影响，容易被损坏
维护管理	管线置于综合管沟内，维护管理方便，完全受控	维护不便，管线置于道路下方，无法进行环境的监控

续表 4.17

类别	综合管沟(万/m)	传统方式敷设(万/m)
二次安装	二次安装方便,对道路、交通无影响	二次安装不便,需开挖路面,对道路、交通等影响较大

备注:以上数据来自《投资机会分析研究》。

表 4.18 综合管沟与传统方式敷设的工程投资比较表

序号	项目名称	单位	工程投资							备注
			土建费用	管件、材料及设备安装	设备购置	其他费用	预备费用	资金成本	合计	
一	综合管沟(双舱)									
1	土建	元/m	13309						13309	
2	给排水、通风、消防、电气、监控	元/m		1535	6630				8165	
3	其他费用	元/m				2161			2161	
4	预备费用	元/m					1891		1891	
5	资金成本	元/m						2160	2160	
	合计	元/m	13309	1535	6630	2161	1891	2160	27686	
二	各管线传统敷设(不包含各管线价格)									
1	供水管直埋 $DN500$	元/m	617			62	54	25	758	
2	电信光缆管沟 12 管	元/m	1068			107	97	43	1315	
3	电信光缆管沟 24 管	元/m	1717			172	151	70	2110	
4	电信光缆管沟 48 管	元/m	2844			284	250	116	3494	
5	电力电缆管沟 1000m^2 以上电缆 8 条、240～630mm^2 电缆 16 条	元/m	1540			154	136	63	1893	
6	电力电缆管沟 1000m^2 以上电缆 8 条、240～630mm^2 电缆 16 条	元/m	2681			268	236	109	3294	
7	有线电视管沟 4 管	元/m	824			82	73	33	1012	
8	网络光缆管沟 12 管	元/m	1406			141	124	57	1728	
9	交通电光缆管沟 4 管	元/m	824			82	73	33	1012	
	合计	元/m	13521	0	0	1352	1190	549	16612	

注:表中管线传统敷设综合价格,参考《武汉市王家墩商务区市政综合管沟项目投资机会研究报告》中的分析结果。

从投资比较表中可以看出，综合管沟与管线传统方式敷设在土建费用上是相近的，所不同的是，综合管沟有一套自身所必需的给排水、通风、消防、电气、监控等系统工程，虽然近期投资较高，但日后管理、维护费用大大降低。另外，若管线按传统方式敷设，政府在管线增容、道路翻挖时支付的管线拆迁、铺设费用也是非常可观的，据初步统计，这笔费用占整个道路建设费用的20%左右。如果再加上管线检修、维护成本和渗漏损失，可以肯定地说，这几项费用之和不会少于综合管沟的建设成本。同时，在社会效益与环境影响评价等方面，综合管沟都具有绝对的优势。由此可见，综合管沟的建设从长远来看是经济可行的。

总之，综合管沟的建设完成，将使原来分开敷设的给水管道、电力电缆、通信电缆等，集中敷设在综合管沟内，这样既有利于对它们进行集中管理、维护及监控，也为王家墩商务区的交通、环境起到巨大的改善作用，大大提高王家墩商务区的整体形象。

4.5.3.3　武汉CBD综合管沟建设规模

在102号路、202号路建设干线综合管沟，在304号路等建设支线综合管沟。规划管线容量见表4.19。

表4.19　规划管线容量

路名	电　力	通信	自来水
102号路	110kV(9～18孔)，10kV(20kV)(8孔)，220kV(6孔)	48孔	*DN*300
202号路	110kV(9孔)，10kV(20kV)(6孔)，220kV(6孔)	36孔	*DN*400
支路(支线)	10kV(20kV)(12孔)	36孔	*DN*500(400，300)

(1) 建设干线综合管沟

在102号路、202号路分布了高压电缆(220kV、110kV、10kV)、通信电缆、给水主干管等，位于整个王家墩商务区中部，核心区域外围具备向内外辐射的有利条件，便于发挥综合管沟的优势。因此，在202号路、102号路建设干线综合管沟。

(2) 建设支线综合管沟

作为干线综合管沟辐射功能的延伸与补充，同时体现管沟系统的层次化，在304号路、305号路、306号路等道路上建设支线综合管沟。支线管沟在干线管沟内分流管线，辐射干线管沟无法服务的区域，其分布条件同样应依据道路规划和市政规划，初步设计将支线管沟方案进行经济和功能的优化，均设置为经济的单舱断面。

为了对综合管沟进行监控和供电，需要设置控制中心和变电所，控制中心和变电所设置在102号路与104号路交叉口附近的绿化用地范围内(102号路东侧，104号路北侧)。综合管沟长度统计见表4.20。

表 4.20 综合管沟长度统计

类型	长度(m)	总长(m)
干线综合管沟	3808	6148
支线综合管沟	2340	

4.5.3.4 武汉 CBD 综合管沟内的管线

国内进入综合管沟的工程管线有电力电缆、电信电缆、给水管道、供热管道等。

(1) 电力管线

根据电力专业的规划,在王家墩商务区内设有五座高压变电站,大量的高压电缆和中低压电缆沿 103 号路、102 号路、101 号路、205 号路形成井字形道路敷设。

王家墩商务区内有大量的超高压电缆进入管沟,在通风降温、防火防灾等方面需重点考虑。

在进行断面设置时,参照武汉市的具体情况,将超高压电缆(220kV,110kV)单独置于一舱,将高压电缆(10kV)及以下与通信、给水管线置于一舱,这样就保证了超高压电缆的安全运行和维护管理,高压电缆与其他管线同舱,不会对其他管线产生影响,在满足安全的操作空间的情况下,各种管线可以独立正常运行。

(2) 供水管道

将供水管道纳入综合管沟,有利于管线的维护和安全运行。为了便于吊装,综合管沟的供水管线可采用轻质管材。

根据管网综合规划,王家墩商务区进入综合管沟的给水管道直径为 $DN300 \sim DN500$,考虑到管线的安装检修,综合管沟为给水管道预留了 1.2～1.3m 高的空间。若在局部设置闸阀,可利用综合管沟的节点扩大处。

供水管道纳入综合管沟需要解决防腐、解露等技术问题。

(3) 通信管线

在王家墩商务区的通信管线包括电信管线、有线电视管线、信息网络管线等。综合管沟为信息管线预留了(1.2～1.3)m×0.55m 的空间,采用活络支架(桥架),信息管线管理部门可灵活地进行后期安装、管理。

(4) 燃气管线

目前,我国规范对于燃气管道能否进入综合管沟还没有明确的规定,在国外的综合管沟中,则有燃气管道敷设于综合管沟的工程实例,经过几十年的运行,并没有发生安全方面的事故。

但在国内,人们仍然对燃气管线进入综合管沟有安全方面的担忧。在上海安亭综合管沟建设中,燃气管线与综合管沟结合建设,但是置于管沟舱外的上方,即为直埋。

根据王家墩商务区的燃气规划,热气管线统一采取直埋方式,本次不考虑燃气管线进入管沟的情况。

(5) 排水管线

排水管线分为雨水管线和污水管线两种。在一般情况下两者均为重力流，管线按一定坡度埋设，埋深一般较深，其对管材的要求一般较低。综合管沟的敷设一般不设纵坡或纵坡很小，排污管线进入综合管沟没有经济优势，不考虑将排水管线纳入综合管沟内。

（6）供冷、供热管道

由于王家墩商务区热力规划的管线在 203 号路分布，与综合管沟的系统布置不一致，因此，不考虑热力管线进入综合管沟的情况。

（7）交通信息管线

随着城市交通智能化控制的发展，大量道路监控设施在城市中广泛应用。这类管线应在综合管沟空间内予以考虑。交通信息管线纳入综合管沟时需要解决信号干扰、防火防灾等技术问题。

4.5.3.5　武汉 CBD 综合管沟断面型式

综合管沟的断面型式的确定，要考虑到综合管沟的施工方法及纳入的管线数量，通常采用矩形断面。

综合管沟的断面尺寸确定主要考虑如下因素：综合管沟内的管线种类、数量；管线的安全距离；管线的敷设、维护操作空间；人员通行的空间。

电力电缆层间最小净距要求见表 4.21。

表 4.21　电力电缆层间最小净距

电缆类型及敷设特征		支架层间最小净距
控制电缆		120
电力电缆	电力电缆每层多于一根	$2d+50$
	电力电缆每层一根	$d+50$
	三根电力电缆呈品字形布置	$2d+50$
	电缆敷设于槽盒内	$h+80$

注：h 表示槽盒外壳高度，d 表示电缆最大外径。

在确定不同道路下综合管沟的标准断面时，对各管线单位进行了走访沟通，对每一种管线所需空间进行了详细核对，其中电力超高压电缆回路数有所增加，信息管线和给水管线所需空间进一步明确，在综合各管线容量并考虑管线尺寸、安装所需空间之后，对原可研报告的断面进行了调整：102 号路断面净高由 2.0m 调整为 2.5m，宽度不变；202 号路及其他支路断面净高由 2.0m 调整为 2.2m，宽度不变。在对断面尺寸微调后，工程土建造价有所变化，其中 102 号路的土建造价增加 6%～7%（附属工程等其他造价不变），其余道路的土建造价增加 1%～2%。

图 4.66 所示是 102 号路综合管沟横断面，图 4.67 所示是 202 号路综合管沟横断面，图 4.68 所示是支线综合管沟横断面。

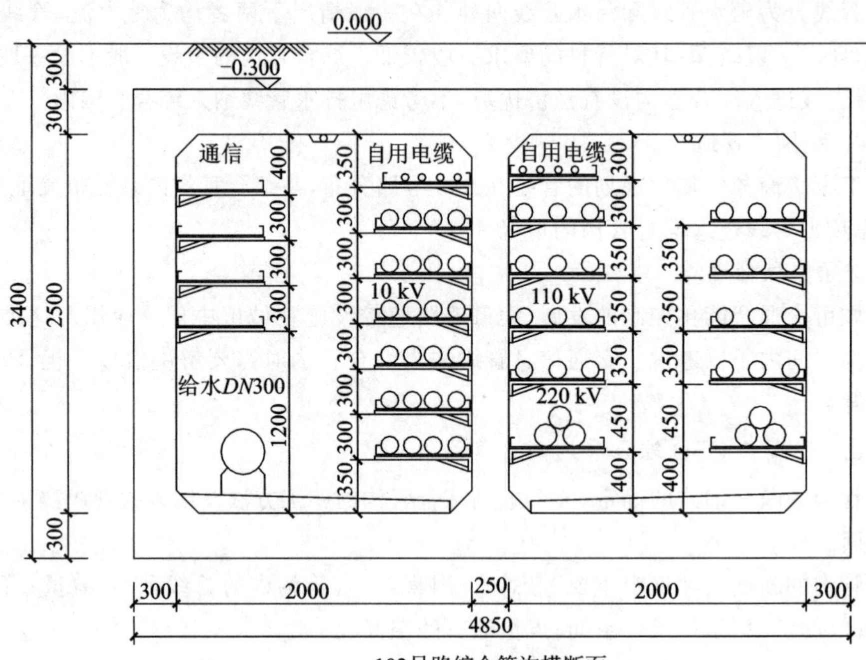

图 4.66 102 号路综合管沟横断面

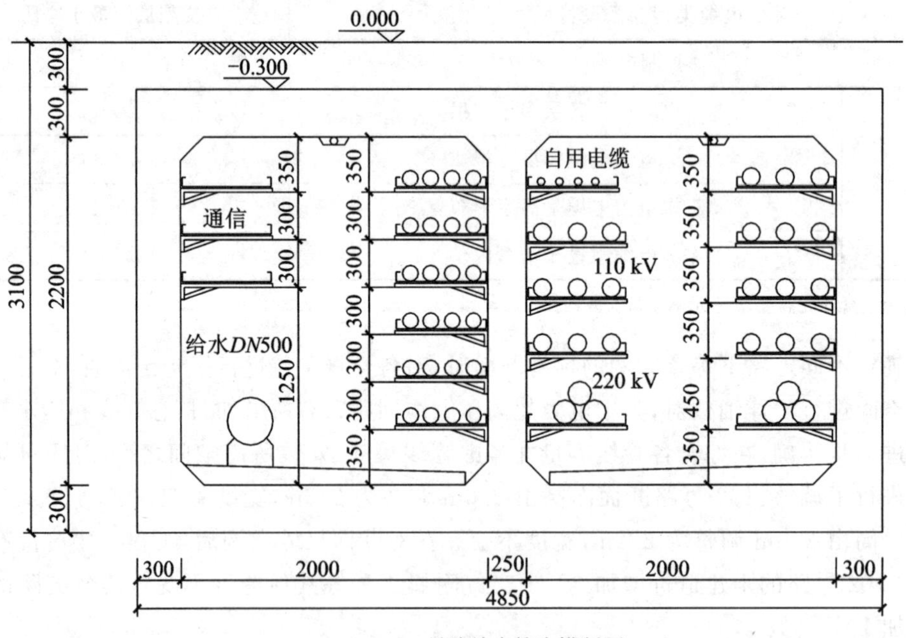

图 4.67 202 号路综合管沟横断面

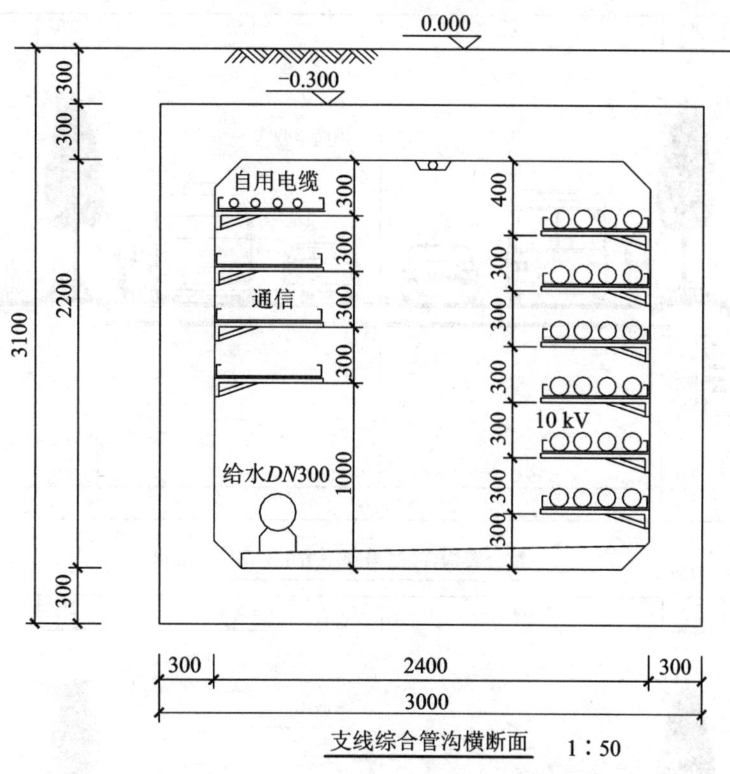

图 4.68　支线综合管沟横断面

新的断面尺寸从管线敷设、检修巡视、人性化要求等方面，都更加能体现最新的管线规划和使用要求，同时针对相对长期的管线实施具有适量的应变余量，确保王家墩商务区的开发建设顺利推进。

4.5.3.6　武汉 CBD 综合管沟在道路下的位置

根据不同的道路横断面布置、规划管位的合理安排、综合费用分析等多种因素考虑综合管沟的位置和埋深。不同道路下综合管沟的布置见图 4.69。

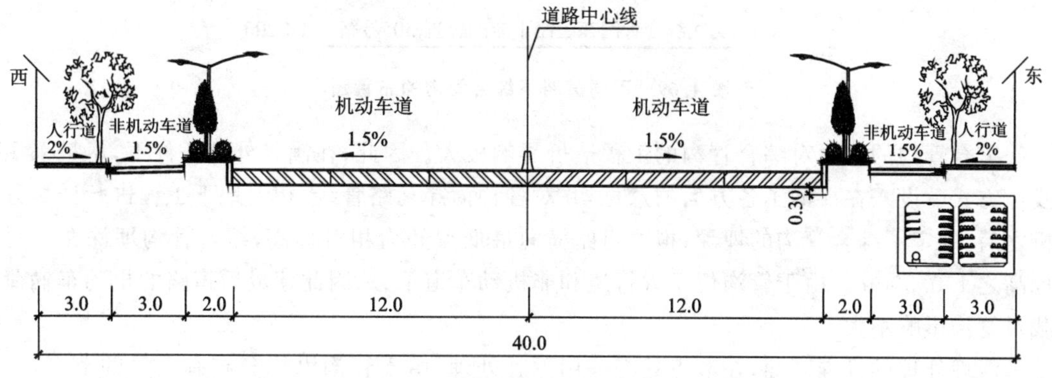

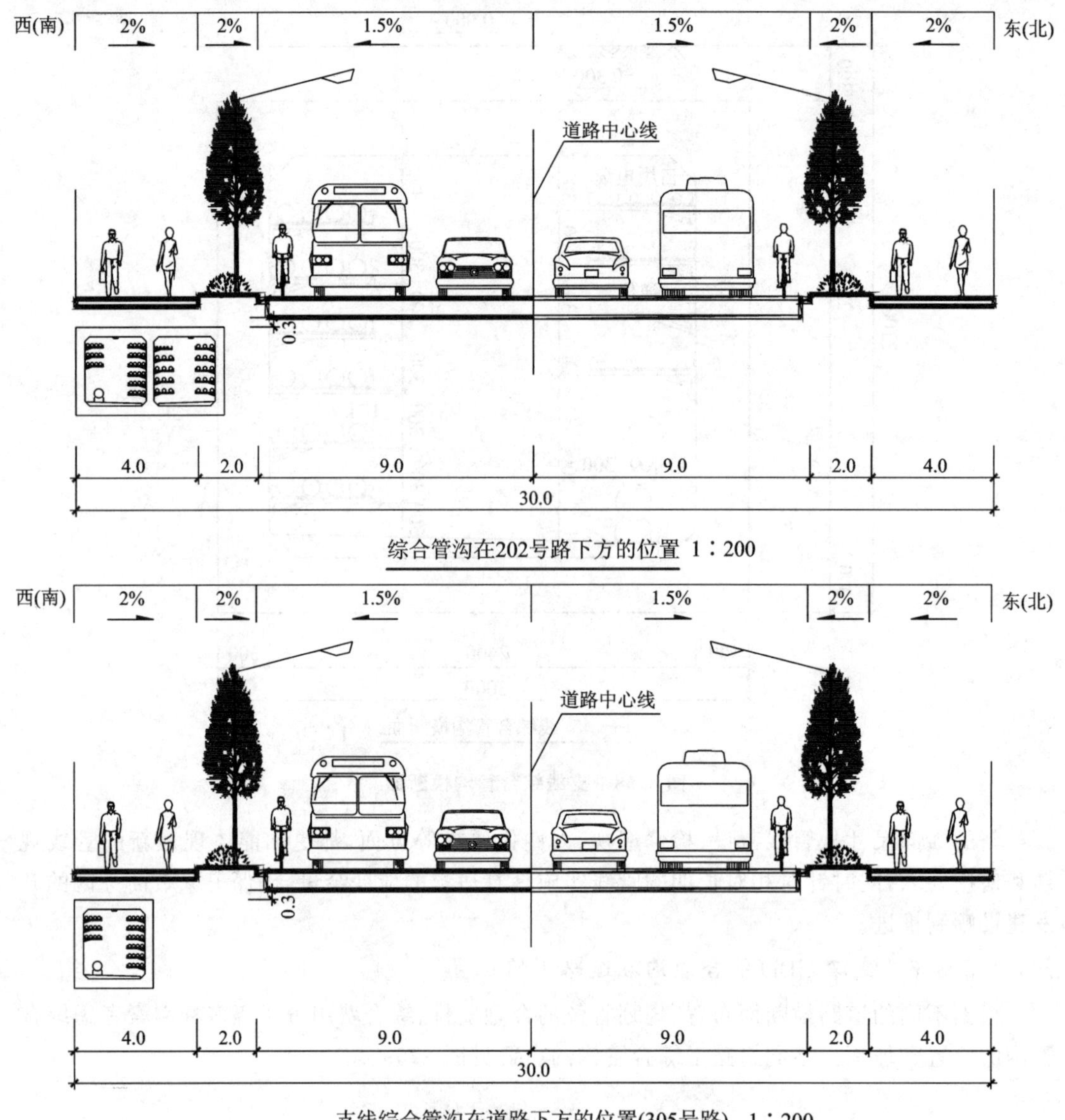

图 4.69 不同道路下综合管沟的布置图

综合管沟的埋深对综合管沟的工程造价影响极大。因此，在满足外部条件下，尽量采用浅埋方式敷设。在征询了各方面的意见，并对各种横穿马路管线、相关地下工程进行详尽分析之后，确定了综合管沟的埋深，拟取道路横向最低点处为相对标高，综合管沟埋深在相对标高之下 0.300m。由于管沟位于人行道和非机动车道下方，因此建成后道路的机动车辆荷载对管沟影响不大。

浅埋处理的标准断面，在节点处需采用下卧处理，由于管沟沿线分布有大量的节点，一些横穿道路的管线可利用此处完成穿越。

在标准断面，综合管沟采用浅埋，综合管沟的顶板经过铺装可作为人行道板。

结合消防水管的引出，每隔 120mm 左右在局部区段增加埋深，埋深深度为 1.6～2.0m，并设置道路两侧的联络管、排水管。

4.5.3.7　武汉 CBD 综合管沟的关键节点

关键节点之一是综合管沟穿越 305 号路排水箱涵。305 号路排水箱涵外尺寸为 9m×2.5m，上覆土 1.14m，综合管沟无法从其上部直接穿越，由于排水管为重力流，不可能降低标高，故此处综合管沟采用倒虹的方式穿越排水箱涵。图 4.70 所示是综合管沟穿越排水箱涵的剖面图。

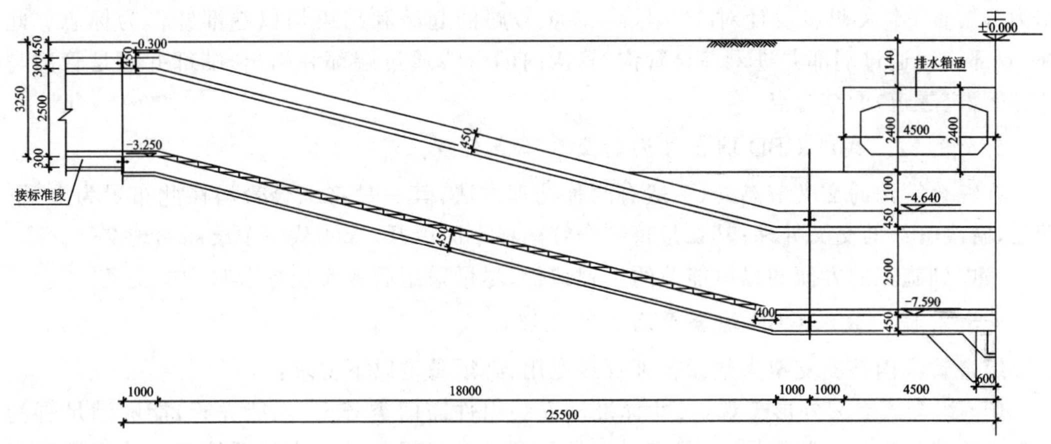

图 4.70　综合管沟穿越排水箱涵的剖面图

4.5.3.8　武汉 CBD 综合管沟与其他市政管线

商务区内未建设综合管沟的道路下方敷设有燃气、排水、给水、通信、电力等管道管群，这些市政管线在穿越综合管沟时，采用如下方案：

(1) 管沟倒虹。在管线直径较大、分布集中的路段，采用管沟倒虹的方式将管线集中在该处穿越综合管沟。由于造价较高，此种方案不宜大规模采用。

(2) 利用综合管沟的节点。综合管沟的投料口、通风口、引出口等节点均有下卧段，市政管线可在此处穿越。管线从管沟节点处穿越综合管沟，见图 4.71。

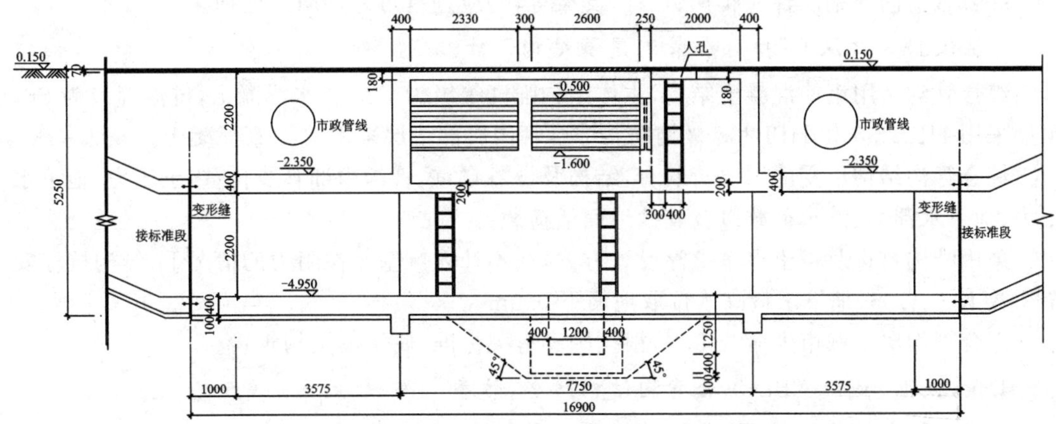

图 4.71　管线从管沟节点处穿越综合管沟

4.5.3.9 武汉 CBD 综合管沟与地下空间

在王家墩商务区的部分区域拟进行地下空间开发，在 104 号路拟建设地下道路，在核心区规划建设地下空间，经与武汉市城市规划设计院沟通协调，地下道路和地下空间的顶部覆土不小于 3.5m，管沟的标准段穿越没有问题，在管沟的节点处，需在地下空间具体实施时进行详细沟通。

4.5.3.10 武汉 CBD 综合管沟的起始与结束

综合管沟以端部井的形式开始和结束，在进行施工界面的划分时，也以端部井处的桩号作为分解面，本次初步设计对 102 号路、202 号路的起始和结束均以端部井作为标志。此外，外部管线通过端部井进入综合管沟，管沟内的管线通过端部井引出，端部井还是管沟与外部管群(隧道)的结合点。

4.5.3.11 武汉 CBD 综合管沟的交叉节点处理

在综合管沟的交叉节点处，一般有两种处理方法：其一是将综合管沟在此布置为上、下两层，解决管线的交叉处理；其二是将综合管沟在平面展开，管线从一个层面实现交叉。

考虑到施工的方便和尽可能节约工程造价，尽量采用后者实现综合管沟的交叉。

4.5.3.12 武汉 CBD 综合管沟支架及埋件

综合管沟内部的支架为敷设各种管线专用，必须满足以下要求：

(1) 组合式支架外形美观，尺寸标准。安装组件需门类齐全、功能完善，能够满足管沟内各类管线的现场安装要求，并具有施工的便利性及可操作性。支架系统经过热浸锌防腐处理，能够满足长期使用性能要求。

(2) 支架主要受力槽钢及连接扣件之间在安装时必须能够自由调节相对位置以便安装定位。型钢及连接扣件之间在锁紧时结合面必须具有锯齿状机械咬合设置，以实现抗滑移的可靠连接。槽钢必须具有齿牙、背孔和加劲肋，以增强截面刚度。

(3) 支架系统经过了严格的各类测试并有相关权威部门出具的检验报告。必须能够提供系统抗冲击测试、动负载测试、防火测试报告。

为了固定支架，通常采用埋件先置或后置的方法，以及预先埋设铁件或后期打膨胀螺栓两种方案，本项目采用后期打膨胀螺栓的方案。

综合管沟内的钢制件如爬梯、栏杆、支架等，均应进行可靠的防腐处理。

4.5.3.13 武汉 CBD 综合管沟建筑结构设计

综合管沟采用钢筋混凝土结构，主体结构强度等级为 C25 防水混凝土，抗渗等级为 S6。钢筋采用 HRB335 和 HPB235 级钢筋。综合管沟底部垫层采用 C15 素混凝土。

综合管沟结构承受的主要荷载有：结构及设备自重、管沟内部管线自重、土压力、地下水压力、地下水浮力、汽车荷载以及其他地面活荷载。

采用结构自重及覆土重量抗浮设计方案，在不计入侧壁摩擦阻力的情况下，结构抗浮安全系数 $K_f>1.05$，地下水最高水位取地面下 0.5m。

综合管沟属于城市生命线工程，根据国家有关标准，属于乙类构筑物。

4.5.3.14 武汉 CBD 综合管沟结构防水、防渗

在进行综合管沟结构防水设计时，严格按照《地下工程防水技术规范》(GB 50108—

2001)标准设计,防水设防等级为二级。

在防水设防等级为二级的情况下,综合管沟主体不允许漏水,结构表面可有少量湿渍,总湿渍面积不应大于总防水面积的 6‰;任意 100m² 防水面上的湿渍不超过 4 处,单个湿渍的最大面积不应大于 0.2m²。

按承载能力极限状态及正常使用极限状态进行双控方案设计,裂缝宽度不得大于 0.2mm,并不得贯通,以保证结构在正常使用状态下的防水性能。

综合管沟主体防渗的原则是“以防为主,防、排、截、堵相结合,刚柔相济,因地制宜,综合治理”。主要通过采用防水混凝土、合理的混凝土级配、优质的外加剂、合理的结构分缝、科学的细部设计来解决综合管沟钢筋混凝土主体的防渗。

综合管沟为现浇钢筋混凝土结构,根据大量的工程实践经验,一般情况下分缝间距为 20～25m。这样的分缝间距可以有效地消除钢筋混凝土因温度、收缩、不均匀沉降而产生的应力,从而实现综合管沟的抗裂防渗设计。

在节与节之间设置变形缝,内设橡胶止水带,并用低发泡塑料板和双组分聚硫密封膏进行嵌缝处理,此外在缝间设置剪力键,以减少相对沉降,保证沉降差不大于 30mm,确保变形缝的水密性。

在变形缝、施工缝、通风口、投料口、出入口、预留口等部位,是渗漏设防的重点部位,在施工缝中埋设钢板止水带,在通风口、投料口、出入口设置防地面水倒灌措施。根据武汉市的具体情况,并吸收本地的工程实践经验,在变形缝等重要节点处,采用外包防水材料的措施。

因为有各种规格的电缆需要从综合管沟内进出,根据以往地下工程建设的教训,该部位的电缆进出孔是渗漏最严重的部位。

通过大量的工程实践可知,建议预留口采用标准预制件预埋来解决渗漏的技术难题。

在变形缝、施工缝、通风口、投料口、出入口、预留口等部位,是渗漏设防的重点部位。

4.5.3.15　武汉 CBD 综合管沟的附属工程

综合管沟内敷设有电力电缆、通信电缆、给水管道,附属设备多,为了方便综合管沟的日常管理、增强综合管沟的安全性和防范能力,根据综合管沟结构形式、沟内管线及附属设备布置的实际情况、日常管理需要,配置综合管沟附属设备的监控系统、火灾报警系统、安保系统、配套检测仪表、电话系统。

(1) 监控系统

在控制中心设置两台监控计算机、一台管理计算机、一台工业以太网交换机(带多模以太网光缆接口、具有环网功能)、两台打印机、一台 UPS、一台服务器。监控计算机通过工业以太网交换机与现场 ACU 控制器通信,彩色显示器上能生动形象地反映出综合管沟建筑模拟图、沟内各设备的状态和照明系统的实时数据并报警。监控计算机同时还向现场 ACU 控制器发出控制命令,启停现场附属设备,并担负与市政相关部门的报警和事故处理联网通信任务。

控制中心监控计算机以星形结构 100Mbps 以太网(五类屏蔽线)连接至控制中心工业以太网机;在沟内设置 32 套现场 ACU 控制器,现场 ACU 控制器以 10/100Mbps 光纤网结构连接至控制中心工业交换机,采用环形网络拓扑结构以提高可靠性。

每个区段内需采集的信息(区段是指一个通风区间):

① 集水坑的水位(超高);

② 爆管检测专用液位开关报警信号;

③ 温湿度检测仪报警信号;

④ 通风排烟机、排水泵、区段照明总开关工况;

⑤ 投料口红外入侵报警装置的报警信号等。

水管上压力开关压力低报警信号和电动阀门工况(预留功能)。

通过 MODBUS 采集配电柜电气参数(包括设置在部分区段的分变配电所相关设备的电气参数)。

每个区段内需控制的设备:

① 通风排烟机;排水泵;区段照明总开关。

② 水管上电动阀门(预留功能)。

③ 水管上压力开关和电动阀门由专业管线公司设计,ACU 预留点数。

(2) 火灾报警系统

在控制中心设置火灾报警上位机一套、火灾报警控制器一套、分布式光纤测温控制单元一套(四通道)。控制室消防设备由监控 UPS 供电。

火灾报警控制器与分布式光纤测温控制单元之间通过模块连接。

火灾报警上位机与监控计算机之间通过 10/100Mbps 以太网连接。

在综合管沟现场设置四套火灾报警控制器,间隔 1500m 布置,紧靠照明动力箱安装,由照明动力箱供电。

在沟内每隔 50m 设置一套智能化手动报警按钮,每隔 100m 设置一套警铃。手动报警按钮固定在铁爬梯或电缆支架上,安装高度距行人地面 1.30～1.50m。

测温光纤沿综合管沟走向在沟顶敷设。

当测温光纤探测到火警时,通过火灾报警上位机开启相应防火分区和相邻防火分区的警铃,关闭正在运行的风机。

光纤分布式温度监测系统是对综合管沟整体进行防护。针对电力公司电缆的具体防护,由电力公司视具体情况自行解决。

(3) 安保系统

在各投料口设置双光束红外线自动对射探测器报警装置(简称红外探测仪),其无源触点报警信号通过现场 ACU 控制器送入控制中心监控计算机,使监控计算机显示器画面的相应区段和位置的图像元素闪烁,并产生语音报警信号。

(4)配套检测仪表

在每个区段安装两台浮球液位开关,用于水管爆管事故发生时沟内水位上升的报警。无源触点报警信号通过就近 ACU 控制器传送至监控计算机。当两台浮球液位开关均输出报警信号时,操作员在专业管线公司授权的前提下可在监控计算机上关闭水管相应的电动阀门。

沟内电缆在工作时会产生热量,为保证电缆正常工作,满足其额定运行容量,有必要对沟内温度进行监控;沟内湿度过高时,对电气设备和自动化设备长期运行不利,因此需要对沟内湿度进行监控。

设置检测系统，平时有助于了解电缆运行时的发热情况，调整通风系统的运行，以节约能源；事故状态下掌握事故区段和相邻区段的温度和湿度，有助于救灾行动和事故处理。因此，在每个区段安装温湿度检测仪一台。

当某区段温度过高（高于 40℃）或湿度过高（高于 90%）时，检测仪发出报警信号，监控系统启动该区段的通风设备强制换气，保障工作人员和综合管沟内设施的安全。

（5）电话系统

控制中心控制室配置网络综合通信器一台，引入市话中继线四对（中继线的引入由电信公司负责），用于控制中心内模拟电话通信和与沟内 IP 电话通信。为便于综合管沟内工作人员与外部通信，在每个区段设置 IP 电话一套。

网络综合通信器与沟内现场 IP 电话通过监控系统光缆传输信号。

本 章 小 结

本章以武汉某公司变电所安装工程为例，主要介绍了其工程概况、制定质量管理策划方案的原则，以及进行质量控制与质量管理的方法，并附录了该工程项目施工奖罚条例、图纸会审记录、安环健施工方案、变压器吊装方案、电缆敷设方案、电缆敷设明细表、变电所试验方案、电缆头施工方案。以中心大厦为例，介绍了超高层建筑机电工程中通风及空调工程、给排水工程、电气工程、消防工程的概况和工程特点及难点，介绍了超高层建筑机电工程施工组织管理的特点和具体措施，施工质量保证体系及施工安全等内容。然后以某综合写字楼机电安装工程为典型案例，从该项目的工程概况、工程主要特点、工程主要施工措施、工程重难点及实施措施方面切入，归纳了综合写字楼机电安装工程的主要特点是工程量大、建筑为超高层、机电系统复杂、工种配合工作量大、专业交叉较多、深化设计要求高、物流组织复杂、环境保护困难、空调设备安装复杂、系统试压冲洗对环境的污染等，为此，采取的主要施工措施从选用新材料、立体交叉作业、合理管道吊装、工程重点安全防范、过程控制等方面入手。写字楼机电安装工程的难点一般体现在竖井电缆的施工、大型设备高空吊装及物料运输、VAV 系统调试、机电综合调试、机电质量控制、协调管理等方面，并采取针对性的实施措施。

另外，还介绍了建筑供热与空调系统及设备运行管理，简要叙述了建筑供热及空调系统的组成及设备，并分四个方面详细讲解了系统冷源、热源、空调风系统、空调水系统的运行维护及保养，说明了系统运行效果检测及系统运行管理中应注意的问题。最后，介绍了城市综合管廊的基本概念、发展历史、系统构成及分类、珠海市横琴新区综合管廊和武汉 CBD 综合管沟两个典型工程案例，以其容纳管线性质、舱位数量、施工方式、施工工艺等为依据进行分类。在珠海市横琴新区综合管廊案例中，主要介绍了工程概况、规划设计、投融资模式、运营管理模式、施工技术、存在的问题与应对措施等。在武汉 CBD 综合管沟案例中，主要介绍了项目基本概况、管线敷设的对比分析、项目建设规模、管沟内容纳的管线、断面型式、关键节点、与其他市政管线之间的协调、交叉节点的处理、支架及埋件、建筑结构设计、结构防水与防渗、附属工程等内容。

参考文献

[1] 二级注册建造师继续教育教材编委会. 机电工程[M]. 北京：中国财政经济出版社，2017.

[2] 机电工程专业一级注册建造师继续教育教材编委会. 建筑业十项新技术(机电安装工程技术应用实例)[M]. 北京：中国城市出版社，2012.

[3] 中华人民共和国住房和城乡建设部. 建筑业 10 项新技术(2017 版).

[4] 北京市建筑业联合会. 二级注册建造师继续教育培训教材　机电工程[M]. 北京：中国建筑工业出版社，2016.

[5] 陈兴伟. 如何做好工程成本核算和成本控制[J]. 新农村，2012，(12).

[6] 姚文燕. 浅谈建筑施工企业项目策划管理[J]. 城市建设，2013(9).

[7] 机电工程项目经理实用手册[M]. 天津：天津大学出版社，2009.

[8] 王君峰，陈晓. Autodesk Revit 土建应用之入门篇[M]. 北京：中国水利水电出版社，2013.

[9] 李建成. BIM 概述[J]. 时代建筑，2013(2).

[10] 何关培. BIM 和 BIM 相关软件[J]. 土木建筑工程信息技，2010(4).

[11] 中华人民共和国住房和城乡建设部. 建筑信息模型应用统一标准(GB/T 51212—2016)[S]. 北京：中国建筑工业出版社，2017.

[12] 柏慕进业 . Autodesk Revit MEP 2016 管线综合设计应用[M]. 北京：电子工业出版社，2016.

[13] 柏慕进业 . Autodesk Revit Architecture 2017 官方标准教程[M]. 北京：电子工业出版社，2017.

[14] 范文利，朱亮东，王传慧. 机电安装工程 BIM 实例分析[M]. 北京：机械工业出版社，2017.

[15] 优路教育 BIM 教学教研中心. Autodesk Revit MEP 管线综合设计快速实例上手[M]. 北京：机械工业出版社，2017.

[16] 郭进保，冯超. 中文版 Revit MEP 2016 管线综合设计[M]. 北京：清华大学出版社，2016.

[17] 中国安装协会. 超高层建筑机电工程施工技术与管理[M]. 北京：中国建筑工业出版社，2016.

[18] 中华人民共和国建设部. 空调通风系统运行管理规范(GB 50365—2005)[S]. 北京：中国建筑工业出版社，2005.

[19] 北京市建筑业联合会. 机电工程[M]. 北京：中国建筑工业出版社，2016.

[20] 周斌，程建杰，陆青松. 绿色建筑中央空调系统节能运行管理理论与实践[M]. 北京：中国建筑工业出版社，2017.

[21] 中华人民共和国国家质量监督检验检疫总局.室内空气质量标准(GB/T 18883—2002)[S].北京:中国标准出版社,2003.

[22] 中华人民共和国住房和城乡建设部.民用建筑工程室内环境污染控制规范(GB 50325—2010)[S].北京:中国计划出版社,2011.

[23] 金兴平.城市综合管廊工程设计指南[M].北京:中国建筑工业出版社,2018.

[24] 王恒栋.综合管廊工程理论与实践[M].北京:中国建筑工业出版社,2013.

[25] 沈勇.城市综合管廊工程施工技术指南[M].北京:中国建筑工业出版社,2018.

[26] 胥东.城市综合管廊运行与维护指南[M].北京:中国建筑工业出版社,2018.